计算机技术入门丛书

大数据技术基础

第2版

宋旭东 主 编

刘月凡 宋 亮 王立娟 李修飞 副主编

路文静 路旭明 王春爽 于林林 参 编

清华大学出版社

北京

内 容 简 介

本书系统介绍了大数据基础知识和相关技术,全书分为大数据基础、大数据存储与管理篇、大数据采集与预处理、大数据分析与挖掘、大数据平台 Hadoop 实践与应用案例 5 篇,共 17 章,主要内容包括大数据基本概念、大数据平台 Hadoop 基础、大数据存储与管理基本概念、大数据分布式文件系统 HDFS、大数据分布式数据库系统 HBase、大数据分布式数据仓库系统 Hive、大数据采集与预处理技术、大数据采集工具、大数据计算模式、大数据 MapReduce 计算模型、大数据 Spark 计算模型、大数据 Flink 计算模型、大数据 MapReduce 基础算法、大数据挖掘算法、Hadoop 大数据平台实践、开敞式码头系泊缆力预测应用案例以及曙光 XData 大数据平台及应用案例。全书提供了大量应用实例,且大多章后附有习题。本书特色在于融会贯通大数据基本概念与大数据技术及应用,很好地将大数据概念、技术及应用融合在一起,便于读者更好地理解大数据基本概念,更快掌握大数据前沿技术及其应用。

本书适合作为高等院校计算机、软件工程、信息管理等相关专业的本科生及研究生大数据技术课程的教学用书,也可作为相关 IT 工程技术人员的参考用书。

图书在版编目(CIP)数据

大数据技术基础 / 宋旭东主编. -- 2 版. -- 北京：清华大学出版社，2024. 8. --（计算机技术入门丛书）.
ISBN 978-7-302-66730-8

Ⅰ. TP274

中国国家版本馆 CIP 数据核字第 2024FC9273 号

责任编辑：贾　斌　薛　阳
封面设计：刘　键
责任校对：徐俊伟
责任印制：刘海龙

出版发行：清华大学出版社
　　　　　网　　　址：https://www.tup.com.cn，https://www.wqxuetang.com
　　　　　地　　　址：北京清华大学学研大厦 A 座　　　邮　　编：100084
　　　　　社 总 机：010-83470000　　　　　　　　　邮　　购：010-62786544
　　　　　投稿与读者服务：010-62776969，c-service@tup.tsinghua.edu.cn
　　　　　质量反馈：010-62772015，zhiliang@tup.tsinghua.edu.cn
　　　　　课件下载：https://www.tup.com.cn，010-83470236
印　装　者：艺通印刷（天津）有限公司
经　　销：全国新华书店
开　　本：185mm×260mm　　印　张：20.75　　字　数：521 千字
版　　次：2020 年 8 月第 1 版　　2024 年 8 月第 2 版　　印　次：2024 年 8 月第 1 次印刷
印　　数：1～1500
定　　价：59.80

产品编号：102551-01

前言（第2版）

PREFACE

　　《大数据技术基础》第 1 版于 2019 年 8 月完成，距今已有 4 年多的时间。在过去的 4 年时间里，一方面，大数据技术发展迅猛，诸如 Flink 流计算等新技术迅速崛起，为大数据采集、存储、处理和计算带来众多新概念、新框架和新方法。因此，我们对第 1 版内容进行了补充和修订，例如，有关 Kafka 消息队列、Flink 流计算模型等内容，以适应大数据技术的快速发展，保持本书的先进性。另一方面，我们结合广大一线教师在使用本教材进行教学过程中的收获与体会，以及提出的宝贵意见和修改建议，对第 1 版中有关大数据 HBase 数据库和大数据 Hive 数据仓库操作实践等内容进行了补充和修订，以适应广大师生实践大数据操作需求，保持本书的实用性。

　　本书依然保持融会贯通大数据概念与大数据技术及应用特色，很好地将大数据概念、技术及应用融合在一起，便于读者更好地理解大数据基本概念，更快掌握大数据前沿技术及其应用。本书依然沿用第 1 版的篇幅设计，全书分为 5 篇：大数据基础、大数据存储与管理、大数据采集与预处理、大数据分析与挖掘、大数据平台 Hadoop 实践与应用案例。

　　在章节部分，新增加一章，即第 12 章"大数据 Flink 计算模型"，被安排在第 4 篇"大数据分析与挖掘"中。新增加的"Kafka 消息队列大数据采集系统"，被安排在第 3 篇"大数据采集与预处理"的第 8 章"大数据采集工具"中的第 3 节。新增加的"大数据回归分析算法"被安排在第 4 篇"大数据分析与挖掘"的第 14 章"大数据挖掘算法"中的第 4 节。除此之外，对本书的第 1 章"大数据基本概念"、第 2 章"大数据平台 Hadoop 基础"、第 4 章"大数据分布式文件系统 HDFS"、第 5 章"大数据分布式数据库系统 HBase"、第 6 章"大数据分布式数据仓库系统 Hive"、第 8 章第 2 节"Flume 日志大数据采集系统"和第 10 章"大数据 MapReduce 计算模型"等进行了内容更新和补充。

　　修订后，全书共 17 章，主要内容包括大数据基本概念、大数据平台 Hadoop 基础、大数据存储与管理基本概念、大数据分布式文件系统 HDFS、大数据分布式数据库系统 HBase、大数据分布式数据仓库系统 Hive、大数据采集与预处理技术、大数据采集工具、大数据计算模式、大数据 MapReduce 计算模型、大数据 Spark 计算模型、大数据 Flink 计算模型、大数据 MapReduce 基础算法、大数据挖掘算法、Hadoop 大数据平台实践、开敞式码头系泊缆力预测应用案例以及曙光 XData 大数据平台及应用案例。全书提供了大量应用实例，每章后附有习题。

　　本书适合作为高等院校计算机、软件工程、信息管理等相关专业的本科生及研究生学习大数据技术的教学用书，也可作为相关 IT 工程技术人员的参考用书。

　　本书修订由大连交通大学宋旭东担任主编，刘月凡、宋亮、王立娟、李修飞担任副主编，路文静、路旭明、王春爽、于林林参编完成。在本书撰写过程中，陈煜、李帅阳、许翰文等做了大量辅助工作。在此，衷心感谢上述编写参与人员在本书写作过程中的共同努力和辛苦付出！

在本书撰写过程中，参考了大量国内外教材、论文、技术论坛等相关资料，对相应的作者表示感谢。由于作者水平有限，书中不足之处在所难免，敬请广大读者批评指正。

编　者

2024 年 5 月

前言（第1版）

PREFACE

随着大数据时代的来临,大数据相关概念和技术被人们广泛关注。目前,大数据已广泛应用在包括科研、交通、通信、医疗、金融、制造、体育、个性化生活、安全等在内的各行各业中,它对人们的思维模式及科学研究方法带来深远影响,已被列为国家重大发展战略。社会各界对具有大数据专业素养的高级人才求贤若渴。鉴于此,国内外一些高校先后开设了"数据科学与大数据"专业,旨在培养一批具备大数据技术的高级人才以满足社会需求。

为满足相关技术人员学习大数据相关技术的需求,我们在总结近几年在大数据技术课程教学经验和项目成果的基础上,同时引入中科曙光 XData 大数据相关技术及应用案例,从理论结合实践的角度,将大数据基本概念与大数据技术相结合,精心组织设计完成了本书。

本书全面系统地介绍了大数据基础知识和相关技术,全书分为:大数据基础、大数据存储与管理、大数据采集与预处理、大数据分析与挖掘、大数据平台 Hadoop 实践与应用案例 5 篇,共 16 章,主要内容包括大数据基本概念、大数据存储与管理概念及技术、大数据采集及预处理技术、大数据计算模式、大数据分布式并行处理框架 Hadoop、大数据分布式文件系统 HDFS、大数据分布式数据库系统 HBase、大数据分布式数据仓库系统 Hive、大数据 MapReduce 分布式并行计算模型、大数据 Spark 内存计算模型、大数据处理基础算法、大数据关联分析、分类、聚类典型数据挖掘算法、大数据 Hadoop 平台操作实践、大数据预测应用案例分析以及中科曙光 XData 大数据平台架构、关键技术及其应用案例。全书提供了大量应用实例,每章后附有习题。本书特色在于融会贯通大数据基本概念与大数据技术及应用,很好地将大数据概念、技术及应用融合在一起,便于读者更好地理解大数据基本概念,更快掌握大数据前沿技术及其应用。

第一篇　大数据基础:本篇着重介绍大数据基本概念和大数据 Hadoop 平台组件,旨在帮助读者正确理解大数据的核心概念及其应用技术,为读者后续章节的学习奠定基础。本篇包括 2 章:

第 1 章主要介绍了大数据产生的背景及其发展历程,大数据给我们科学研究及思维模式带来的影响,大数据的 4V 特征及在科研、交通、通信、医疗、金融、制造、体育、个性化生活、安全等领域的应用。同时也简要介绍了大数据框架体系和关键技术,包括数据采集与预处理技术、数据存储和管理技术、数据分析与挖掘技术、数据可视化技术、数据安全保护技术、云计算、物联网和机器学习等技术。

第 2 章主要介绍了大数据并行计算框架 Hadoop 平台,包括 Hadoop 的项目来源、发展历程、主要用途、分布式存储和并行计算基本原理,以及对 Hadoop 平台核心组件(HDFS、

MapReduce、ZooKeeper、Yarn、HBase、Hive、Spark、Mahout 等)的简要描述。

第二篇　大数据存储与管理:本篇着重介绍大数据存储与管理基本概念和常用的大数据分布式文件系统 HDFS、大数据分布式数据库系统 HBase、大数据分布式数据仓库系统 Hive,旨在帮助读者正确理解大数据存储与管理的核心概念及其相关软件技术。本篇包括 4 章:

第 3 章主要介绍了大数据存储与管理的基本概念和技术,包括数据管理技术发展回顾,大数据数据类型,大数据分布式系统基础理论,NoSQL 数据库的兴起,以及与大数据存储和管理密切相关的分布式存储技术、虚拟化技术和云存储技术。

第 4 章主要介绍了大数据分布式文件系统 HDFS,包括 HDFS 的设计特点,体系结构和工作组件,阐述了 HDFS 工作流程,分析了在 HDFS 下读写数据的过程,围绕 HDFS 基本操作,详细介绍了 HDFS 文件操作命令,并对 HDFS API 主要编程接口进行介绍,给出了编程实例。

第 5 章主要介绍了大数据分布式数据库系统 HBase,重点描述了 HBase 列式数据库的逻辑模型和物理模型的基本概念,给出了 HBase 体系结构及其工作原理。结合实例介绍了操作 HBase 表及其数据的操作命令,并对 HBase API 主要编程接口进行介绍,给出了编程实例。

第 6 章主要介绍了大数据分布式数据仓库系统 Hive,包括 Hive 的工作原理和执行流程、Hive 的数据类型与数据模型,常用的 Hive SQL 语句及其操作示例,以及 Hive 主要访问接口等。

第三篇　大数据采集与预处理:本篇着重介绍大数据采集与预处理技术,对常用大数据采集工具进行了简单介绍。本篇包括 2 章:

第 7 章主要介绍了大数据采集与预处理相关技术,包括数据抽取、转换和加载技术,数据爬虫技术、数据清理、数据集成、数据变换和数据归约的方法和技术。

第 8 章主要介绍了几个常用的大数据采集工具,包括 Sqoop 关系型大数据采集工具,Flume 日志大数据采集工具和分布式大数据 Nutch 爬虫系统。

第四篇　大数据分析与挖掘:本篇着重介绍了大数据计算模式,大数据 MapReduce 计算模型,大数据 Spark 内存计算模型,以及大数据 MapReduce 基础算法和挖掘算法,旨在帮助读者全面理解大数据分析与挖掘的核心思想与编程技术。本篇包括 5 章:

第 9 章主要介绍了 5 种大数据计算模式,包括大数据批处理、大数据查询分析计算、大数据流计算、大数据迭代计算、大数据图计算。

第 10 章主要介绍了大数据 MapReduce 计算模型,包括 MapReduce 的由来、主要功能、技术特征,MapReduce 的模型框架和数据处理过程,MapReduce 程序执行过程,以及 MapReduce 主要编程接口及 WordCount 实例分析。

第 11 章主要介绍了大数据 Spark 计算模型,包括 Spark 的产生、技术特征,Spark 的工作流程与运行模式,以及 Spark 主要访问接口并给出了三种 WordCount 编程实现。

第 12 章主要介绍了大数据 MapReduce 基础算法,包括关系代数运算的 MapReduce 设计与实现,矩阵乘法的 MapReduce 设计与实现。

第 13 章主要介绍了大数据 MapReduce 挖掘算法,包括大数据关联规则 Apriori 算法的 MapReduce 设计与实现,大数据 KNN 分类算法的 MapReduce 设计与实现,大数据 K-

Means 聚类算法的 MapReduce 设计与实现。

第五篇 大数据平台 Hadoop 实践与应用案例：本篇着重介绍大数据 Hadoop 平台的实践操作，给出了大数据技术在开敞式码头系泊缆力预测中的应用，以及中科曙光 XData 大数据平台架构、关键技术及其应用案例，旨在帮助读者理解如何将大数据的方法和技术运用到实际项目需求中，促进大数据技术在各领域行业中的应用。本篇包括 3 章：

第 14 章主要介绍了 Hadoop 大数据平台操作实践，包括 Hadoop 系统的安装与配置详细操作，Hadoop 平台文件操作及程序运行命令，以及 Hadoop 平台下程序开发方法和过程。

第 15 章主要介绍了大数据方法和技术在开敞式码头系泊缆力预测中的应用，给出了大数据系泊缆力相似性查询预测方法，并基于 Hadoop 大数据平台完成了系泊缆力预测的相似性查询方法 MapReduce 设计与实现。

第 16 章主要介绍了中科曙光 XData 大数据方法的架构及关键技术，包括曙光 XData 大数据集成与数据治理组件、大数据存储与数据计算组件、大数据分析与数据智能组件、大数据可视化分析组件、大数据安全管控与管理运维组件，并给出了基于曙光 XData 大数据平台的智能交通应用案例。

本书适合作为高等院校计算机、软件工程、信息管理等相关专业的本科生及研究生大数据技术课程的教材，也可作为相关 IT 工程技术人员的参考用书。

本书由大连交通大学宋旭东教授担任主编，并辅助全书内容的组织和编审。宋亮、王立娟、张鹏担任副主编。本书第一篇、第四篇、第五篇由宋旭东编写，第二篇由宋亮编写，第 7 章由王立娟编写，第 8 章由张鹏编写。在本书撰写过程中，丛郁洋、杨杰、朱大杰等研究生做了大量辅助工作。中科曙光大数据部副总经理郭庆先生、曙光大数据团队工程师参编了第 16 章工作。张旗教授对全书进行了审阅！在此，衷心感谢上述著作编写参与人员在本书写作过程中的共同努力和辛苦付出！感谢中科曙光公司对本书出版给予的大力支持和帮助！

在本书撰写过程中，参考了大量国内外教材、论文、技术论坛等相关资料。由于作者水平有限，书中不足之处在所难免，敬请广大读者批评指正。

编　者

2019 年 8 月

目 录

CONTENTS

第1篇　大数据基础

第 2 篇　大数据存储与管理

第 3 篇　大数据采集与预处理

第4篇　大数据分析与挖掘

第 5 篇　大数据平台 Hadoop 实践与应用案例

第1篇

大数据基础

随着大数据时代的来临,大数据相关概念和技术被人们广泛关注。本篇着重介绍大数据的基本概念和大数据 Hadoop 平台组件,旨在帮助读者正确理解大数据的核心概念及其应用技术,为后续章节的学习奠定基础。

本篇包括第 1 章和第 2 章。

第 1 章主要介绍了大数据产生的背景及其发展历程,大数据给科学研究及思维模式带来的影响,大数据的 4V 特征及在科研、交通、通信、医疗、金融、制造、体育、个性化生活、安全等领域的应用。同时也简要介绍了大数据框架体系和关键技术,包括数据采集与预处理技术、数据存储和管理技术、数据分析与挖掘技术、数据可视化技术、数据安全和隐私保护技术、云计算、物联网和人工智能等技术。

第 2 章主要介绍了大数据并行计算框架 Hadoop 平台,包括 Hadoop 的项目起源、发展历程、主要用途、分布式存储和并行计算基本原理,以及对 Hadoop 平台核心组件 (HDFS、MapReduce、ZooKeeper、Yarn、HBase、Hive、Spark、Mahout 等) 的简要描述。

第1章

大数据基本概念

　　大数据(Big Data)的概念是 1998 年由 SGI(美国硅图公司)的首席科学家 John Masey (约翰·梅西)在 USENIX 大会上提出的。他当时发表了一篇名为 *Big Data and the Next Wave of Infrastress* 的论文,使用了大数据来描述数据爆炸的现象。随着第三次信息化浪潮的涌动,大数据时代全面开启。人类社会信息科技的发展为大数据时代的到来提供了技术支撑,而数据产生方式的变革是促进大数据时代到来至关重要的因素。

　　本章首先介绍了大数据的基本概念、大数据的定义与特征、大数据的应用、大数据的架构体系和大数据关键技术,同时也概述了大数据的支撑技术,包括云计算、物联网和人工智能。

1.1　大数据时代

1.1.1　大数据有多大

　　大数据到底有多大? 美国第二大无线电广播公司 Cumulus Media 的 Lori Lewis(洛里·莱维斯)和 Chadd Callahan(查德·卡拉翰)提供的信息图(如图 1.1 所示)展示了 2020 年和 2021 年在短短的一分钟内的短信发送量由 1900 万增长到 2110 万;网上购物额由 110 万美元增长到 160 万美元;Facebook 登录数据量由 130 万增长到 140 万;Tinder 的滑动次数由 160 万增长到 200 万;Twitch 观看次数由 120 万增长到 200 万;TikTok 下载量由 1400 次增长到 5000 次;Snapchat 创建的 Snap 数量由 250 万增长到 340 万;电子邮件发送量由 1.9 亿增长到 1.976 亿。

　　国际数据公司(IDC)的研究结果表明,2008 年全球产生的数据量为 0.49ZB,2009 年的数据量为 0.8ZB,2010 年增长为 1.2ZB,2011 年的数量更是高达 1.82ZB,相当于全球每人产生 200GB 以上的数据。到 2012 年为止,人类生产的所有印刷材料的数据量是 200PB,全人类历史上说过的所有话的数据量大约是 5EB。到 2016 年全球的数据总量为 16.1ZB,2017 年数据总量为 21.6ZB,而到了 2018 年这一数字达到了 33ZB。

　　根据 IDC 预计,到 2025 年全球当年产生的数据总量将达到 175ZB。175ZB 的数据到底有多大呢? 1ZB 相当于 1.1 万亿 GB。如果把 175ZB 数据全部存在 DVD 中,那么这些 DVD 叠加起来的高度将是地球和月球距离的 23 倍(月地最近距离约 39.3 万千米),或者绕地球 222

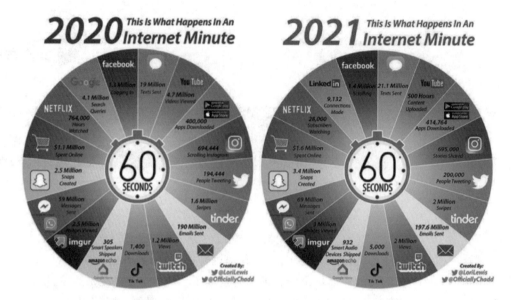

图 1.1　2020 年和 2021 年一分钟内数据的产生量

圈（一圈约为四万千米）。目前美国的平均网速为 25Mb/s，一个人要下载完这 175ZB 的数据，需要 18 亿年。并且在 2025 年，全世界每个联网的人每天平均有 4909 次数据互动，是 2015 年的 8 倍多，相当于每 18s 就会产生一次数据互动。Visual Capitalist（资本视觉）的创始人 Jeff Desjardins（杰夫·德甲丹）描绘了未来一天中数据的产生量（见图 1.2）。

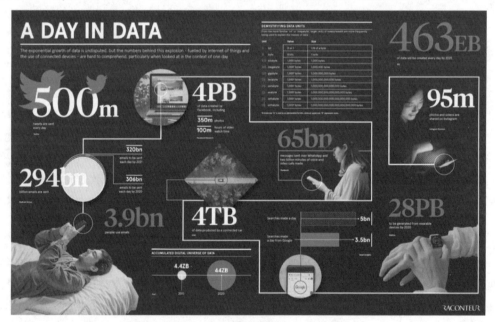

图 1.2　未来一天内数据的产生量

1.1.2　大数据的产生

大量数据的产生是计算机技术和网络通信技术普及的必然结果，特别是近年来互联网、云计算、移动互联网、物联网、自动驾驶及社交网络等新型信息技术的发展,使得数据产生来源更加丰富。人类历史上从未有哪个时代和今天一样产生如此海量的数据。数据的产生已经完全不受时间、地点的限制。从开始采用数据库作为数据管理的主要方式开始,人类社会的数据产生方式大致经历了以下三个阶段,正是由于这三个阶段数据产生方式发生的巨大变化,最终导致大数据的产生。

(1) 信息系统管理阶段。随着数据库技术的逐步成熟,一批商业智能工具和知识管理技术(如数据仓库、专家系统、知识管理系统等)开始被应用。人类社会数据量第一次大的飞跃正是从信息系统开始广泛使用数据库开始。这个阶段最主要的特点是数据往往伴随着一定的事务活动而产生并记录在数据库中,例如,银行每完成一笔交易就会在数据库中产生相应的一条对应的记录。这种数据的产生方式是被动的。

(2) 互联网及移动互联网阶段。随着 Web 2.0 应用迅猛发展,非结构化数据大量产生,传统处理方法难以应对,带动了大数据技术的快速突破,大数据解决方案逐渐走向成熟,形成了并行计算与分布式系统两大核心技术,Hadoop 平台逐渐走进了人们的视野。

在这个阶段,数据呈现爆炸性的增长,主要有如下两方面的原因:首先是以微博、微信为代表的新型社交网络的频繁使用,以及短视频的出现和快速发展,使得用户产生数据的意愿更加强烈;其次是以智能手机、平板电脑为代表的新型移动设备的出现,这些易携带、全天候接入网络的移动设备使得人们在网上发表自己意见的途径更为便捷。这个阶段数据的产生方式是主动的。

(3) 物联网阶段。目前,物联网技术的兴起带来了大量的高速的物联数据,万物皆可联网,无论是智能交通产生的即时的路况信息、智慧医疗实时地向医生提供病人的身体各项指标还是智能电力应用在电力传输的各个环节,如隧道、核电站等。这个阶段的数据的特点是随时随地产生数据,并且这种数据的产生方式是自动的。

简单来说,数据产生经历了被动、主动和自动三个阶段。这些被动、主动和自动的数据共同构成了大数据的数据来源,但其中自动式的数据才是大数据产生的最根本原因。数据收集的根本目的是根据需求从数据中选取有用数据加工成知识,并将其应用到具体的领域之中。

1.1.3　大数据的发展历程

如果说在 IT(Internet Technology)时代是以自我控制、自我管理为主,那么到了 DT(Data Technology)时代,则是以服务大众、激发生产力为主。大数据发展至今可以大体分为三个阶段:大数据萌芽阶段、大数据成熟阶段、大数据大规模应用阶段,见表 1.1。

表 1.1　大数据发展的三个阶段

阶　段	时　间	内　容
大数据萌芽阶段	21 世纪初	数据库的出现使得数据管理的复杂度大大降低,企业办公自动化、企业资源计划电子商务、商业智能等各种信息系统逐步展开应用
大数据成熟阶段	2005—2011 年	互联网的蓬勃发展以及互联网中产生的数据爆炸式的增长促使人类社会数据量出现第二次大的飞跃。Hadoop 大数据处理平台诞生
大数据大规模应用阶段	2012 年至今	物联网及其感知式系统的广泛使用,促进了大数据应用渗透到各行各业,信息化、智能化的应用水平大幅提高

下面回顾一下大数据的发展史。

1. 大数据萌芽阶段（21 世纪初）

1997 年 10 月，迈克尔·考克斯和大卫·埃尔斯沃思在第八届美国电气和电子工程师学会（IEEE）关于可视化的会议论文集中，发表了题为《为外存模型可视化而应用控制程序请求页面调度》的文章，这也是美国计算机学会的数字图书馆中第一次提到"大数据"这一术语的文章。

1999 年 10 月，在美国电气和电子工程师学会（IEEE）关于可视化的年会上，设置了名为"自动化或者交互：什么更适合大数据？"的专题讨论小组，探讨大数据问题。

2001 年 2 月，梅塔集团分析师道格·莱尼发布题为《3D 数据管理：控制数据容量、处理速度及数据种类》的研究报告。10 年后，"3V"（Volume、Variety 和 Velocity）作为定义大数据的三个维度而被广泛接受。

2003 年，Google 公司为了解决其搜索引擎中大规模 Web 网页数据的处理，研究发表了一篇题为 *MapReduce：Simplified Data Processing on Large Clusters*（《MapReduce：简化大型集群上的数据处理》）的论文，介绍 MapReduce 的基本设计思想。

2. 大数据成熟阶段（2005—2011 年）

2005 年 9 月，蒂姆·奥莱利发表了《什么是 Web 2.0》一文，在文中指出"数据将是下一项技术核心"。次年，Hadoop 大数据平台诞生。

2008 年年末，"大数据"得到部分美国知名计算机科学研究人员的认可，业界组织计算社区联盟（Computing Community Consortium）发表了一份有影响力的白皮书《大数据计算：在商务、科学和社会领域的革命性突破》。它使人们的思维不仅局限于数据处理的机器，并提出大数据真正重要的是新用途和新见解，而非数据本身。

2009 年，欧洲一些领先的研究型图书馆和科技信息研究机构建立了伙伴关系致力于改善在互联网上获取科学数据的简易性。

2010 年 2 月，肯尼斯·库克尔在《经济学人》上发表了长达 14 页的大数据专题报告《数据，无所不在的数据》。

2011 年 2 月，IBM 的沃森超级计算机每秒可扫描并分析 4TB（约两亿页文字量）的数据量。

2011 年 5 月，全球知名咨询公司麦肯锡（McKinsey&Company）全球研究院发布了一份报告——《大数据：创新、竞争和生产力的下一个新领域》，大数据开始备受关注。

2011 年，维克托·迈尔·舍恩伯格出版著作《大数据时代：生活、工作与思维的大变革》，引起了巨大反响。

3. 大数据大规模应用阶段（2012 年至今）

2012 年 3 月，美国奥巴马政府发布了《大数据研究和发展倡议》，正式启动"大数据发展计划"，大数据上升为美国国家发展战略，被视为美国政府继信息高速公路计划之后在信息科学领域的又一重大举措。

2013 年 12 月，中国计算机学会发布《中国大数据技术与产业白皮书》，系统总结了大数据的核心科学与技术问题，推动了我国大数据学科的建设与发展，并为政府部门提供了战略性的意见与建议。

2014 年 4 月,世界经济论坛以"大数据的回报与风险"为主题发布了《全球信息技术报告(第 13 版)》。

2014 年 5 月,美国白宫发布了 2014 年全球"大数据"白皮书的研究报告《大数据:抓住机遇、守护价值》。

2015 年 8 月,我国国务院印发《促进大数据发展行动纲要》,全面推进我国大数据发展和应用,加快建设数字强国。

2016 年,美国发布《联邦大数据研发战略计划》,形成涵盖技术研发、数据可信度、基础设施、数据开放与共享、隐私安全与伦理、人才培养以及多主体协同等 7 个维度的系统的顶层设计,打造面向未来的大数据创新生态。

2017 年 3 月,英国政府提出了新时期发展数字经济的顶层设计《数字战略 2017》,提出打造世界一流的数字基础设施。

2018 年 4 月底,英国发布《工业战略:人工智能》报告,立足引领全球人工智能和大数据发展,从鼓励创新、培养和集聚人才、升级基础设施、优化营商环境以及促进区域均衡发展等 5 大维度提出一系列实实在在的举措。

2019 年,中国交通运输部发布《推进综合交通运输大数据发展行动纲要》,推动行业数字化转型。以试点示范方式推动建立行业大数据平台。促进行业企业应用大数据、云计算等技术提高企业建设能力、运输效率和经营水平,鼓励各行业企业依法积极利用大数据开展融合应用,不断丰富行业大数据内容,推动行业企业数字化转型。

2020 年,中国贵州省首届北斗大数据防灾创新应用论坛在贵阳举办,论坛围绕"北斗+物联网+大数据"应用在贵州省国土、交通、水利等重要行业的安全监测与应急管理与处置领域新产品、新技术、新方法、新经验、行业痛点等进行交流、沟通、思索与碰撞。

2021 年 11 月,中国工业与信息化部发布《"十四五"大数据产业发展规划》,提出到 2025 年,大数据产业测算规模突破 3 万亿元,年均复合增长率保持在 25% 左右,创新力强、附加值高、自主可控的现代化大数据产业体系基本形成。

1.1.4　大数据对科学研究的影响

大数据为科学研究提供了新的科学方法,开创了新的科学范式——科学研究第四范式。该范式由图灵奖得主、关系数据库的鼻祖 Jim Gray(吉姆·格雷)在 2007 年召开的 NRC-CSTB 大会上,发表的演讲"The Fourth Paradigm:Data-Intensive Scientific Discovery"("第四种范式:数据密集型科学发现")中提出。其中的"数据密集型"就是现在人们所称之为的"大数据"。

"科学范式"是科学发现运作的理论基础和实践的规范,是科学工作者共同遵循的普适的世界观和行为方式。吉姆·格雷总结出科学研究的范式共有 4 个,分别为实验科学范式、理论科学范式、计算科学范式、数据密集型科学范式。

1. 第一种范式:实验科学范式

人类最早的科学研究,主要以记录和描述自然现象为特征,又称为"实验科学"(第一范式),从原始的钻木取火,发展到后来以伽利略为代表的文艺复兴时期的科学发展初级阶段,开启了现代科学之门。

实验科学是指偏重于实验对事实的描述和明确具体的实用性的科学,一般较少有抽象的理论概括性。在研究方法上，以归纳为主，带有较多盲目性的观测和实验。一般科学的早期阶段属于实验科学。

这种方法自从 17 世纪的科学家 Francisc Bacon 阐明之后，科学界一直沿用着。他指出科学必须是实验的、归纳的，一切真理都必须以大量确凿的事实材料为依据，并提出一套实验科学的"三表法"，即寻找因果联系的科学归纳法。其方法是先观察，进而假设，再根据假设进行实验。如果实验的结果与假设不符合，则修正假设再实验。

实验科学的主要研究模型是科学实验。

伽利略是第一个把实验引进力学的科学家，他利用实验和数学相结合的方法确定了一些重要的力学定律。1589—1591 年，伽利略通过对落体运动做细致的观察之后，在比萨斜塔上做了"两个铁球同时落地"的著名实验，从此推翻了亚里士多德"物体下落速度和重量成比例"的学说，纠正了这个持续了 1900 年的错误结论。牛顿的经典力学、哈维的血液循环学说以及后来的热力学、电学、化学、生物学、地质学等都是实验科学的典范。

2. 第二种范式：理论科学范式

实验科学的研究显然受到当时实验条件的限制，难以完成对自然现象更精确的理解。科学家们开始尝试尽量简化实验模型，去掉一些复杂的干扰，只留下关键因素（例如，"足够光滑""足够长的时间""空气足够稀薄"），然后通过演算进行归纳总结，这就是第二范式：理论科学范式。

理论指人类对自然、社会现象按照已有的实证知识、经验、事实、法则、认知以及经过验证的假说，经由一般化与演绎推理等方法，进行合乎逻辑的推论性总结。人类借助观察实际存在的现象或逻辑推论，而得到某种学说，如果未经社会实践或科学实验证明，只能属于假说。如果假说能借由大量可重现的观察与实验而验证，并为众多科学家认定，这项假说可被称为理论。理论科学偏重理论总结和理性概括，强调理论认识而非直接实用意义的科学。在研究方法上，以演绎法为主，不局限于描述经验事实。

这种研究范式一直持续到 19 世纪末，都堪称完美，牛顿三大定律成功解释了经典力学，奠定了经典力学的概念基础，它的广泛传播和运用对人们的生活和思想产生了重大影响，在很大程度上推动了人类社会的发展与进步。麦克斯韦理论成功解释了电磁学，经典物理学大厦美轮美奂。但之后量子力学和相对论的出现，则以理论研究为主，以超凡的头脑思考和复杂的计算超越了实验设计，而随着验证理论的难度和经济投入越来越高，科学研究开始显得力不从心。

理论科学的主要研究模型是数学模型，包括数学中的集合论、图论、数论和概率论；物理学中的相对论、弦理论、圈量子引力论；地理学中的大陆漂移学说、板块构造学说；气象学中的全球暖化理论；经济学中的微观经济学、宏观经济学以及博弈论；计算机科学中的算法信息论、计算机理论等。

3. 第三种范式：计算科学范式

20 世纪中叶，John von Neumann（约翰·冯·诺依曼）提出了现代电子计算机架构，利用电子计算机对科学实验进行模拟仿真的模式得到迅速普及，人们可以对复杂现象通过模拟仿真，推演出越来越多复杂的现象，典型案例如模拟核试验、天气预报等。随着计算机仿真越来越多地取代实验，逐渐成为科研的常规方法，即第三范式：计算科学范式。

计算科学范式,是一个用数据模型构建、定量分析方法以及利用计算机来分析和解决科学问题的研究范式。在实际应用中,计算科学主要用于对各个科学学科中的问题进行计算机模拟和其他形式的计算。典型的问题域主要包括数值模拟,重建和理解已知事件(如地震、海啸和其他自然灾害),或预测未来或未被观测到的情况(如天气、亚原子粒子的行为);模型拟合与数据分析,调整模型或利用观察来解方程(如石油勘探地球物理学、计算语言学、基于图的网络模型、复杂网络等);计算和数学优化,最优化已知方案(如工艺和制造过程、路径规划、车间调度、运筹学等)。

4. 第四种范式:数据密集型科学范式

随着数据的爆炸性增长,计算机将不仅能做模拟仿真,还能进行分析总结,得到理论。数据密集范式理应从第三范式中分离出来,成为一个独特的科学研究范式。也就是说,过去由牛顿、爱因斯坦等科学家从事的工作,未来完全可以由计算机来做。这种科学研究的方式,被称为第四范式:数据密集型科学范式。数据密集型科学范式由传统的假设驱动向基于科学数据进行探索的科学方法转变。

第四范式与第三范式都是利用计算机来进行计算,区别是什么呢? 现在大多科研人员,应该都比较理解第三范式,在研究中总是被专家评委不断追问"科学问题是什么?""有什么科学假设?",这就是先提出可能的理论,再搜集数据,然后通过计算来验证。而基于大数据的第四范式,则是先有了大量的已知数据,然后通过计算得出之前未知的理论。

大数据时代,人们思维方式的最大转变,就是放弃对因果关系的渴求,取而代之关注相关关系。也就是说,只要知道"是什么",而不需要知道"为什么"。通常人类总是会思考事物之间的因果联系,而对基于数据的相关性并不是那么敏感;相反,计算机则几乎无法自己理解因果,而对相关性分析极为擅长。可以理解为第三范式是"人脑+计算机",人脑是主角;而第四范式是"计算机+人脑",计算机是主角。进而由此引发新一代人工智能技术。

要发现事物之间的因果联系,在大多数情况下总是困难重重的。人类推导的因果联系,总是基于过去的认识,获得"确定性"的机理分解,然后建立新的模型来进行推导。但是,这种过去的经验和常识,也许是不完备的,甚至可能有意无意中忽略了重要的变量。举个例子,现在人人都在关注雾霾天气,想知道雾霾天气是如何发生的,如何预防? 首先需要在一些"代表性"位点建立气象站,来收集一些与雾霾形成有关的气象参数。根据已有的机理认识,雾霾天气的形成不仅与源头和大气化学成分有关,还与地形、风向、温度、湿度气象因素有关。仅仅这些有限的参数,就已经超过了常规监测的能力,只能进行简化人为去除一些看起来不怎么重要的参数,只保留一些简单的参数。那些看起来不重要的参数会不会在某些特定条件下,起到至关重要的作用? 如果再考虑不同参数的空间异质性,这些气象站的空间分布合理吗? 足够吗? 从这一点来看,如果能够获取更全面的数据,也许才能真正做出更科学的预测,这就是第四范式的出发点,也许是最迅速和实用地解决问题的途径。现在,手机就可以监测温度、湿度,可以定位空间位置,监测大气环境化学和PM2.5功能的传感设备也在逐渐走向市场,这些移动的监测终端更增加了测定的空间覆盖度,同时产生了海量的数据,利用这些数据,分析得出雾霾的成因,最终进行预测指日可待。

第四种范式可用于几乎所有的大数据应用场景,以及基于大数据的人工智能。在过去认为非常难以解决的智能问题,会因为大数据的使用而迎刃而解,如围棋。同时,大数据还会彻底改变未来的商业模式,很多传统的行业都将采用数据驱动的智能技术实现升级换代,同时改变原有的商业模式。大数据和机器智能对于未来社会的影响是全方位的。

1.1.5 大数据对思维模式的影响

大数据对人们的思维模式也产生了深远的影响。正如英国数据科学家维克托·迈尔·舍尔伯格于 2012 年在《大数据时代：生活、工作与思维的大变革》一书中曾指出，大数据时代最大的转变就是思维方式的三种转变：要全样而非抽样、要效率而非绝对精确、要注重相关关系而非因果关系。

1. 要全样而非抽样

由于计算能力及存储资源有限，早期面对大规模数据的科学研究通常采用抽象的方法。通过对样本数据的分析来推断全体数据的整体特征。通常抽样的方法会带来一定的误差，因此抽样的质量至关重要。而大数据时代，大数据技术的核心就是海量数据的存储和处理，分布式文件系统和分布式数据库技术提供了理论上近乎无限的数据存储能力，分布式并行编程框架 MapReduce 提供了强大的海量数据并行处理能力，人们可以分析与某事物相关的所有数据，而不再是依靠分析少量的数据样本，并开始关注整体数据中的价值。

2. 要效率而非绝对精确

早期抽样的方法注重分析结果的精确性，主要原因是抽样分析只是针对部分样本的分析，当抽样分析的结果应用到全体数据时误差会被放大，为防止放大的误差超出可以接受的范围，必须保证抽样分析结果的准确性。而现在利用分布式计算和存储平台可以直接处理全体数据，不存在误差被放大的问题。因此不必追求绝对的精确。相反，由于大数据具备时效性特征，通常要求处理响应要快，甚至要求秒级响应，这就要求大数据处理必须具备高效率，否则就会丧失数据分析的价值。

3. 要注重相关关系而非因果关系

早期人们分析数据之间的相互关系时更多关注的是因果关系。因果关系，是指一个变量的存在一定会导致另一个变量的产生。例如，某地区近日雨伞的销量有了很大的提升是因为近期频发暴雨，"雨伞销量的提升"是结果，"频发暴雨"是原因；再如，某地区接到通知将停水一天，那么商城桶装水的销量将在短期内得到较大的提高，"停水一天"是原因，"桶装水销量提升"是结果。

然而两个变量之间存在相关关系，并不能说明两者之间一定存在着因果关系。相关性是统计学上的一个概念，是指一个变量变化的同时，另一个因素也会伴随发生变化，但不能确定一个变量变化是不是另一个变量变化的原因。例如夏天，太阳镜的销量和雪糕的销量存在相关性，并不是说因为太阳镜的销量高了，雪糕的销量也会高，而是因为它们都受同一因素——日光辐射强度的影响。

相关关系的核心是量化两个数据值之间的数理关系。相关关系强是指当一个数据值增加时，其他数据值很有可能会随之增加。例如，在某个视频网站看完关于算法的视频后，还会推荐 C 语言学习的视频。建立在相关关系分析法基础上的预测是大数据的核心。它告诉人们的是会发生什么，而不是为什么发生。也就是说，"算法学习"和"C 语言学习"之间存在相关性，但是"算法学习"和"C 语言学习"之间并不存在因果性。在大数据时代，"因果关系"往往没有那么重要了，人们更多研究、使用的是"相关关系"。

1.2　大数据的定义与特征

1.2.1　大数据的定义

关于大数据的定义,尚没有统一的标准。

维基百科给出的大数据的概念是:在信息技术中,"大数据"是指一些使用目前现有数据库管理工具或者传统数据处理应用很难处理的大型而复杂的数据集。其挑战包括采集、管理、存储、搜索、共享、分析和可视化。

麦肯锡给出的定义是:一种规模大到在获取、存储、管理、分析方面大大超出了传统数据库软件工作能力范围的数据集合,具有海量的数据规模、快速的数据流转、多样的数据类型和价值密度低4大特征。

Gartner(高德纳)给出的定义是:"大数据"是需要新处理模式才能具有更强的决策力、洞察发现力和流程优化能力的海量、高增长率和多样化的信息资产。

随着云时代的来临,大数据也吸引了越来越多的关注。《著云台》的分析师团队认为,大数据通常用来形容一个公司创造的大量非结构化数据和半结构化数据,这些数据在下载到关系数据库用于分析时会花费过多时间和金钱。大数据分析常和云计算联系到一起,因为实时的大型数据集分析需要像 MapReduce 一样的框架来向数十、数百或甚至数千的计算机分配工作。

1.2.2　大数据的数据特征

大数据的数据特征业界通常引用国际数据公司 IDC 定义的 4V 来描述,如图1.3所示。

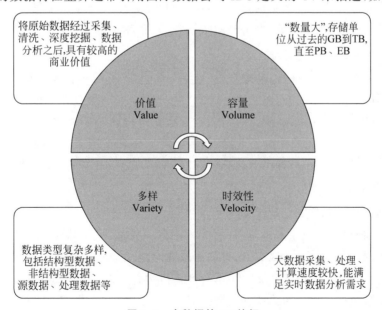

图 1.3　大数据的 4V 特征

1. Volume(容量大)

大数据采集、存储和计算的数据量都非常大。大数据的规模大小一般是 PB 级,数据容量的换算关系如表 1.2 所示。

表 1.2　数据存储单位

单　位	换　算　关　系	数　据　内　容
B	1B＝8b	一个英文字母占用的空间
KB	1KB＝2^{10}B	相当于一则短篇故事的内容
MB	1MB＝2^{10}KB	相当于一则短篇小说的文字内容
GB	1GB＝2^{10}MB	相当于贝多芬第五乐章交响曲的乐谱内容
TB	1TB＝2^{10}GB	相当于一家大型医院中所有的 X 光片内容
PB	1PB＝2^{10}TB	相当于全美学术研究图书馆藏书 50% 的信息内容
EB	1EB＝2^{10}PB	5EB 相当于至今全世界人类所讲过的话
ZB	1ZB＝2^{10}EB	截至 2010 年，人类拥有的信息总量是 1.2ZB

表示数据最小的单位是比特(bit,b)，按顺序给出常用的单位：b、B、KB、MB、GB、TB、PB、EB、ZB。在 ZB 后面还有 YB、BB、NB、DB 等单位，换算关系也是 2^{10}。

一个英文字需要 1B(8b)，而一个汉字需要 2B(编码方式为 GBK 编码，UTF-8 需要 3B)，一张图片一般为几千字节(KB)。手机上的网页一般来说是几十千字节(KB)每页，也就是几万 B 每页。巨著《红楼梦》含标点共 87 万字(不含标点 853 509 字)，每个汉字占 2B，则 1 汉字＝16b＝2×8b＝2B，以计算机单位换算，1GB 约等于 671 部《红楼梦》，1TB 约等于 631 903 部《红楼梦》，1PB 约等于 647 068 911 部《红楼梦》。

一般来说，超大规模数据是指在吉字节(GB)级的数据，海量数据是指太字节(TB)级的数据，而大数据则是指拍字节(PB)级及其以上的数据。

2. Variety(多样化)

种类和来源多样化。包括结构化、半结构化和非结构化数据，具体表现为网络日志、音频、视频、图片、地理位置信息等，多类型的数据对数据的处理能力提出了更高的要求。

3. Value(大价值)

将原始数据经过采集、清洗、深度挖掘、数据分析之后，具有较高的商业价值。随着互联网以及物联网的广泛应用，信息感知无处不在，信息海量，但价值密度较低，如何结合业务逻辑并通过强大的机器算法来挖掘数据价值，是大数据时代最需要解决的问题。大数据技术的战略意义不在于掌握庞大的数据信息，而在于对这些含有意义的数据进行专业化处理。换言之，如果把大数据比作一种产业，那么这种产业实现营利的关键，在于提高对数据的"加工能力"，通过"加工"实现数据的"价值"。

4. Velocity(时效性)

数据增长速度快，处理速度也快，时效性要求高。例如，搜索引擎要求几分钟前的新闻能够被用户查询到，个性化推荐算法尽可能要求实时完成推荐。这是大数据区别于传统数据挖掘的显著特征。大数据通常无法用单台计算机进行处理，必须采用分布式架构。它的特色在于对海量数据进行分布式数据挖掘。

阿姆斯特丹大学的 Yuri Demchenko 等人提出了大数据体系架构框架的 5V 特征。它在上述 4V 的基础上增加了真实性(Veracity)特征。真实性特征中包括可信性、真伪性、来源和信誉、有效性和可审计性子特征。

1.3　大数据的应用

随着大数据的应用越来越广泛,人们每天都可以看到大数据的一些新奇的应用,从而帮助人们从中获取到真正有用的价值。下面简要介绍大数据在以下 9 大领域中的应用。

1.3.1　大数据在科研领域的应用

大数据带来的无限可能性正在改变科学研究。欧洲核子研究中心(CERN)在全球部署了 150 个数据中心,有 65 000 个处理器,能同时分析 30PB 的数据量,这样的计算能力影响着很多行业的科学研究。例如,政府需要的人口普查数据、自然灾害数据等,变得更容易获取和分析,从而为人们的健康和社会发展创造更多的价值。

1.3.2　大数据在交通领域的应用

利用大数据技术可以构建城市智慧交通。车辆、行人、道路基础设施、公共服务场所都被整合在智慧交通网络中,以提升资源运用的效率,优化城市管理和服务。洛杉矶利用磁性道路传感器和交通摄像头的数据来控制交通灯信号,从而优化城市的交通流量。通过控制全市的 4500 个交通灯,将交通拥堵状况减少了约 16%。

1.3.3　大数据在通信领域的应用

利用大数据的采集和分析技术实时追踪媒体内容使用形式,能够为通信公司以及媒体提供个性化的定制内容,并且能及时评价定制内容的应用效果。

1.3.4　大数据在医疗领域的应用

大数据分析应用的计算能力可以在几分钟内解码患者 DNA,并且制定最新的治疗方案。同时可以更好地去理解和预测疾病。就好像人们戴上智能手表等可以产生的数据一样,大数据同样可以帮助病人对于病情进行更好的治疗。大数据技术目前已经在医院应用监视早产婴儿和患病婴儿的情况,通过记录和分析婴儿的心跳,医生针对婴儿的身体可能会出现的不适症状做出预测。这样可以帮助医生更好地救助婴儿。

1.3.5　大数据在金融领域的应用

大数据在金融领域主要是应用在金融交易方面。高频交易(HFT)是大数据应用比较多的领域。其中,大数据分析和挖掘算法可用于交易决策的制定。现在很多股权的交易都是利用大数据算法进行,这些算法现在越来越多地考虑了社交媒体和网站新闻来决定在未来几秒内是买入还是卖出。

1.3.6　大数据在制造领域的应用

利用工业大数据提升制造业水平,包括产品故障诊断与预测、分析工艺流程、改进生产工艺、优化生产过程能耗、工业供应链分析与优化、生产计划与排程。

1.3.7 大数据在体育领域的应用

大数据分析技术可用于运动员训练。例如，使用视频分析来追踪足球或棒球比赛中每个球员的表现，通过运动器材中的传感器可以获得比赛的数据以及改进方案。很多精英运动队还追踪比赛环境外运动员的活动，例如，通过使用智能技术来追踪其营养状况以及睡眠等。

1.3.8 大数据在个性化生活领域的应用

大数据还可以应用于个性化生活领域。借助大数据技术更好地了解客户以及他们的爱好和行为。通过搜集浏览器的日志和传感器数据，建立数据模型并预测。例如，美国的著名零售商 Target 就是通过大数据的分析，得到有价值的信息，精准地预测到客户在什么时候想要小孩。通过大数据分析，汽车保险行业能够了解客户的需求和驾驶水平。

1.3.9 大数据在安全领域的应用

政府可以利用大数据技术构建起强大的国家安全保障体系，企业可以利用大数据抵御网络攻击，警察可以借助大数据来预防犯罪。

大数据应用层
大数据交互展示层
大数据处理层
大数据存储层
大数据采集层
大数据基础设施层

图 1.4　大数据平台架构体系

1.4　大数据框架体系

大数据平台架构体系如图 1.4 所示，包括大数据基础设施层、大数据采集层、大数据存储层、大数据处理层、大数据交互展示层和大数据应用层。

1.4.1 大数据基础设施层

大数据基础设施层为大数据平台的底层提供必要的基础设施支持，如基础的环境、计算、存储、网络设备，云数据中心，云计算平台等。

大数据处理需要拥有大规模物理资源的云数据中心和具备高效的调度管理功能的云计算平台的支撑。云计算管理平台能为大型数据中心及政府、企业等机构提供灵活高效的部署、运行和管理环境。

1.4.2 大数据采集层

大数据采集层用于各类数据的采集，充足的数据量是大数据价值挖掘的根本保障。

数据的采集有基于物联网传感器的采集，也有基于网络信息的数据采集。例如，在智能交通中，数据的采集有基于 GPS 的定位信息采集、基于交通摄像头的视频采集、基于路口的线圈信号采集等。而在互联网上的数据采集是对各类网络媒介，如搜索引擎、新闻网站、论坛、微博、博客、电商网站等各种页面信息和用户访问信息进行采集，采集的内容主要有文本信息、URL、访问日志、日期和图片等。之后需要把采集到的各类数据进行清洗、过滤、去重等处理。

1.4.3　大数据存储层

大数据存储层用于存储各类数据。为了提高大数据的存储能力,通常需要有一个底层的分布式文件系统作为底层存储,但文件系统缺少结构化/半结构化数据和访问能力,而且其编程接口对于很多应用来说过于底层。当数据规模增大或者要处理很多非结构化或半结构化数据时,就需要采用 NoSQL 的数据管理查询模式,通过多种 NoSQL 数据库完成存储结构化、半结构化、非结构化数据,解决大数据的存储管理和查询问题。

1.4.4　大数据处理层

大数据处理层主要用于大数据的并行计算及大数据的分析和挖掘。利用大数据分布式计算框架 Hadoop、MapReduce、Spark 等,结合机器学习和数据挖掘算法,实现批处理计算、流计算、图计算、迭代计算、内存计算、混合计算、定制计算等多种计算模式,完成对海量数据的处理和分析。

1.4.5　大数据交互展示层

大数据交互展示层用于将分析和计算结果以简单直观的方式展现出来,便于用户理解和使用,并能够形成有效的统计、分析、预测及决策,大数据展现技术以及数据的交互技术应该能够帮助人们更好地理解数据,获取数据的应用价值。

1.4.6　大数据应用层

大数据从过去几年开始作为一个新的名词出现在人们生活中的每个角落,几乎在每个行业都可以见到大数据应用的影子。大数据的应用层可以构建各个领域的大数据应用系统,目前大数据主要应用的领域有科研领域、交通领域、通信领域、医疗领域、金融领域、制造领域、体育领域、个性化生活领域以及安全领域。

1.5　大数据关键技术

大数据技术,是指伴随着大数据的采集、存储、分析和应用的相关技术,是一系列使用非传统工具来对大量的结构化、半结构化和非结构化数据进行处理,从而获得分析和预测结果的一系列数据处理和分析技术。

大数据的基本处理流程,主要包括数据采集、存储管理、处理分析、结果呈现等环节。因此,从数据分析全流程的角度,大数据技术主要包括数据采集与预处理、数据存储和管理、数据分析与挖掘、数据可视化、数据安全和隐私保护等几个层面。

1.5.1　数据采集与预处理技术

大数据采集主要通过社交网络及移动互联网等方式获取各种类型的结构化、半结构化及非结构化的海量数据,以及从传感器数据、视频摄像头的实时数据、RFID 射频数据、来自历史视频的非实时数据中获取大量的数据。

大数据的预处理主要是利用 ETL(Extracion-Transformation-Loading)工具将分布的、

异构数据源中的数据，抽取到临时中间层后进行清洗、转换、集成，最后加载到数据仓库或数据集市中，用于联机分析处理和数据挖掘；也可以利用日志采集工具（如 Flume、Kafka 等）、网络爬虫等方式把实时采集的数据作为流计算系统的输入，进行实时处理分析。

1.5.2　数据存储和管理技术

大数据对存储管理技术的挑战主要在于扩容性。首先是容量上的扩展，要求底层存储架构和文件系统以低成本方式及时、按需扩展存储空间。其次是数据格式可扩展，满足各种非结构化数据的管理需求。传统的关系数据库管理系统（RDBMS）为了满足强一致性的要求，影响了并发性，而采用结构化数据表的存储方式，对非结构化数据进行管理时又缺乏灵活性。

目前，主要的大数据组织存储工具包括：HDFS，它是一个分布式文件系统，是 Hadoop 体系中数据存储管理的基础；NoSQL，泛指非关系数据库，可以处理超大量的数据；NewSQL，是对各种新的可扩展/高性能数据库的简称，这类数据库不仅具有 NoSQL 对海量数据的存储管理能力，还保持了对传统数据库支持 ACID 和 SQL 等特性；HBase，是一个针对结构化数据的可伸缩、高可靠、高性能、分布式和面向列的动态模式数据库；此外还有 MongoDB 等组织存储技术。

1.5.3　数据分析与挖掘技术

大数据分析与挖掘技术是有目的地进行收集、整理、加工和分析数据，提炼有价值的信息的一个过程。数据分析是指通过分析手段、方法和技巧对准备好的数据进行探索、分析，从中发现相关关系、内部联系和业务规律，为决策目标提供参考。目前主要的大数据计算与分析软件包括：Hive，是建立在 Hadoop 基础上的数据仓库架构，它为数据仓库的管理提供了众多功能，包括数据 ETL（抽取、转换和加载）工具、数据存储管理和对大型数据集的查询和分析能力；Datawatch，是一款用于实时数据处理、数据可视化和大数据分析的软件；Storm，是一个分布式的、容错的实时计算系统；此外，还有 R 语言、DREMEL 等计算和分析工具。

数据挖掘就是从大量的、不完全的、有噪声的、模糊的和随机的由实际应用产生的数据中，提取隐含在其中有用的知识、信息的过程。Mahout 是一个用于机器学习和数据挖掘的分布式框架，基于 Hadoop 之上，在推荐算法的实现中获得了广泛的实际应用。R 语言是一个用于统计计算和统计制图的优秀工具。此外，Datawatch、MATLAB、SPSS 等都有了强大的数据挖掘功能。利用分布式并行编程模型和计算框架，结合机器学习和数据挖掘算法，实现对海量数据的处理和分析。

1.5.4　数据可视化技术

大数据可视化技术可以提供更为清晰直观的数据表现形式，将错综复杂的数据和数据之间的关系通过图片、映射关系或表格，以简单、友好、易用的图形化、智能化的形式呈现给用户。

可视化是人们理解复杂数据的重要手段和途径，可以通过数据访问接口或商业智能门户实现，以直观的方式表达出来。目前，曙光 XData 大数据智能引擎、MATLAB、SPSS 等都有数据可视化功能。其中,XData 大数据智能引擎自助式可视化分析系统是曙光公司自主研发的一款集数据接入、分析、可视化为一体的大数据产品。产品集成业界最前沿的大数据平台;在对海量大数据整合的基础上,还实现了快速准确地应用于多种业务场景的查询、分析,便于深入挖掘用户行为,并以各种可视化报表的形式进行展示的功能。该系统可有效助力用户建设大数据交互分析平台,为大数据企业或单位的行为分析、趋势分析、企业管控等提供有力支撑。

1.5.5 数据安全和隐私保护技术

只要存在数据,就必然会有数据泄露、数据窃取等与安全、隐私有关的问题。目前,各种数据分布在云端、移动设备、关系数据库、大数据库平台、PC 端、采集器端等多个位置。大数据在手机、存储以及使用过程中都面临着重大的风险和威胁,对于数据安全来说要面临更大的挑战,传统的数据保护方法已经不再那么适用。

下面介绍几种涉及数据安全与隐私保护的技术。

1. CASB(云安全接入代理)技术

在企业和云端之间部署一个代理网关,对上云的数据进行加密,反向则解密,这样保证了在云端的数据都是加密存储,防止未授权、黑客、云服务商获取数据。而负责加解密的KMS 功能则独立管理。

2. Tokenization(令牌化)技术

最早应用于支付行业,将敏感数据(例如银行卡信息)替换成随机生成的数据,在替换之后,原始数据和令牌的映射关系单独存放在另一个数据库中。和加密不同的是,原始数据和随机数据之间没有数学关系,对于黑客来说,必须拿到映射关系表,才有可能拿到原始数据。

3. 大数据加密技术

当大数据被存放到 Hadoop 平台上时,这个平台就成为风险最为集中的位置。Hadoop的生态系统核心是 HDFS,从 2.6 版本开始 HDFS 支持原生静态加密,可以理解为一种应用层加密技术。Hadoop 生产集群通常都有成千上万的结点,把数据加密到 HDFS 之外的组件导致了很大的复杂性。另外,大规模加密还有一个难点是对于密钥的管理,要考虑速度和性能、对 Hadoop 的支持程度、管理难度问题。另外,仅对静态数据加密是不够的,数据在传输过程中的动态安全也需要加密,Hadoop 的各种网络通信方式包括 RPC(Remote Procedure Call,远程过程调用)、TCP/IP、HTTP,对应到不同的动态加密方法都是需要考虑到的问题。

4. 身份识别与访问管理技术

对敏感数据的位置、权限和活动的可视性管理,能够大规模自动化管理权限和数据,即身份识别与访问管理技术(Identity and Access Management,IAM)。这个概念在很早之前就被提出,近年来随着机器学习、物联网、云身份管理、欺诈检测等技术的发展再次火了起来。在大型的互联网企业,身份、权限、策略、资源、行为、设备可能有上万亿的关系连接,这么多的关系连接再加上实时动态,机器学习算法将成为其核心技术。

曙光 XData 大数据安全管控系统通过对大数据平台的统一认证管理、统一资源管理、授权管理和统一安全审计,建立一站式安全管控机制,为大数据平台的全方位安全保驾护航。安全管控系统的产品特点和优势主要体现在以下几个方面。

（1）易扩展：支持集群化部署，扩展性强。

（2）高兼容：兼容主流大数据平台。

（3）可跟踪：基于日志分析，审计用户操作行为。

（4）易管理：支持数据编目管理，基于角色授权。

（5）易操作：操作简捷，维护便捷。

1.6 大数据支撑技术

随着大数据的发展，云计算、物联网和机器学习逐渐走入了人们的视野，它们代表了IT领域较新的发展趋势，相辅相成。

1.6.1 云计算

1. 云计算简介

维基百科中对云计算的定义为：云计算是一种基于互联网的计算方式，通过这种方式，共享的软硬件的资源和信息可以按需求提供给计算机和其他设备。

美国国家标准与技术研究院对云计算的定义是：云计算是一种模型，可以实现随时随地、便捷地、按需地从可配置计算资源共享池中获取所需的资源（例如，网络、服务器、存储、应用程序及服务），资源可以快速供给和释放，使管理的工作量和服务提供者的介入降低至最少。

云计算技术是硬件技术和网络技术发展到一定阶段而出现的一种新的技术模型，通常技术人员在绘制系统结构图时用一朵云的符号来表示网络，云计算这个奇怪的名字就是因此而得名的。

云计算实际上是通过网络提供可伸缩的、廉价的分布式计算能力，用户只需要在具备网络接入条件的地方，就可以随时随地获得所需的各种IT资源。云计算代表了以虚拟化技术为核心、以低成本为目标的、动态可扩展的网络应用基础设施，是近年来最具代表性的网络计算技术与模式。

云计算技术的出现改变了信息产业传统的格局。传统的信息产业企业既是资源的整合者，又是资源的使用者，这就好比一个电视制造企业既要生产电视机还要生产发电机一样。云计算技术使资源与客户需求之间是一种弹性化的关系，资源的使用者和资源的整合者并不是同一个企业，资源的使用者只需要对资源按需付费，从而敏捷地响应客户不断变化的资源需求，这一方法降低了资源使用者的成本，提高了资源的利用效率。

2. 云计算的特点

与传统的资源提供方向相比，云计算具有以下特点。

1）资源池弹性可扩张

资源池就是对资源的集中管理和输出。从资源低效率的分散使用到资源高效的集约化使用正是云计算的基本特征之一。

2）按需提供资源服务

云计算系统带给客户一个很重要的好处就是可以敏捷地适应用户对资源不断变化的需

求,云计算系统按需求向用户提供资源,大大节省了用户的硬件资源开销。用户只需要按照自己实际消费的资源量来付费,不用自己购买并且维护硬件资源,避免了资源和金钱的浪费。

3)虚拟化

现有的云计算平台的重要特点是利用软件来实现硬件资源的虚拟化管理、调度和应用。通过虚拟平台,用户使用网络资源、计算资源、数据库资源、存储资源和硬件资源等,与在本地计算机上使用的感觉是一样的,相当于在操作自己的计算机,而云计算中利用虚拟化技术可以大大降低维护成本和提高资源的利用率。

4)网络化的资源接入

从最终用户的角度看,基于云计算系统的应用服务通常都是通过网络来提供的,应用开发者将云计算中心的计算、存储等资源封装为不同的应用后往往会通过网络提供给最终的用户。因此,云计算技术必须实现资源的网络化接入,才能有效地向最终用户提供资源服务。

5)高可靠性和安全性

用户数据存储在服务器端,程序也在服务器端运行。所有的服务会分布在不同的服务器上,如果有结点出现问题就会终止该结点,在另一个结点上运行,从而保证了高可靠性和安全性。

3. 云计算分类

按资源封装层次分类的云计算服务模式如图 1.5 所示。

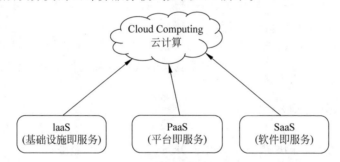

图 1.5　云计算的服务模式

1)按技术类型分类

(1)资源整合型云计算。

这种类型的云计算系统在技术实现方面大多体现为集群架构,通过将大量结点的计算资源和存储源整合后输出。例如,MPI、Strom、Hadoop 等都可以被分类为资源整合型云计算系统。

(2)资源切分型云计算。

这种类型最为典型的就是虚拟化系统,其核心是虚拟化技术。虚拟化技术是云计算基础架构的基石,是指将一台计算机虚拟为多态逻辑计算机,在一台计算机上同时运行多个逻辑计算机,每个逻辑计算机可以运行不同的操作系统,并且应用程序都可以在相互独立的空间内运行而不影响,从而显著提高计算机的工作效率。VMware、KVM、Docker 都是这类技术的代表。

2）按服务对象分类

（1）私有云计算。

私有云一般由一个组织来使用，同时由这个组织来运营，其服务并不向公众开放。例如，华为数据中心属于这种模式，华为自己是运营者，也是它的使用者，也就是说，使用者和运营者是一体，这就是私有云。

（2）公有云计算。

公有云指服务对象是面向公众的云计算服务，就如共用的交换机一样，电信运营商去运营这个交换机，但是它的用户可能是普通的大众，这就是公有云。公有云对云计算系统的稳定性、安全性和并发服务能力有更高的要求。

（3）混合云计算。

混合云强调基础设施是由两种或更多的云组成的，但对外呈现的是一个完整的实体。企业正常运营时，把重要数据保存在自己的私有云里面（例如财务数据），把不重要的信息放到公有云里，两种云组合形成一个整体，就是混合云。例如电子商务网站，平时业务量比较稳定，自己购买服务器搭建私有云运营，但到了双十一促销的时候，业务量非常大，就从运营商的公有云租用服务器，来分担节日的高负荷；但是可以统一地调度这些资源，这样就构成了一个混合云。

3）按资源封装的层次分类

云计算有三种服务模式，如图 1.5 所示。

（1）基础设施即服务（Infrastructure as a Service，IaaS），指的是把基础设施以服务形式提供给最终用户使用，包括计算、存储、网络和其他的计算资源。用户能够部署和运行任意软件，包括操作系统和应用程序。例如，硬件服务器租用。

（2）平台即服务（Platform as a Service，PaaS），指的是把软件研发的平台以服务形式提供给最终用户使用，客户不需要管理或控制底层的云计算基础设施，但能控制部署的应用程序开发平台。

（3）软件即服务（Software as a Service，SaaS），提供给消费者的服务是运行在云计算基础设施上的应用程序。实际上，PaaS 也是 SaaS 模式的一种应用。但是，PaaS 的出现加快了 SaaS 的发展，尤其是加快了 SaaS 应用的开发速度。例如，企业办公系统、软件的个性化定制开发。

4. 微服务架构

微服务架构是当前软件应用领域的热门概念，是一种新的架构风格。利用微服务可以将一个大型的应用或者服务 SaaS 拆分成多个微服务，进而增加系统的可维护性、可扩展性。

通常一个简单的应用会随着时间的推移逐渐变大。在每次的敏捷开发过程中，随着业务范围的不断扩大，复杂而巨大的单体式应用非常不利于持续性开发。目前，SaaS 的应用常态就是每天改变很多次，而这对于单体式模式非常困难，程序员还需要对代码不断地进行单体测试，非常麻烦。同时，系统中代码的耦合性会越来越严重，系统的可维护性、扩展性、灵活性将逐步降低，对项目做进一步修改、开发、部署及测试的压力会不断增大，使得单体应用架构的缺点越来越明显地暴露出来。

利用微服务可以为敏捷部署以及复杂企业的 SaaS 实施提供巨大帮助。可以将一个大型复杂软件拆分成多个微服务，系统中每个微服务仅关注一件任务，并且能很好地完成任务。各微服务可以独立部署,微服务之间是松耦合的,各服务之间相互协调、配合,为企业与用户提供最终价值。

微服务架构围绕业务领域将服务进行拆分,每个服务可以独立进行开发、管理和迭代,彼此之间使用统一接口进行交流,实现了在分散组件中的部署、管理与服务功能,使产品交付变得更加简单,从而达到有效拆分应用,实现敏捷开发与部署的目的。亚马逊、网飞等互联网巨头的成功案例表明微服务架构在大规模企业应用中具有明显优势。

5．Docker

在微服务架构中,所有的功能模块都可以视为微服务并封装在 Docker 容器中。Docker 是一种开源容器级虚拟化技术,基于它可建立 PaaS 云服务。在软件开发中应用 Docker 技术能够使程序的部署和运行更加高效。Docker 是以容器调度和资源分割为单位,通过封装软件运行的环境,用于构建、发布和运行应用的平台。

Docker 设计之初的目的是"build,ship and run any App,any where",其理念使程序实现了"一次封装,到处运行"。Docker 特有的容器技术与传统的虚拟化不同,在 Docker 中是不包含操作系统内核的,所以当应用运行在 Docker 容器上面,可以简化配置,将运行环境和源代码及配置文件打包到一个容器里面。实现了本地环境、开发环境、生产环境的统一,降低了开发测试部署的难度。Docker 是一个跨平台、可移植且易用的容器解决方案。

在软件行业中普遍存在的一个问题,就是开发过程中,程序员总是要考虑各种 App 接口、系统及中间件,这个过程有非常大的管理难度。Docker 技术的应用就是为了解决这一问题。Docker 就是标准化的"集装箱",而这个标准化"集装箱"里装的是应用程序。越来越多的公司考虑将传统的应用迁移到 Docker 上。Docker 的生命周期包含三个部分:容器、镜像、仓库。容器是由镜像实例化而来的,镜像可以在仓库里直接下载拉取。在实际开发中,人们将 Web 应用、大数据应用、数据库等进行打包,使其成为一个简单的 Image 部署。从根本上讲,Docker 技术实现了在相同环境 Image 上运行不同软件和数据,使开发部署变得越发简单。

6．云计算的应用

云计算在电子政务、医疗、卫生、教育、企业等领域的应用不断深化,对提高政府服务水平、促进产业转型升级和培育发展新兴产业等都起到了关键的作用。政务云上可以部署公共安全管理、容灾备份、城市管理、应急管理、智能交通、社会保障等应用,通过集约化建设、管理和运行,可以实现信息资源整合和政务资源共享,推动政务管理创新,加快向服务型政府转型。教育云可以有效整合幼儿教育、中小学教育、高等教育以及继续教育等优质教育资源,逐步实现教育信息共享、教育资源共享及教育资源深度挖掘等目标。中小企业云能够让企业以低廉的成本建立财务、供应链、客户关系等管理应用系统,大大降低企业信息化门槛,迅速提升企业信息化水平,增强企业市场竞争力。医疗云可以推动医院与医院、医院与社区、医院与急救中心、医院与家庭之间的服务共享,并形成一套全新的医疗健康服务系统,从而有效地提高医疗保健的质量。

1.6.2　物联网

物联网是新一代信息技术的重要组成部分,具有广泛的用途,同时和云计算、大数据有着紧密的联系。

1. 物联网简介

物联网实际是互联网的延伸，即物与物相连的互联网，万物皆可联网，可以将各种信息传感设备与互联网结合起来而形成一个巨大的网络，使得人与物、物与物任何时间、任何地点互联互通。

2. 物联网的层次结构

物联网三层架构如图 1.6 所示。

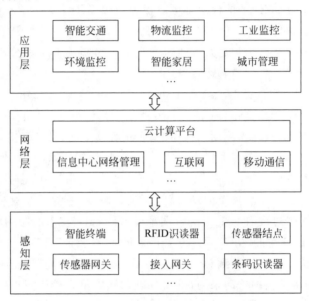

图 1.6　物联网三层架构

（1）感知层。感知层用于识别物体、采集信息。主要功能是识别物体、采集信息，与人体结构中皮肤和五官的作用类似。感知层所需要的关键技术包括检测技术、短距离无线通信技术等。

（2）网络层。网络层用于传递信息和处理信息。网络层包括通信网与互联网的融合网络、网络管理中心、信息中心和智能处理中心等。网络层将感知层获取的信息进行传递和处理，类似于人体结构中的神经中枢和大脑。网络层解决的是传输和预处理感知层所获得数据的问题。网络层所需要的关键技术包括长距离有线和无线通信技术、网络技术等。

网络层中的感知数据管理与处理技术是实现以数据为中心的物联网的核心技术，包括传感网数据的存储、查询、分析、挖掘和理解，以及基于感知数据决策的理论与技术。

（3）应用层。应用层实现广泛智能化。应用层是物联网与行业专业技术的深度融合，结合行业需求实现行业智能化，这类似于人们的社会分工。

物联网应用层利用经过分析处理的感知数据，为用户提供丰富的特定服务。物联网的应用可分为监控型（物流监控、污染监控）、查询型（智能检索、远程抄表）、控制型（智能交通、智能家居、路灯控制）和扫描型（手机钱包、高速公路不停车收费）等。应用层解决的是信息处理和人机交互的问题。

3. 物联网相关技术

1）射频识别技术

射频识别技术（Radio Frequency Identification，RFID），又称电子标签，是一种通信技术，可通过无线电信号识别特定目标并读写相关数据，而无须识别系统与特定目标之间建立机械或光学接触。RFID 技术用于静止或移动物体的无接触自动识别，具有全天候、无接触、可同时实现多个物体自动识别等特点。RFID 技术在生产和生活中得到了广泛的应用，大大推动了物联网的发展，日常生活中的公交卡、门禁卡、校园卡等都嵌入了 RFID 芯片，如图 1.7 所示。可以实现快速、便捷的数据交换。

从结构上讲，RFID 是一种简单的无线通信系统，由 RFID 读写器和 RFID 标签两个部分组成。RFID 标签是一个能够传输信息、回复信息的电子模块。RFID 读写器可以用来读取（或者有时也可以写入）RFID 标签中的信息。RFID 使用 RFID 读写器及可附着于目标物的 RFID 标签，利用频率信号将信息由 RFID 标签传送至 RFID 读写器。以公交卡为例，市民持有的公交卡就是一个 RFID 标签，公交车上安装的刷卡设备就是 RFID 读写器，当市民执行刷卡动作时，就完成了一次 RFID 标签和 RFID 读写器之间的非接触式通信和数据交换。

2）二维码技术

二维码是用某种特定的几何图形按一定规律在平面（二维方向上）分布的记录数据符号信息的黑白相间的图形，如图 1.8 所示。二维码在一个矩形空间中通过黑、白像素在矩阵中的不同分布进行编码。在矩阵相应元素位置上，用点（方点、圆点或其他形状）的出现表示二进制"1"，点的不出现表示二进制的"0"，点的排列组合确定了矩阵式二维码所代表的意义。二维码具有信息容量大、容错性强、成本低、使用方便等特点，现在已经被广泛地使用在人们的日常生活中。

图 1.7 RFID 芯片

图 1.8 生活中常见的二维码

3）传感网

传感网是由随机分布的，集成有传感器（传感器有很多种类型，包括温度、湿度、速度、气敏等）、数据处理单元和通信单元的微小结点，通过自组织的方式构成的无线网络。

4）M2M

简单地说，M2M 是将数据从一台终端传送到另一台终端，也就是机器与机器（Machine to Machine）的对话。M2M 用于车辆防盗、安全监测、自动售货、机械维修、公共交通管理等。

5）数据挖掘与融合技术

物联网中存在大量数据来源、各种异构网络和不同类型的系统，如此大量的不同类型数据，如何实现有效整合、处理和挖掘，是物联网处理层需要解决的关键技术问题。今天，云计算和大数据技术的出现，为物联网数据存储、处理和分析提供了强大的技术支撑，海量物联网数据可以借助庞大的云计算基础设施实现廉价存储，利用大数据技术实现快速处理和分析，满足各种实际应用需求。

4. 物联网的应用

1）智能电网

传统的电网采用的是相对集中的封闭管理模式，效率不高，每年在全球发电和配送过程中的浪费十分惊人。

通过物联网在智能电网中的应用完全可以覆盖现有的电力基础设施。可以分别在发电、配送和消耗环节测量能源，然后在网络上传输这些测量结果。智能电网可以自动优化相互关联的各个要素，实现整个电网更好的供配电决策。对于电力用户，通过智能电网可以随时获取用电价格(查看用电记录)，根据了解到的信息改变其用电模式；而对于电力公司，可以实现电能计量的自动化，摆脱大量人工繁杂工作，通过实时监控，实现电能质量监测，降低峰值负荷，整合各种能源，以实现分布式发电等一体化高效管理；对于政府和社会，则可以及时判断浪费能源设备以及决定如何节省能源、保护环境。最终实现更高效、更灵活、更可靠的电网运营管理，进而达到节能减排和可持续发展的目的。

2）智能交通

城镇化的加速发展和私家车的爆炸式发展，使我国已经进入了汽车化的时代。然而，交通基础设施和管理措施跟不上汽车增长速度，给汽车化社会带来了诸如交通阻塞、交通事故等诸多问题。

要减少堵车，除了修路以外，智能交通系统也可使交通基础设施发挥最大效能。通过物联网可将智能与智慧注入包括街道、桥梁、交叉路口、标识、信号和收费等的城市的整个交通系统。通过采集汇总地理感应线圈、数字视频监控、车载 GPS、智能红绿灯等交通信息，可以实时获取路况信息并对车辆进行定位，从而为车辆优化行程、避免交通拥塞现象、选择泊车位置。交通管理部门可以通过物联网技术对出租车、公交车等公共交通进行智能调度和管理，对私家车辆进行智能诱导以控制交通流量，侦察、分析和记录违反交通规则行为，并对进出高速公路的车辆进行无缝的检测、标识和自动收取费用，最终提高交通通行能力。目前在上海，由道路传感器实时采集数据并送入控制中心的模型中，预测未来的交通情况已达到90％的准确性。

3）智能物流

物流就是将货物从供应地向接收地准确、及时、安全地进行物品配送的过程。传统的物流模式达到了物流的基本要求，但是，随着经济的发展和对现代物流要求的提高，传统物流模式的局限性日益显现：采购、运输、仓储、生产、配送等环节孤立，缺乏协作，无法实时跟踪货物状态，而且成本比较高，效率低下。

如果考虑在货物或集装箱上加贴 RFID 电子射频标签，同时在仓库门口或其他货物通道安装 RFID 识别终端，就可以自动跟踪货物的入库和出库，识别货物的状态、位置、性能等参数,并通过有线或无线网络将这些位置信息和货物基本信息传送到中心处理平台。通过该终端的货物状态识别,可以实现物流管理的自动化和信息化,改变人工识别盘点和识别方式,使物流管理变得非常顺畅和便捷,从而大大提高物流的效率和企业的竞争力。

4)智能家居

智能家居分为狭义和广义两个方面。

(1)狭义智能家居是各类消费类电子产品、通信产品、信息家电及智能家居等通过物联网进行通信和数据交换,实现家庭网络中各类电子产品之间的互联互通,从而实现随时随地对智能设备的控制。例如,家庭环境系统检测到室内湿度太高,它会配合启动空调采取除湿措施;厨房的油烟浓度过高,它会启动抽油烟机;天气骤然降雨或外面噪声过大,它会自动关闭窗户;太阳辐射较大,它会自动关闭窗帘。

(2)广义家居指智能社区建设,主要是以信息网、监控网和电话、电视网为中心的社区网络系统,通过高效、便捷、安全的网络系统实现信息高度集成与共享,实现环境和机电设备的自动化、智能化监控。智能社区可以通过社区综合网络进行暖通空调、给排水监控、公共区照明、停车场管理、背景音乐与紧急广播等物业管理以及门禁系统、视频监控、入侵报警、火灾自动报警和消防联动等社区的安全防范。

5)智能仓库

目前,智能仓储是物流过程的一个环节,智能仓储的应用,保证了货物仓库管理各个环节数据输入的速度和准确性,确保企业及时准确地掌握库存的真实数据,合理保持和控制企业库存。利用智能仓库系统的库位管理功能,更可以及时掌握所有库存货物当前所在位置,有利于提高仓库管理的工作效率。RFID 智能仓储解决方案,还配有 RFID 通道机、查询机、读取器等诸多可选硬件设备。

6)智能农业

在农业领域,物联网的应用非常广泛,如地表温度检测、家禽的生活情形、农作物灌溉监视情况、土壤酸碱度变化、降水量、空气、风力、氮浓缩量、土壤的酸碱性和土地的湿度等,进行合理的科学估计,为农民在减灾、抗灾、科学种植等方面提供很大的帮助,完善农业综合效益。

7)防入侵系统

通过成千上万个覆盖地面、栅栏和低空探测的传感结点,防止入侵者的翻越、偷渡、恐怖袭击等攻击性入侵。上海机场和上海世界博览会已成功采用了该技术。

据预测,到 2035 年前后,中国的物联网终端将达到数千亿个。随着物联网的广泛应用,形成我国的物联网标准规范和核心技术,成为业界发展的重要举措。解决好信息安全技术,是物联网发展面临的迫切问题。

1.6.3　人工智能

人工智能(Artificial Intelligence,AI)是一门研究、开发用于模拟、延伸和扩展人的智能的理论、方法、技术及应用系统的新的技术科学。人工智能的核心方法是机器学习(Machine Learning,ML)。机器学习涉及概率论、统计学、逼近论、凸分析、算法复杂度理论等多门学科,它的定义为"计算机程序如何随着经验积累自动提高性能",即对于某类任务 T 和性能度量 P,如果一个计算机程序在 T 上以 P 衡量的性能随着经验 E 而自我完善,那么称这个计算机程序在从经验 E 学习。通俗点说，即让机器来模拟人类学习新的知识与技能，重点是不是通过某精妙算法而达成，而是让程序去通过学习发现提高，举一反三，正所谓授之以鱼不如授之以渔。

在计算机系统中，"经验"通常是以数据的形式存在的，因此，人工智能中的机器学习方法不仅涉及对人的认知学习过程的探索，还涉及对数据的分析处理。实际上，机器学习方法已经成为计算机数据分析技术的创新源头之一。由于几乎所有的学科都要面对数据分析任务，因此人工智能中的机器学习方法已经开始影响到计算机科学的众多领域，甚至影响到计算机科学之外的很多学科。

人工智能中的机器学习方法按学习方式分类可以分为以下 4 类。

1. 监督式学习

在监督式学习（Supervised Learning）下，输入的数据被称为"训练数据"，每组训练数据都有一个明确的标识或结果，可以将标识或结果理解为正确分类的答案，而在建立预测模型的时候，监督式学习建立一个学习过程，将预测的结果与"训练数据"的标识（正确答案）不断地比较，不断地调整预测模型（通过调整函数关系），直到模型的预测结果达到一个预期的准确率。从而当训练结束后，输入无标识数据，可以利用已经得出的预测模型进行分析得出准确数据。

监督式学习类似学生在学校的学习，通常的题目都会有"正确答案"，以便于学习结束（训练），参加未知的考试作为检验。监督式学习的常见应用场景包括分类问题和回归问题。常见算法有逻辑回归（Logistic Regression）和反向传递神经网络（Back Propagation Neural Network）。

2. 非监督式学习

非监督式学习下，数据并不会被特别标识（正确答案），通常学习数据只有特征向量，学习模型通过学习特征向量发现其内部规律与性质，从而把数据分组聚类（Clustering）。

非监督式学习类似于成年人的世界，没有人时时监督，需要自己去探索规律找到"真理"。常见的应用场景包括管理规则的学习及聚类等。常见算法包括 Apriori 算法和 K-Means 算法。

3. 半监督式学习

在半监督式学习下，输入数据部分被标识，部分没有被标识。这种学习模型可以用来进行预测，但是模型首先需要学习数据的内在结构，以便合理地组织数据进行预测。其应用场景包括分类和回归。常见算法包括一些对常用监督式学习算法的延伸。这些算法首先试图对未标识的数据进行建模，然后在此基础上对标识的数据进行预测，如图论推理算法（Graph Inference）或拉普拉斯支持向量机（Laplacian SVM）等。

4. 强化学习

在强化学习下，输入数据作为对模型的反馈，不像监督模型那样，输入数据仅作为一种检查模型对错的方式。在强化学习下，输入数据直接反馈到模型，模型必须对此立刻做出调整。常见的应用场景包括动态系统及机器人控制等。常见算法包括 Q-Learning 及时间差学习（Temporal Difference Learning）等。

在企业数据应用的场景下，人们最常用的可能就是监督式学习和非监督式学习。在图像识别等领域,由于存在大量的非标识数据和少量的可标识数据,目前半监督式学习是一个很热门的话题。而强化学习则更多地应用在机器人控制及其他需要进行系统控制的领域。

习　　题

1. 简述科学研究的范式有几个,分别是什么?
2. 简述大数据是什么。
3. 简述大数据具有哪些特征及具体应用。
4. 简述大数据框架体系。
5. 简述大数据关键技术。
6. 简述云计算基本概念及相关技术。
7. 简述物联网的基本概念及相关技术。

第**2**章

大数据平台Hadoop基础

本章概述大数据平台 Hadoop,首先给出 Hadoop 的基本概念,然后具体介绍了 Hadoop 的原理,主要包括分布式计算原理、MapReduce 原理以及 Yarn 原理,最后详细介绍 Hadoop 平台的一些常用组件。

2.1 大数据平台 Hadoop 概述

2.1.1 Hadoop 简介

Hadoop 是 Apache 软件基金会旗下的一个开源分布式计算平台,为用户提供了一种可靠、高效、可伸缩的方式进行数据处理的分布式基础架构,它是基于 Java 语言开发的,具有很好的跨平台特性,并且可以部署在廉价的计算机集群中。

Hadoop 的核心是分布式文件系统(Hadoop Distributed File System,HDFS)和 MapReduce。Hadoop 被公认为行业大数据标准开源软件,在分布式环境下提供了海量数据的处理能力。2007 年,雅虎建立了一个包含 4000 个处理器和 1.5PB 容量的 Hadoop 集群系统。Facebook 作为全球知名的社交网站,Hadoop 是其非常理想的选择,Facebook 主要将 Hadoop 平台用于日志处理、推荐系统和数据仓库等方面。国内采用 Hadoop 的公司主要有百度、淘宝、网易、华为、中国移动等。

目前,市场上 Hadoop 免费开源版本主要是 Apache 版本、Hortonworks 版本。在开源 Hadoop 系统发展的同时,也有不少公司(如 Cloudera、曙光公司等)基于开源的 Hadoop 系统进行了一系列的商业化版本开发,它们针对开源系统在系统性能优化、系统可用性和可靠性以及系统功能增强方面进行了大量的研究和开发工作,形成商业化开发版本。

2.1.2 Hadoop 项目起源

Hadoop 是 Apache 软件基金会的顶级开源项目,是一套可靠的、可扩展的、支持分布式计算的开源软件,最初属于 Apache Lucene 项目下的搜索引擎子项目 Nutch,项目负责人是 Doug Cutting。Hadoop 思想来源于 Google 搜索引擎,当初为了解决网页存储问题、搜索算法和网页排序(Page-Rank)计算问题,Doug Cutting 根据 Google 发布的三篇学术论文(*Google FileSystem*、*MapReduce*、*BigTable*),采用内存数据库、GFS、倒排索引、网页价值评分方法和技术以及 MapReduce 设计思想而创建了这个开源项目。

Hadoop 这个名字不是一个缩写,而是一个虚构的名字。该项目的创建者 Doug Cutting 是这样解释 Hadoop 的得名的:"这个名字是我孩子给一个棕黄色的大象玩具起的名字。我的命名标准就是简短,容易发音和拼写,没有太多的意义,并且不会被用于别处。小孩子恰恰是这方面的高手。"

Apache Hadoop 项目开发了用于可靠、可扩展的分布式计算的开源软件。Apache Hadoop 软件库是一个框架,允许使用简单的编程模型跨计算机集群分布式处理大型数据集。它旨在从单个服务器扩展到数千台计算机,每台计算机都提供本地计算和存储。该库本身不是依靠硬件来提供高可用性,而是设计用于检测和处理应用层的故障,从而在计算机集群之上提供高可用性服务。

2.1.3　Hadoop 发展历程

Hadoop 来自于 Google 一款名为 MapReduce 的编程模型包。Google 的 MapReduce 框架可以把一个应用程序分解为许多并行计算指令,跨大量的计算结点运行非常巨大的数据集。使用该框架的一个典型例子就是在网络数据上运行的搜索算法。Hadoop 最初只与网页索引有关,但凭借其突出的计算和存储优势,迅速发展成为分析大数据的领先平台,在各个领域得到了广泛的应用,尤其互联网领域更是其应用的主阵地。

下面介绍一下 Hadoop 的发展历程。

(1) Hadoop 最初是由 Apache Lucene 项目的创始人 Doug Cutting 开发的文本搜索库。Hadoop 源于 2002 年的 Apache Nutch 项目——一个开源的网络搜索引擎,并且也是 Lucene 项目的一部分。

(2) 2004 年,Nutch 项目也模仿 GFS 开发了自己的分布式文件系统 NDFS(Nutch Distributed File System),也就是 HDFS 的前身。

(3) 2005 年,Nutch 开源实现了 Google 的 MapReduce。

(4) 2006 年,Nutch 中的 NDFS 和 MapReduce 开始独立出来,成为 Lucene 项目的一个子项目,称为 Hadoop,同时,Doug Cutting 加盟雅虎。

(5) 2008 年,Hadoop 正式成为 Apache 顶级项目,Hadoop 也逐渐开始被雅虎之外的其他公司使用。

(6) 2008 年,Hadoop 打破世界纪录,成为最快排序 1TB 数据的系统,它采用一个由 910 个结点构成的集群进行运算,排序时间只用了 209s。

(7) 2009 年,Hadoop 更是把 1TB 数据排序时间缩短到 62s。Hadoop 从此名声大振,迅速发展成为大数据时代最具影响力的开源分布式开发平台,并成为世界上大数据处理标准。

(8) 2010 年,Hadoop 发布了 0.20.x 和 0.21.x 版本,其中,0.20.x 最后演化成 1.x,变成了稳定版,相对于 0.20.x,0.21.x 增加了 NameNode HA 等新的重大特性。同时,Hadoop 的生态系统也逐渐完善,出现了许多与 Hadoop 配套的工具和技术,如 Hive、Pig、HBase。Hadoop 1.x 易于入门和使用,适用于早期大数据处理需求,在处理数据时稳定可靠,尤其是在批处理任务中表现良好。但是存在单点故障,包括 JobTracker 和 NameNode,这可能导致系统的不稳定性和可用性问题。

（9）2013 年，Hadoop 发行了两个版本，分别是 0.23.x 和 2.x，它们完全不同于 Hadoop 1.0，是一套全新的架构，均包含 HDFS Federation 和 Yarn 两个系统，相比于 0.23.x，2.x 增加了 NameNode HA 和 Wire-compatibility 两个重大特性。在 Hadoop 2.x 中，Yarn 取代了旧版本中的 JobTracker 和 TaskTracker，大大提高了 Hadoop 的灵活性和可扩展性，使得 Hadoop 可以同时运行多种计算框架，如 MapReduce、Spark、Flink 等。引入 Yarn 和其他新功能使 Hadoop 2.x 变得更加复杂，需要更多的配置和管理。

（10）2017 年，Hadoop 正式推出 3.x 版本。Hadoop 3.x 版本相对于 2.x 版本，仅支持在 JDK 8 的环境中运行，并引入了跨数据中心复制功能，允许将数据跨越不同数据中心进行复制和备份。增加了对容器技术的更强大支持，如 Docker 和 Kubernetes，这允许用户更容易地在容器环境中部署、管理和扩展 Hadoop 集群。

近年来，Hadoop 的发展进入了一个新的阶段。随着云计算的兴起，越来越多的公司将 Hadoop 部署在云平台上，如 Amazon Web Services、Microsoft Azure 等。这种云原生的方式使得用户可以更方便地使用和管理 Hadoop 集群，同时也降低了部署和维护的成本。Hadoop 经过多次迭代，在 2023 年更新至 3.3.6 版本，功能进一步得到完善。

2.1.4　Hadoop 特性

Hadoop 是一个能够对大量数据进行分布式处理的软件框架，为用户提供了系统底层细节透明的分布式基础架构，它具有以下几个方面的特性。

（1）高可靠性。采用冗余数据存储方式，即使一个副本发生故障，其他副本也可以保证正常对外提供服务。

（2）高扩展性。Hadoop 是在可用的计算机集群间分配数据并完成计算任务的，这些集群可以方便地扩展到数以千计的结点中。

（3）高效性。Hadoop 能够在结点之间动态地移动数据，并保证各个结点的动态平衡，因此处理速度非常快。

（4）高容错性。Hadoop 能够自动保存数据的多个副本，并且能够自动将失败的任务重新分配。

（5）低成本。Hadoop 可部署在廉价的计算机集群上，成本比较低。

2.1.5　Hadoop 主要用途

Hadoop 采用分布式存储方式来提高数据读写速度和扩大存储容量；采用 MapReduce 整合分布式文件系统上的数据，保证高速分析处理数据；与此同时，还采用存储冗余数据来保证数据的安全性。Hadoop 的方便和简单让其在编写和运行大型分布式程序方面占尽优势，用户可以廉价地建立自己的 Hadoop 集群。

下面列举一些 Hadoop 的用途。

（1）大数据量存储：分布式存储。

（2）日志处理：主要用于日志的存储和统计。

（3）海量计算：并行计算。

（4）搜索引擎：网页搜索和网页排序。

（5）数据挖掘：数据的分析和挖掘。

（6）用户细分特征建模：用户分类、聚类、特征提取，如目前比较流行的广告推荐。

（7）智能交通：道路交通状况的分析与预测，车辆调度的规划。

（8）智慧医疗：实时掌握患者的生理指标数据，制定个性化诊疗方案。

2.2 大数据平台 Hadoop 原理

2.2.1 分布式计算原理

1. 分布式计算的概念

分布式计算是一种计算方法，和集中式计算是相对的。随着计算技术的发展，有些应用需要非常巨大的计算能力才能完成，如果采用集中式计算，需要耗费相当长的时间来完成。分布式计算将该应用分解成许多小的部分，分配给多台计算机进行处理。这样可以节约整体计算时间，大大提高计算效率。

分布式计算主要研究分布式系统。一个分布式系统包括若干通过网络互联的计算机。这些计算机互相配合以完成一个共同的任务。具体的过程是：将需要进行大量计算的任务数据分割成小块，由多台计算机分别计算，再上传运算结果后统一合并得出数据结论。在分布式系统上运行的计算机程序称为分布式计算程序，分布式编程就是编写上述程序的过程。

分布式计算指在分布式系统上执行的计算。分布式计算是将一个大型计算任务分成很多部分分别交给多个计算机处理，并将所有的计算结果合并为原问题的解决方案。这里与并行计算不同的是，并行计算是使用多个处理器并行执行单个计算。并行运算与分布式计算的区别是：分布式计算强调的是任务的分布执行，而并行计算强调的是任务的并发执行。

分布式计算可以分为以下几类。

（1）传统的 C/S 模型。如 HTTP/FTP/SMTP/POP/DBMS 等服务器。客户端向服务器发送请求，服务器处理请求，并把结果返回给客户端。客户端处于主动，服务器处于被动。这种调用是显式的，每个细节都要清楚，一点都含糊不得。

（2）集群技术。近年来，PC 的计算能力飞速发展，而服务器的计算能力，远远跟不上客户端的要求。这种多对一的关系本来就不公平，人们已经认识到靠提高单台服务器的计算能力，无法永远满足性能上的要求。于是出现了一种称为集群的技术，它把多台服务器连接起来，当成一台服务器来用。这种技术的好处就是，不但对客户来说是透明的，对服务器软件来说也是透明的，软件不用做任何修改就可以在集群上运行。集群技术的应用范围也仅限于此，只能提高同一个软件的计算能力，而对于多个不同的软件协同工作无能为力。

（3）通用型分布式计算环境。如 CORBA/DCOM/ RMI/ DBUS 等，这些技术（规范）差不多都具有网络透明性，被调用的方法可能在另外一个进程中，也可能在另外一台机器上。调用者基本上不用关心是本地调用还是远程调用。一些专家建议减少使用分布式计算，即使要使用，也要使用粗粒度的调用，以减少调用的次数。

2. Hadoop 分布式计算原理

Hadoop 系统的分布式存储和并行计算架构如图 2.1 所示。

从硬件体系结构上看，Hadoop 平台是一个运行在普通个人计算机或者服务器上的分布式存储和计算平台。

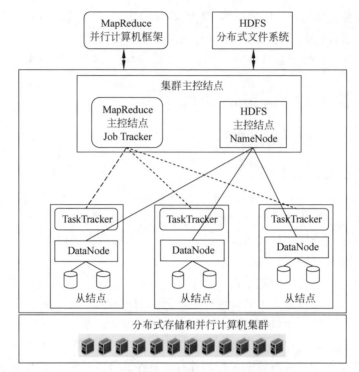

图 2.1　Hadoop 系统的分布式存储和并行计算架构

从软件角度上看，Hadoop 主要解决的是分布式数据存储和计算的问题。在分布式存储系统架构上，Hadoop 有一个分布式文件系统（Hadoop Distributed File System，HDFS），用于控制管理每个计算机本地文件系统，从而构建一个逻辑上整体化的分布式文件系统，以此来提供一个可以扩展的分布式存储能力。在 HDFS 中，负责和管理整个分布式文件系统的主控制结点称为 NameNode，其任务主要来源于客户端提交需要解决的作业，而每个负责数据存储和计算的从结点称为 DataNode。

主控制结点用来管理整个系统中的从结点来完成工作，系统中的每一个从结点将同时担任数据的存储和计算两种工作，这样做的目的是实现数据的存储和计算本地化，以此来提高整体分布式系统的处理性能。系统中为了防止由于事故导致某个从结点不能正常工作，影响到整个系统的数据存储和计算进度，在系统设计时，在主阶段采用了心跳机制（Heartbeat）定期检查从结点的工作情况，如果从结点不能有效及时地回应心跳信息，这时系统就会认为这个从结点出现错误，就会将原本发送给这个从结点的任务重新分配给其他从结点。

为了实施大数据分布式计算，Hadoop 又提供了一个可以并行化计算的框架 MapReduce，该框架可以有效地调度好系统中的结点来按照程序的流程去执行和处理数据，并且能让每个从结点利用本地结点上的数据进行本地化数据处理。在数据处理过程中，用于调度和管理的主控结点称为 JobTracker，JobTracker 与负责数据存储的主结点 NameNode 一般设置在硬件配置比较高的同台服务器上，如果集群比较大，需要处理的数据负载较重时，也可以分别配置在不同的服务器上；在本地化进行数据计算和处理的从结点称为 TaskTracker，TaskTracker 与数据存储结点 DataNode 配置在同一台普通物理从结点计算机上。

2.2.2　MapReduce 原理

大规模数据集的处理包括分布式存储和分布式计算两个核心环节。Hadoop 使用分布式文件系统 HDFS 实现分布式数据存储，用 Hadoop MapReduce 实现分布式计算。MapReduce 的输入和输出都需要借助于分布式文件系统进行存储，这些文件被分布存储到集群中的多个结点上。

MapReduce 的核心思想可以用"分而治之"来描述，如图 2.2 所示，也就是把一个大的数据集拆分成多个小数据块在多台机器上并行处理。也就是说，一个大的 MapReduce 作业，首先会被拆分成许多个 Map 任务在多台机器上并行执行，每个 Map 任务通常运行在数据存储的结点上，这样，计算和数据就可以放在一起运行，不需要额外的数据传输开销。当Map 任务结束后，会生成以< key,value >形式表示的许多中间结果。然后，这些中间结果会被分发到多个 Reduce 任务那里，Reduce 任务会对中间结果进行汇总计算得到最后结果，并输出到分布式文件系统中。具体的 MapReduce 程序的流程及设计思路如下。

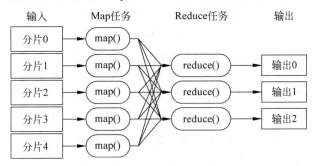

图 2.2　MapReduce 的工作原理

（1）首先用户程序（JobClient）提交一个 Job，Job 的信息会发送到 JobTracker 中，JobTracker 是 MapReduce 框架的中心，它需要与集群中的机器定时通信（Heartbeat），需要管理哪些程序应该跑在哪些机器上，需要管理所有 Job 失败、重启等操作。

（2）在 MapReduce 集群中每一台机器都有 TaskTracker，它做的工作主要是监督自己所在机器的资源情况。

（3）TaskTracker 同时监视当前机器的 Task 运行状况。TaskTracker 需要把这些信息通过 Heartbeat 发送给 JobTracker，JobTracker 会搜集这些信息以给新提交的 Job 分配运行机器。

需要指出的是，不同的 Map 任务之间不会进行通信，不同的 Reduce 任务之间也不会发生任何信息交换；用户不能显式地从一台机器向另一台机器发送消息，所有数据交换都是通过 MapReduce 框架自身去实现的。

在 MapReduce 的整个执行过程中，Map 任务的输入文件、Reduce 任务的处理结果都是保存在分布式文件系统中的，而 Map 任务处理得到的中间结果则保存在本地存储中。

2.2.3　Yarn 原理

MapReduce 架构是简单明了的，在最初推出的几年，也取得了众多的成功案例，获得了业界广泛的支持和肯定。但随着分布式系统集群的规模和其工作负荷的增长，框架的问题逐渐浮出水面，主要问题如下。

（1）JobTracker 是 MapReduce 的集中处理点，存在单点故障。

（2）JobTracker 完成了太多的任务，造成了过多的资源消耗，当 MapReduce 作业非常多的时候，会造成很大的内存开销，也增加了 JobTracker 失败的风险，通常 Hadoop 的 MapReduce 最多只能支持 4000 结点主机。

（3）在 JobTracker 端，以 Map/Reduce Task 的数目作为资源的表示过于简单，没有考虑到 CPU/内存的占用情况，如果两个大内存消耗的 Task 被调度到了一起，很容易出现内存不足。

（4）在 TaskTracker 端，把资源强制划分为 MapTask Slot 和 Reduce Task Slot，如果系统中只有 MapTask 或者只有 Reduce Task，会造成资源浪费。

（5）源代码层面分析时，会发现代码非常难读，常常因为一个类做了太多的事情，代码量达 3000 多行，造成类的任务不清晰，增加 bug 修复和版本维护的难度。

（6）从操作的角度来看，Hadoop MapReduce 框架在有任何重要的或者不重要的变化（例如 bug 修复、性能提升和特性化）时，都会强制进行系统级别的升级更新。更糟的是，它不管用户的喜好，强制让分布式集群系统的每一个用户端同时更新。这些更新会让用户为了验证他们之前的应用程序是不是适用新的 Hadoop 版本而浪费大量时间。

从业界使用分布式系统的变化趋势和 Hadoop 框架的长远发展来看，MapReduce 的 JobTracker/TaskTracker 机制需要大规模调整来修复它在可扩展性、内存消耗、线程模型、可靠性和性能上的缺陷。在过去的几年中，Hadoop 开发团队做了一些 bug 的修复，但是最近这些修复的成本越来越高，这表明对原框架做出改变的难度越来越大。

为了从根本上解决旧 MapReduce 框架的性能瓶颈，促进 Hadoop 框架的更长远发展，从 0.23.0 版本开始，Hadoop 的 MapReduce 框架完全重构，发生了根本的变化。新的 Hadoop MapReduce 框架命名为 MapReduceV2，或者叫 Yarn（Yet Another Resource Negotiator，另一种资源协调者）。

Yarn 改变了 Hadoop 计算组件（MapReduce）切分和重新组成处理任务的方式，它把 MapReduce 的追踪组件切分成两个不同的部分：资源管理器和应用调度。这样的数据管理工具，有助于更加轻松地同时运行 MapReduce 或 Storm 任务以及 HBase 等服务。Hadoop 共同创始人之一 Doug Cutting 表示："它使得其他不是 MapReduce 的工作负载现在可以更有效地与 MapReduce 分享资源。现在这些系统可以动态地分享资源，资源也可以设置优先级。"

Yarn 框架原理及运作机制如图 2.3 所示。

Apache Hadoop Yarn 是一种新的 Hadoop 资源管理器，它是一个通用资源管理系统，可为上层应用提供统一的资源管理和调度，它的引入为集群在利用率、资源统一管理和数据共享等方面带来了巨大好处。

Yarn 的基本思想是将 JobTracker 的两个主要功能（资源管理和作业调度/监控）进行分离，主要方法是创建一个全局的 ResourceManager（RM）和若干个针对应用程序的 ApplicationMaster（AM）。这里的应用程序是指传统的 MapReduce 作业或作业的 DAG（有向无环图）。

Yarn 分层结构的本质是 ResourceManager。这个实体控制整个集群并管理应用程序向基础计算资源的分配。ResourceManager 将各个资源部分（计算、内存、带宽等）精心安排

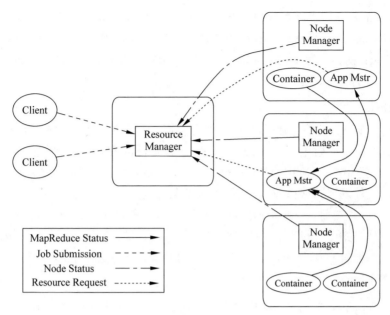

图 2.3　Yarn 框架原理及运作机制

给基础 NodeManager(Yarn 的每结点代理)。ResourceManager 还与 ApplicationMaster 一起分配资源,与 NodeManager 一起启动和监视它们的基础应用程序。ApplicationMaster 承担了以前的 TaskTracker 的一些角色,ResourceManager 承担了 JobTracker 的角色。

下面介绍一下 ResourceManager(RM)、NodeManager(NM)、ApplicationMatser(AM)、Container 的功能。

(1) ResourceManager:负责集群资源统一管理和计算框架管理,主要包括调度和应用程序管理。

(2) NodeManager:结点资源管理监控和容器管理。

(3) ApplicationMaster:各种计算框架的实现。

(4) Container:Yarn 中资源的抽象,包括 CPU、内存、硬盘、网络等。

ResourceManager 和 NodeManager 构成了数据计算框架。ResourceManager 在系统中的所有应用程序之间仲裁资源的最终权限。NodeManager 是每台机器框架代理,负责容器,监视其资源使用情况(CPU、内存、磁盘,网络)并将其报告给 ResourceManager/Scheduler。

每个应用程序 ApplicationMaster 实际上是一个特定于框架的库,其任务是协调来自 ResourceManager 的资源,并与 NodeManager 一起执行和监视任务。

ResourceManager 有两个主要组件:Scheduler 和 ApplicationsManager。调度程序负责根据容量、队列等约束将资源分配给各种正在运行的应用程序。调度程序是纯调度程序,因为它不执行应用程序状态的监视或跟踪。此外,由于应用程序故障或硬件故障,它无法保证重新启动失败的任务。调度程序根据应用程序的资源需求执行其调度功能;它是基于资源 Container 的抽象概念,它包含内存、CPU、磁盘、网络等。调度程序具有可插入策略,该策略负责在各种队列、应用程序等之间对集群资源进行分配。

ApplicationsManager 负责接收作业提交,启用第一个容器以执行特定于应用程序的

ApplicationMaster,并提供在失败时重新启动 ApplicationMaster 容器的服务。每个应用程序 ApplicationMaster 负责从调度程序协商适当的资源容器,跟踪其状态并监视进度。

下面将 Yarn 框架与之前的 MapReduce 框架做对比,Yarn 框架在以下各个方面相对于之前的框架带来了性能的提升。

1. 扩展性

将资源的管理和应用生命周期的管理分离后,系统具有更好的可扩展性。原来的 Hadoop MapReduce 框架中的 JobTracker 耗费了大量的资源来跟踪应用生命周期。将 JobTracker 的角色由一个应用实体(ApplicationMaster)来指定是一个重大改进。

从当前的硬件发展趋势来看,可扩展性显得尤为重要,目前已部署 Hadoop MapReduce 的集群达 4000 台。然而,2009 年的 4000 台机器(即 8 核,16GB 内存,4TB 磁盘)的处理能力只有 2011 年的 4000 台机器(16 核,48GB 内存,24TB 磁盘)的一半。此外,运营成本迫使人们去运行一个拥有 6000 台机器的,比以往任何时候都大的集群。

2. 可用性

ResourceManager 资源管理器使用 Apache ZooKeeper 来进行故障转移。当资源管理器挂掉后,备用的资源管理器可以从 ZooKeeper 中保存的集群状态中快速恢复。故障转移后的备用资源管理器(通过 ResourceManager 中的一个模块 ApplicationsMasters,注意不是 ApplicationMaster)可以重启所有队列中正在运行的应用。

MapReduce 2.0 支持应用为 ApplicationMaster 指定检查点的能力。ApplicationMaster 可以从 HDFS 上保存的状态中进行失败恢复。

3. 兼容性

MapReduce 2.0 使用兼容的协议以允许不同版本的服务器和客户端通信。

4. 创新和灵活性

架构方面一个重大的提议是 MapReduce 成为一个客户端的库。计算框架(资源管理器和结点管理器)变得很通用,完全不受 MapReduce 编程模型的约束。

这使得终端用户可以在一个集群上同时使用不同版本的 MapReduce。这为各个应用的 bug 修复、改进和添加新功能提供了极大的灵活性,因为不再需要升级整个集群了。它还允许终端用户在自己的计划下升级各自应用的 MapReduce 版本,显著地提高了集群的可操作性。

能运行用户定义的 MapReduce 版本的能力促进了创新,而不影响集群的稳定性。可将 Hadoop 在线原型的特点整合到用户的 MapReduce 版本中,而不影响其他用户。

5. 集群资源利用率

MapReduce 2.0 框架中,ResourceManager 使用了一种通用的概念来调度和分配各个应用的资源。集群中的每个机器在概念上由内存、CPU、I/O 带宽等资源组成。每台机器是可替代的,根据应用的资源请求类型,可以作为容器(Container)分配到各个应用。在同一台机器上,容器作为一组进程的集合,在逻辑上与其他的容器独立,提供了强大的多租户支持能力。因此,它消除了目前的 Hadoop MapReduce 框架中固定 Map 和 Reduce 槽位分配的概念。由于在集群的不同时间点,Map 或者 Reduce 都可能稀缺,因此固定槽位的分配方式会显著降低集群的资源利用率。

6. 支持除 MapReduce 外的编程范式

MapReduce 2.0 提供了一个完全通用的计算框架以支持 MapReduce 和其他的编程模式。该框架允许用户自定义 ApplicationMaster 来实现用户指定的框架。

因此,它支持多种编程范式,如 MapReduce、MPI、MasterWorker 和迭代模型等运行在同一个集群上,并允许每个应用使用适当的框架。这对某些需要结合 MapReduce 和其他自定义框架的应用是相当重要的,如 K-Means、Page-Rank 等。

2.3　大数据平台 Hadoop 组件

Hadoop 是一个由 Apache 基金会所开发的分布式系统基础架构。用户可以在不了解分布式底层细节的情况下,开发分布式程序。充分利用集群的优势进行高速并行计算和存储。具有可靠、高效、可伸缩的特点。

Hadoop 的核心是 HDFS 和 MapReduce。HDFS 是分布式文件存储系统,用于存储海量数据;MapReduce 是并行处理框架,实现任务分解和调度。Hadoop 可以用来搭建大数据分析应用平台,对海量数据进行存储、分析、处理和统计等业务,功能十分强大。

Hadoop 具有成熟的生态系统,包括众多的开源工具,具体包含的常用组件如图 2.4 所示。

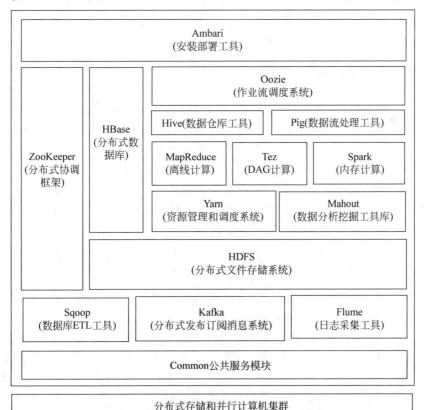

图 2.4　大数据平台 Hadoop 组件

2.3.1　HDFS 组件

Hadoop HDFS 是一种分布式文件系统，被设计用于在计算机集群上运行。HDFS 提供对应用程序数据的高吞吐量访问，适用于具有大型数据集的应用程序，并且它放宽了一些 POSIX 要求，以实现对文件系统数据的流式访问。HDFS 最初是作为 Apache Nutch 网络搜索引擎项目的基础设施而构建的。

HDFS 适合大数据处理，能够处理百万规模以上的文件数量（数据规模可达 PB 或 EB 级），能够处理的结点规模达到 10KB，同时可处理结构化、半结构化、非结构化的数据（语音、视频、图片），80% 的数据都是非结构化的数据。HDFS 支持一次写入，多次读取，文件一旦写入不能修改，只能追加，它能保证数据的一致性。通过多副本机制，提高可靠性，一旦出现故障也不会影响正常的业务处理，可以通过其他副本来恢复。

HDFS 是为了处理大型数据集分析任务的，主要是为了达到高的数据吞吐量而设计的，但 HDFS 不适合处理低延迟的数据访问，它也无法高效地存储大量小文件，当文件以 Block 的形式进行存储时，Block 的位置会存储在 NameNode 结点的内存中，不论存储大文件还是小文件，每个文件对应的单条 Block 的块信息大小是一致的，而 NameNode 的内存总是有限的。小文件存储的寻道时间会超过读取时间，它违反了 HDFS 的设计目标（这里的小文件是指小于 HDFS 系统的 Block 大小的文件，默认是 64MB）。与此同时，HDFS 不支持并发写入和修改，一个文件同时只能有一个写，不允许多个线程同时写，仅支持数据追加，不支持文件的随机修改。以追加的形式达到修改的目的。

2.3.2　MapReduce 组件

Hadoop MapReduce 是一个软件框架，用于编写应用程序，以可靠、容错的方式在大型集群（数千个结点）上并行处理大量数据。MapReduce 作业通常将输入数据集拆分为独立的块，这些块由 Map 任务以完全并行的方式处理。框架对 Map 的输出进行排序，然后输入到 Reduce 端。作业的输入和输出都存储在文件系统中。该框架负责调度任务，监视任务并重新执行失败的任务。通常，计算结点和存储结点是相同的，即 MapReduce 框架和 Hadoop 分布式文件系统在同一组结点上运行。此配置允许框架有效地在已存在数据的结点上调度任务，从而在集群中产生非常高的聚合带宽。MapReduce 框架由单个主 ResourceManager 以及每个集群结点的一个 NodeManager 和每个应用程序的 MRAppMaster 组成。Hadoop 作业客户端将作业（jar /可执行文件等）和配置提交给 ResourceManager，ResourceManager 负责将软件配置分发给其他结点，调度任务并监视它们，为作业提供状态和诊断信息。

MapReduce 通过把对数据集的大规模操作分发给网络上的每个结点以实现可靠性；每个结点会周期性地把完成的工作和状态更新报告回来。如果一个结点保持沉默超过一个预设的时间间隔，主结点记录下这个结点状态为死亡，并把分配给这个结点的数据发到别的结点。每个操作使用命名文件的不可分割操作以确保不会发生并行线程间的冲突；当文件被改名的时候，系统可能会把它们复制到任务名以外的另一个名字上。

MapReduce 擅长处理大数据。Mapper 负责"分"，即把复杂的任务分解为若干个"简单的任务"来处理。"简单的任务"包含三层含义：一是数据或计算的规模相对原任务要大大缩小;二是就近计算原则,即任务会分配到存放着所需数据的结点上进行计算;三是这些小任务可以并行计算,彼此间几乎没有依赖关系。Reducer 负责对 Map 阶段的结果进行汇总。至于需要多少个 Reducer,用户可以根据具体问题,通过在 Mapred-site. xml 配置文件里设置参数 Mapred. Reduce. tasks 的值,默认值为 1。一个比较形象的语言解释 MapReduce:要数图书馆中的所有书,一个人数 1 号书架,另一个人数 2 号书架,这就是"Map"。人越多,数数就更快。再到一起,把所有人的统计数加在一起,这就是"Reduce"。

2.3.3　ZooKeeper 组件

ZooKeeper 是一种用于分布式应用程序的分布式开源协调服务。它公开了一组简单的原语,分布式应用程序可以构建这些原语,以实现更高级别的服务,实现同步和配置维护。它被设计为易于编程,并使用了一个和文件树结构相似的数据模型,可以使用 Java 或者 C 来进行编程接入。ZooKeeper 背后的动机是减轻分布式应用程序从头开始实施协调服务的责任。

ZooKeeper 允许分布式进程通过共享的层级命名空间相互协调,该命名空间的组织方式与标准文件系统类似。名称空间由数据寄存器组成,在 ZooKeeper 用语中称为 znodes,这些与文件和目录类似。与专为存储而设计的典型文件系统不同,ZooKeeper 数据保存在内存中,这意味着 ZooKeeper 可以实现高吞吐量和低延迟的数据访问。ZooKeeper 的实现非常重视高性能、高可用性、严格有序的访问。ZooKeeper 的性能方面意味着它可以在大型分布式系统中使用。可靠性方面使其不会成为单点故障。

2.3.4　Yarn 组件

Yarn 是 Hadoop 2.0 中的资源管理系统,它的基本设计思想是将 MRv1 中的 JobTracker 拆分成了两个独立的服务:一个全局的资源管理器 ResourceManager 和每个应用程序特有的 ApplicationMaster。其中,ResourceManager 负责整个系统的资源管理和分配,而 ApplicationMaster 负责单个应用程序的管理。

Yarn 总体上仍然是 Master/Slave 结构,在整个资源管理框架中,ResourceManager 为 Master,NodeManager 为 Slave,ResourceManager 负责对各个 NodeManager 上的资源进行统一管理和调度。当用户提交一个应用程序时,需要提供一个用以跟踪和管理这个程序的 ApplicationMaster,它负责向 ResourceManager 申请资源。由于不同的 ApplicationMaster 被分布到不同的结点上,因此它们之间不会相互影响。

2.3.5　HBase 组件

Apache HBase 是 Hadoop 的数据库,是一个分布式、可扩展的大数据存储,利用 HBase 可在廉价 PC Server 上搭建起大规模结构化存储集群。HBase 是 Google BigTable 的开源实现,类似 Google BigTable 利用 GFS 作为其文件存储系统,HBase 利用 Hadoop HDFS 作为其文件存储系统;Google 运行 MapReduce 来处理 BigTable 中的海量数据,HBase 同样利用 Hadoop MapReduce 来处理 HBase 中的海量数据;Google BigTable 利用 Chubby 作为协同服务,HBase 利用 ZooKeeper 作为对应的协同服务。

在 Hadoop 的各层系统中,HBase 位于结构化存储层,Hadoop HDFS 为 HBase 提供了高可靠性的底层存储支持；Hadoop MapReduce 为 HBase 提供了高性能的计算能力；ZooKeeper 为 HBase 提供了稳定服务和 failover 机制（failover 又称故障切换，指系统中其中一项设备或服务失效而无法运作时，另一项设备或服务即可自动接手原失效系统所执行的工作）；Pig 和 Hive 为 HBase 提供了高层语言支持，使得在 HBase 上进行数据统计处理变得非常简单；Sqoop 则为 HBase 提供了方便的 RDBMS 数据导入功能，使得传统数据库数据向 HBase 中迁移变得非常方便。

2.3.6　Hive 组件

Apache Hive 是 Hadoop 的数据仓库，利用它有助于使用 Hive SQL 读取、编写和管理驻留在分布式存储中的大型数据集。可以将结构投影到已存储的数据中。提供了命令行工具和 JDBC 驱动程序以将用户连接到 Hive。Hive 的表其实就是 HDFS 的目录/文件。Hive 默认采用的是 Derby 数据库进行元数据的存储（metastore），也支持 MySQL 数据库。Hive 中的元数据包括表的名字、表的列和分区及其属性、表的属性、表的数据所在目录等。

Hive 和关系数据库存储文件的系统有如下不同。Hive 使用的是 Hadoop 的 HDFS，关系数据库则是服务器本地的文件系统；Hive 使用的计算模型是 MapReduce，而关系数据库则是自己设计的计算模型；关系数据库都是为实时查询的业务进行设计的，而 Hive 则是为海量数据做数据挖掘设计的，实时性很差，这导致 Hive 的应用场景和关系数据库有很大的不同；Hive 很容易扩展自己的存储能力和计算能力，这个是继承 Hadoop 的，而关系数据库在这个方面表现要差一些。

2.3.7　Spark 组件

Apache Spark 是一种快速通用的集群计算系统。它提供 Java、Scala、Python 和 R 中的高级 API，以及支持通用执行图的优化引擎。它还支持一组丰富的更高级别的工具，包括 Spark SQL 用于 SQL 和结构化数据的处理，MLlib 机器学习，GraphX 用于图形处理。

Apache Spark 是专为大规模数据处理而设计的快速通用的计算引擎。Spark 是 UC Berkeley AMP Lab（加州大学伯克利分校的 AMP 实验室）所开源的类 Hadoop MapReduce 的通用并行框架，Spark 拥有 Hadoop MapReduce 所具有的优点；但不同于 MapReduce 的是，Job 中间输出结果可以保存在内存中，从而不再需要读写 HDFS，因此 Spark 能更好地适用于数据挖掘与机器学习等需要迭代的 MapReduce 的算法。Spark 是一种与 Hadoop 相似的开源集群计算环境，但是两者之间还存在一些不同之处，这使 Spark 在某些工作负载方面表现得更加优越。换句话说，Spark 启用了内存分布数据集，除了能够提供交互式查询外，它还可以优化迭代工作负载。Spark 是在 Scala 语言中实现的，它将 Scala 用作其应用程序框架。与 Hadoop 不同，Spark 和 Scala 能够紧密集成，其中的 Scala 可以像操作本地集合对象一样轻松地操作分布式数据集。

2.3.8　Mahout 组件

Mahout 是一个 Apache 开源项目，它提供了基于 Java 语言的分布式数据挖掘算法程序库，包含大多数常用的数据挖掘算法，如分类算法、聚类算法、协同过滤算法、关联规则分析等。

Mahout 对这些算法在 Hadoop 上运行做了优化,不过它同时也可以在 Hadoop 环境之外独立运行。Mahout 最终的输出结果可以是 JSON 和 CSV 格式,也可以是其他定义的格式。在 Mahout 上运行的算法越来越多,不过可能依然不能满足某一个用户的特定需要,而最主要的原因是,把算法移植到 Hadoop 平台上并不是一件容易的事情,因为多数数据挖掘计算都是串行的,后面的计算会基于之前的结果。

2.3.9 Flume 组件

Flume 是一种分布式、可靠且可用的服务,用于有效地收集、聚合和移动大量日志数据。它具有基于数据流的简单灵活的架构。它具有可靠性机制和故障转移及恢复机制,具有强大的容错性。它使用简单的可扩展数据模型,允许在线分析应用程序。Flume 作为 Cloudera 开发的实时日志收集系统,得到了业界的认可与广泛应用。Flume 初始的发行版本目前被统称为 Flume OG(Original Generation),属于 Cloudera。重构后的版本统称为 Flume NG(Next Generation),属于 Apache。

Flume 以 Agent 为最小的独立运行单位。一个 Agent 就是一个 JVM。单 Agent 由 Source、Sink 和 Channel 三大组件构成。Flume 的数据流由事件(Event)贯穿始终。事件是 Flume 的基本数据单位,它携带日志数据(字节数组形式)并且携带有头信息。当 Source 捕获事件后会进行特定的格式化,然后 Source 会把事件推入(单个或多个)Channel 中。可以把 Channel 看作一个缓冲区,它将保存事件直到 Sink 处理完该事件。Sink 负责持久化日志或者把事件推向另一个 Source。Flume 提供了大量内置的 Source、Channel 和 Sink 类型。不同类型的 Source、Channel 和 Sink 可以自由组合。组合方式基于用户设置的配置文件,非常灵活。例如,Channel 可以把事件暂存在内存里,也可以持久化到本地硬盘上。Sink 可以把日志写入 HDFS、HBase,甚至是另外一个 Source 等。

2.3.10 Sqoop 组件

Apache Sqoop 是一种用于在 Apache Hadoop 和结构化数据存储(如关系数据库)之间高效传输批量数据的工具。Hadoop 正成为企业用于大数据分析的最热门选择,但想将数据移植过去并不容易。Apache Sqoop 正在加紧帮助客户将重要数据从数据库移到 Hadoop。随着 Hadoop 和关系数据库之间的数据移动渐渐变成一个标准的流程,云管理员们能够利用 Sqoop 的并行批量数据加载能力来简化这一流程,降低编写自定义数据加载脚本的需求。

Apache Sqoop(SQL-to-Hadoop)项目旨在协助 RDBMS 与 Hadoop 之间进行高效的大数据交流。用户可以在 Sqoop 的帮助下,轻松地把关系数据库的数据导入到 Hadoop 与其相关的系统(如 HBase 和 Hive)中;同时也可以把数据从 Hadoop 系统里抽取并导出到关系数据库里。因此,可以说 Sqoop 就是一个桥梁,连接了关系数据库与 Hadoop。Sqoop 中一大亮点就是可以通过 Hadoop 的 MapReduce 把数据从关系数据库中导入数据到 HDFS。Sqoop 架构非常简单,其整合了 Hive、HBase 和 Oozie,通过 MapReduce 任务来传输数据,从而提供并发特性和容错。Sqoop 工作机制:Sqoop 在导入时,需要指定 split-by 参数。Sqoop 根据不同的 split-by 参数值来进行切分,然后将切分出来的区域分配到不同 Map 中。每个 Map 中再处理数据库中获取的一行一行的值,写入到 HDFS 中(由此也可知,导入导出的事务是以 Mapper 任务为单位的）。同时 split-by 根据不同的参数类型有不同的切分方法，如比较简单的 int 型，Sqoop 会取最大和最小 split-by 字段值，然后根据传入的 num-Mappers 来确定划分几个区域。

2.3.11　Kafka 组件

Kafka 是由 Apache 软件基金会开发的一个开源流处理平台，由 Scala 和 Java 编写。Kafka 是一种高吞吐量的分布式发布订阅消息系统。Kafka 的目的是通过 Hadoop 的并行加载机制来统一线上和离线的消息处理。

Kafka 主要是用来解决百万级别的数据中生产者和消费者之间数据传输的问题，可以将一条数据提供给多个接收者做不同的处理，当两个系统是隔绝的、无法通信的时候，如果想要它们通信就需要重新构建其中的一个工程，而 Kafka 实现了生产者和消费者之间的无缝对接。Kafka 提供了系统之间的消息通信，对于生产者而言，只关注于把消息发送到 Kafka 上，而并不关心这个消息是被谁消费的（Kafka 相当于消息的代理者）。

2.3.12　Pig 组件

Apache Pig 是 Hadoop 一个用于分析大型数据集的平台，它包含用于表达数据分析程序的高级语言，以及用于评估这些程序的基础结构。Pig 程序的显著特性是它们的结构适合于并行化，这反过来使它们能够处理非常大的数据集。目前，Pig 的基础设施层由一个编译器组成，该编译器生成 MapReduce 程序序列，已经可以大规模并行实现。Pig 的语言层目前由一个名为 Pig Latin 的文本语言组成。

使用 Pig 来操作 Hadoop 处理海量数据，是非常简单的，如果没有 Pig，就得手写 MapReduce 代码，这是一件非常烦琐的事，所以，在现在的大互联网公司或者是电商公司里，很少有纯写 MapReduce 来处理各种任务的，基本上都会使用一些工具或开源框架来操作。Pig 就是为了屏蔽 MapReduce 开发的烦琐细节，为用户提供 Pig Latin 这样近 SQL 的处理能力，让用户可以更方便地处理海量数据。Pig 将 SQL 语句翻译成 MR 的作业的集合，并通过数据流的方式将其组合起来。

2.3.13　Ambari 组件

Ambari 是基于 Web，用于配置、管理和监控 Apache Hadoop 集群的工具，包括对 HDFS、MapReduce、Hive、HBase、ZooKeeper、Oozie、Pig 和 Sqoop 的支持。Ambari 还提供了一个用于查看集群运行状况以及以用户友好的方式诊断应用程序性能特征的功能。

2.3.14　Tez 组件

Tez 是基于 Hadoop Yarn 的通用数据流编程框架，它提供了一个功能强大且灵活的引擎来执行任意 DAG 任务，可以处理批量数据，也可以处理交互式用例数据。Tez 正在被 Hadoop 生态系统中的 Hive、Pig 和其他框架以及其他商业软件（例如 ETL 工具）采用，以取代 MapReduce 作为底层执行引擎。

2.3.15　Common 组件

Common 公共服务模块，是 Hadoop 用于支持其他 Hadoop 模块的常用实用程序，是一套为整个 Hadoop 系统提供底层支撑服务和常用工具的类库和 API 编程接口，包括 Hadoop 抽象文件系统 FileSystem、远程过程调用 RPC、系统配置工具 Configuration 以及序列化机制。

习　　题

1. 简述 Hadoop 的概念及其特性。
2. 简述 Hadoop 的发展历程。
3. 列举出 Hadoop 的应用场景。
4. 简述分布式计算原理。
5. 简述 MapReduce 的工作原理。
6. 简述 Yarn 的工作原理。
7. 简述 Hadoop 的常用组件有哪些。

第**2**篇

大数据存储与管理

大数据技术及其应用的首要问题是解决大数据的存储与管理。本篇着重介绍大数据存储与管理基本概念和常用的大数据分布式文件系统 HDFS、大数据分布式数据库系统 HBase、大数据分布式数据仓库系统 Hive,旨在帮助读者正确理解大数据存储与管理的核心概念及其相关软件技术。

本篇包括第 3~6 章。

第 3 章主要介绍了大数据存储与管理的基本概念和技术,包括数据管理技术发展回顾,大数据数据类型,大数分布式系统基础理论,NoSQL 数据库的兴起,以及与大数据存储和管理密切相关的分布式存储技术、虚拟化技术和云存储技术。

第 4 章主要介绍了大数据分布式文件系统 HDFS,包括 HDFS 的设计特点、体系结构和工作组件。阐述了 HDFS 文件系统工作流程,分析了在 HDFS 下读写数据的过程。围绕 HDFS 文件系统操作,详细介绍了 HDFS 文件操作命令,对 HDFS API 主要编程接口进行介绍,并给出了编程实例。

第 5 章主要介绍了大数据分布式数据库系统 HBase,重点描述了 HBase 列式数据库的逻辑模型和物理模型的基本概念,给出了 HBase 体系结构及其工作原理。结合实例介绍了操作 HBase 表及其数据的操作命令,并对 HBase API 主要编程接口进行介绍,并给出了编程实例。

第 6 章主要介绍了大数据分布式数据仓库系统 Hive,包括 Hive 的工作原理和执行流程,Hive 的数据类型与数据模型,常用的 Hive SQL 语句及其操作示例,Hive 主要访问接口等。

第③章

大数据存储与管理基本概念

随着大数据时代的到来,需要存储与管理的数据越来越多,数据也呈现越来越复杂的结构。如何对海量数据进行存储和有效管理变得极其重要。本章主要从大数据存储的相关概念、数据存储技术的发展、分布式系统基础理论以及数据仓库、NoSQL 数据库等方面对大数据的存储和管理技术进行介绍。

3.1 大数据的数据类型

大数据的数据类型繁多,是大数据"大"的一个体现。其来源极其广泛,几乎包括人们日常生活中可以见到的所有类型。随着物联网、互联网以及移动通信网络的飞速发展,数据的格式及种类也都在不断地变化和发展。这些数据来自:

(1)企业和用户的交易数据,如 POS 机数据、信用卡刷卡数据、电子商务数据、互联网点击数据、销售系统数据、客户关系管理系统数据、公司的生产数据、库存数据、订单数据、供应链数据等。

(2)移动通信设备的移动通信数据,如聊天信息、定位信息、网络浏览信息等。

(3)日常的行为数据,如电子邮件、文档、图片、音频、视频,以及通过微信、博客、推特、维基、Facebook 等社交媒体产生的数据流。

(4)机器和传感器创建或生成的数据,如感应器、量表、智能温度控制器、智能电表、工厂机器和连接互联网的家用电器、GPS 系统数据等。

日常生活中的方方面面的数据都是大数据的数据来源。大数据按照数据结构划分,可以划分为结构化数据、半结构化数据和非结构化数据。

3.1.1 结构化数据

结构化数据通常存储在数据库中,是具有数据结构描述信息的数据,这种数据类型先有结构再有数据。例如,可以用二维表等结构来逻辑表达的数据。

结构化数据的数据特点是任何一列数据都不可再分,任何一列数据都有相同的数据类型。例如,关系数据库 SQL、Oracle 中的数据。

相对于结构化数据而言,不方便用数据结构来表达的数据即为半结构化数据和非结构化数据，包括所有格式的文档、文本、图片、图像、音频、视频、HTML、XML、各类报表等。

3.1.2　半结构化数据

半结构化数据是介于结构化和非结构化之间的数据，这种数据的格式一般比较规范，都是纯文本文件，如 XML 文档、HTML 文档等。这种数据一般是自描述的，数据的结构和内容混在一起，没有明显的区分。使用这些数据时，需要通过特定的方式进行解析。

半结构化数据主要来源有以下三方面。

（1）在 WWW 等对存储数据无严格模式限制的情形下，常见的有 HTML、XML 和 SGML 文件。

（2）在电子邮件、电子商务、文献检索和病历处理中，存在着大量结构和内容均不固定的数据。

（3）在包含有异构信息源集成情形下，信息源上的互操作要存取的信息源范围很广，包括各类数据库、知识库、电子图书馆和文件系统等。

半结构化数据具有如下特点。

（1）隐含的模式信息。虽然具有一定的结构，但结构和数据混合在一起，没有显式的模式定义（HMTL 文件是一个典型）。

（2）不规则的结构。一个数据集合可能由异构的元素组成，或用不同类型的数据表示相同的信息。

（3）没有严格的类型约束。由于没有一个预先定义的模式，以及数据在结构上的不规则性，导致缺乏对数据的严格约束。

3.1.3　非结构化数据

非结构化数据是那些非纯文本类型的数据，这类数据没有固定的标准格式，无法对其直接进行解析。如文本文档、多媒体（视频、音频等），它们不容易收集和管理，需要通过一定数据分析和挖掘才能获得有用的数据。

3.2　数据管理技术的发展

从有文字记录开始，人类对自然和社会的认识进程就开始加快。尤其是当人类开始对数据进行有效管理时，人类的认识能力得到了进一步的提升。20 世纪 30 年代，随着工业生产和数据计算的发展，数据管理技术成为一种社会需要。数据管理的核心是对数据实现分类、组织、编码、存储、检索和维护等。

数据管理技术从诞生到现在，经过不断演变和发展，如今已经有了一整套成熟的理论体系和成熟的产业环境，引领了计算机科学的快速发展并带来了巨大的经济效益。数据管理技术中，数据库技术是核心技术，回顾数据管理技术的发展历程，可分为以下几个阶段：文件系统阶段、数据库系统阶段、数据仓库阶段、分布式系统阶段。

3.2.1　文件系统阶段

文件系统阶段是指计算机不仅用于科学计算，而且大量用于管理数据的阶段（从 20 世纪 50 年代后期到 20 世纪 60 年代中期)。在硬件方面,外存储器有了磁盘、磁鼓等直接存取的存储设备。在软件方面,操作系统中已经有了专门用于管理数据的软件,称为文件系统。

1. 文件系统管理的优点

1) 数据需要长期保存在外存上供反复使用

由于计算机大量用于数据处理,经常对文件进行查询、修改、插入和删除等操作,所以数据需要长期保留,以便于反复操作。

2) 程序之间有了一定的独立性

操作系统提供了文件管理功能和访问文件的存取方法,程序和数据之间有了数据存取的接口,程序可以通过文件名和数据打交道,不必再寻找数据的物理存放位置,至此,数据有了物理结构和逻辑结构的区别,但此时程序和数据之间的独立性尚还不充分。

3) 文件的形式已经多样化

由于已经有了直接存取的存储设备,文件不仅有顺序文件,还有索引文件、链表文件等,因而,对文件的访问可以是顺序访问,也可以是直接访问。

4) 数据的存取基本上以记录为单位

5) 文件系统实现了记录内的结构化

尽管文件系统有上述优点,但它仍存在一些缺点。

2. 文件系统管理的缺点

1) 数据的共享性差,冗余度高

在文件系统中,数据的建立、存取仍依赖于应用程序,基本是一个(或一组)数据文件对应于一个应用程序,即数据仍然是面向应用的。当不同的应用程序具有部分相同的数据时,也必须建立各自的文件,而不能共享相同的数据,因此数据的冗余度大,浪费存储空间。同时,由于相同数据的重复存储和各自管理,容易造成数据的不一致性,给数据的修改和维护带来困难。

2) 数据的独立性不足

文件系统中的数据虽然有了一定的独立性,但是由于数据文件只存储数据,由应用程序来确定数据的逻辑结构并设计数据的物理结构,一旦数据的逻辑结构或物理结构需要改变,必须修改应用程序;或者由于语言环境的改变需要修改应用程序时,也将引起文件数据结构的改变。因此,数据与应用程序之间的逻辑独立性不强。另外,要想对现有的数据再增加一些新的应用会很困难,系统不容易扩充。

3) 并发访问容易产生异常

文件系统缺少对并发操作进行控制的机制,所以系统虽然允许多个用户同时访问数据,但是由于并发的更新操作相互影响,容易导致数据的不一致。

4) 数据的安全控制难以实现

数据不是集中管理。在数据的结构、编码、表示格式、命名以及输出格式等方面不容易做到规范化、标准化,所以其安全性、完整性得不到可靠保证,而且文件系统难以实现对不同用户的不同访问权限的安全性约束。

3.2.2　数据库系统阶段

数据库系统阶段是从 20 世纪 60 年代末期开始的。在这一阶段,数据库中的数据不再是面向某个应用或某个程序,而是面向整个企业(组织)或整个应用的。

1. 数据库的数据模型

数据库的类型是根据数据模型来划分的,而任何一个数据库管理系统(DBMS)也是根据数据模型有针对性地设计出来的,这就意味着必须把数据库设计成符合 DBMS 支持的数据模型。目前成熟地应用在数据库系统中的数据模型有层次模型、网状模型和关系模型。它们之间的根本区别在于数据之间联系的表示方式不同。层次模型以"树结构"表示数据之间的联系;网状模型以"图结构"来表示数据之间的联系;关系模型用"二维表"(或称为关系)来表示数据之间的联系。

1) 层次模型

(1) 定义:层次模型是用树状(层次)结构来组织数据的数据模型。

层次模型可表示为一个倒立生长的树,根据数据结构中的树(或者二叉树)的定义,每棵树都有且仅有一个根结点,其余的结点都是非根结点。每个结点表示一个记录类型与对应实体的概念,记录类型的各个字段对应实体的各个属性。各个记录类型及其字段都必须记录。

(2) 特征:树的性质决定了层次模型的特征。

① 整个模型中有且仅有一个结点没有父结点,其余的结点必须有且仅有一个父结点,但是所有的结点都可以不存在子结点。

② 所有的子结点不能脱离父结点而单独存在,也就是说,如果要删除父结点,那么父结点下面的所有子结点都要同时删除,但是可以单独删除一些叶子结点。

③ 每个记录类型有且仅有一条从父结点通向自身的路径。

(3) 优点。

① 层次模型的结构简单、清晰,很容易看出各个实体之间的联系。

② 操作层次类型的数据库语句比较简单,只需要几条语句就可以完成数据库的操作。

③ 查询效率较高,在层次模型中,结点的有向边表示了结点之间的联系,在 DBMS 中如果有向边借助指针实现,那么依据路径很容易找到待查的记录。

④ 层次模型提供了较好的数据完整性支持,如果要删除父结点,那么其下的所有子结点都要同时删除。

(4) 缺点。

① 结构呆板,缺乏灵活性。

② 层次模型只能表示实体之间的 $1:n$ 的关系,不能表示 $m:n$ 的复杂关系,因此现实世界中的很多模型不能通过该模型直接表示。

③ 查询结点的时候必须知道其双亲结点的路径,因此限制了对数据库存取路径的控制。

2) 网状模型

(1) 定义。

用有向图表示实体和实体之间的联系的数据结构模型称为网状模型。

其实,网状模型可以看作放松层次模型的约束性的一种扩展。网状模型中所有的结点允许脱离父结点而存在,也就是说,在整个模型中允许存在两个或多个没有根结点的结点,同时也允许一个结点存在一个或者多个父结点,成为一种网状的有向图。因此结点之间的

对应关系不再是 $1:n$，而是一种 $m:n$ 的关系，从而克服了层次模型的缺点。

（2）特征。

① 可以存在两个或者多个结点没有父结点。

② 允许单个结点存在多个父结点。

③ 网状模型中的每个结点表示一个实体，结点之间的有向线段表示实体之间的联系。网状模型中需要为每个联系指定对应的名称。

（3）优点。

① 网状模型可以很方便地表示现实世界中很多复杂的关系。

② 修改网状模型时，没有层次模型那么多的严格限制，可以删除一个结点的父结点而依旧保留该结点；也允许插入一个没有任何父结点的结点，这样的插入在层次模型中是不被允许的，除非首先插入的是根结点。

③ 实体之间的关系在底层中可以借由指针实现，因此在这种数据库中执行存取操作的效率较高。

（4）缺点。

① 网状模型的结构复杂，使用不易，随着应用环境的扩大，数据结构越来越复杂，数据的插入、删除牵动的相关数据太多，不利于数据库的维护和重建。

② 网状模型数据之间的彼此关联比较大，该模型其实是一种导航式的数据模型结构，不仅要说明要对数据做些什么，还要说明操作的记录路径。

3）关系模型

关系模型对应的数据库就是关系数据库了，这是目前应用最多的数据库。

（1）定义。

使用表格表示实体和实体之间关系的数据模型称为关系模型。

使用关系模型的数据库是关系数据库，同时也是被普遍使用的数据库，如 MySQL 就是一种流行的关系数据库。支持关系模型的数据库管理系统称为关系数据库管理系统。

（2）特征。

① 关系模型中，无论是实体还是实体之间的联系，都是被映射成统一的关系——一张二维表，在关系模型中，操作的对象和结果都是一张二维表。

② 关系数据库可用于表示实体之间的多对多的关系，只是此时要借助一个中间表——表，来实现多对多的关系。例如，学生选课系统中学生和课程之间表现出一种多对多的关系，那么需要借助选课表将二者联系起来。

③ 关系必须是规范化的关系，即每个属性是不可分割的实体，不允许表中表的存在。

④ 关系数据库通常具备 ACID 特性。

- Atomicity（原子性）：整个事务中的所有操作，要么全部完成，要么全部不完成。

- Consistency（一致性）：事务必须始终保持系统处于一致的状态，不管在任何给定的时间内并发事务有多少。

- Isolation（隔离性）：每一事务在系统中认为只有它自己在使用系统，每一个事务内部的操作及使用的数据对其他并发事务是隔离的，并发执行的各个事务之间不能相互干扰。

- Durability（持久性）：事务一旦完成，就不能返回。接下来的其他操作或故障都不应该对其执行结果有任何影响。

（3）优点。

① 结构简单，关系模型是一些表格的框架，实体的属性是表格中列的条目，实体之间的关系也是通过表格的公共属性表示，结构简单明了。

② 关系模型中的存取路径对用户而言是完全隐蔽的，使程序和数据具有高度的独立性。

③ 操作方便，在关系模型中操作的基本对象是集合而不是某一个元组。

④ 有坚实的数学理论作基础，包括逻辑计算、关系代数等。

（4）缺点。

① 查询效率低。关系模型提供了较高的数据独立性和非过程化的查询功能（查询的时候只需指明数据存在的表和需要的数据所在的列，不用指明具体的查找路径），因此加大了系统的负担。

② 由于查询效率较低，因此需要数据库管理系统对查询进行优化，加大了 DBMS 的负担。

2. 数据库系统阶段的特点

1）采用复杂的结构化的数据模型

数据库系统不仅要描述数据本身，还要描述数据之间的联系。

2）较高的数据独立性

数据和程序彼此独立，数据存储结构的变化尽量不影响用户程序的使用。

3）最低的冗余度

数据库系统中的重复数据被减少到最低程度，这样，在有限的存储空间内可以存放更多的数据并减少存取时间。

4）数据由 DBMS 统一管理和控制

DBMS 的控制功能包括：数据的安全性保护，以防止数据的丢失和被非法使用；数据的完整性检查，以保护数据的正确、有效和相容；数据的并发控制，避免并发程序之间的相互干扰；具有数据的恢复功能，在数据库被破坏或数据不可靠时，系统有能力把数据库恢复到最近某个时刻的正确状态。

数据库是长期存储在计算机内有组织的、大量的、共享的数据集合。它可以供各种用户共享，具有最小冗余度和较高的数据独立性。DBMS 在数据库建立、使用和维护时对数据库进行统一控制，以保证数据的完整性和安全性，并在多用户同时使用数据库时进行并发控制，在发生故障后对系统进行恢复。

数据库系统的出现使信息系统从以加工数据的程序为中心转向围绕共享的数据库为中心的新阶段。这样既便于数据的集中管理，又有利于应用程序的研制和维护，提高了数据的利用率和相容性，提高了决策的可靠性。

3.2.3　数据仓库阶段

数据仓库的概念是由数据仓库之父比尔·恩门（Bill Inmon）在 1991 年出版的 *Building the Data Warehouse*（《建立数据仓库》）一书中所提出的定义并被广泛接受。数据仓库（Data Warehouse）是一个面向主题的（Subject Oriented）、集成的（Integrated）、非易失的(Non-Volatile)、随时间而变化的(Time Variant)数据集合,用于支持管理决策(Decision Making Support)。由此可以看出,数据仓库的目的很明确,就是为支持管理决策服务的。数据仓库是决策支持系统和联机分析应用数据源的结构化数据环境。

数据仓库是基于计算机技术的快速发展和大数据时代下企业的需求提出的。绝大多数数据仓库的建设目的都是为了进行数据分析与挖掘,基本都是基于关系数据库与多维数据库建立。

数据仓库系统的主要应用是 OLAP(On-Line Analytical Processing),支持复杂的分析操作,侧重决策支持,并且提供直观易懂的查询结果。

1. 数据仓库的特性

从数据仓库的定义不难看出数据仓库的 4 个特点:面向主题的、集成的、数据不可更新的、数据随时间不断变化的。

1) 数据仓库是面向主题的

数据仓库一般从用户实际需求出发,将不同平台的数据源按设定主题进行划分整合,与传统的面向事务的操作型数据库不同,具有较高的抽象性。面向主题的数据组织方式,就是在较高层次上对分析对象提供一个完整、统一并一致的描述,能完整且统一地刻画各个分析对象所涉及的有关企业的各项数据,以及数据之间的联系。

2) 数据仓库的数据是集成的

数据仓库中存储的数据大部分来源于传统的数据库,但并不是将原有数据简单地直接导入,而是需要进行预处理。这是因为事务型数据中的数据一般都是有噪声的、不完整的和数据形式不统一的。这些"脏数据"的直接导入将对在数据仓库基础上进行的数据挖掘造成混乱。"脏数据"在进入数据仓库之前必须经过抽取、清洗、转换,消除数据错误,完成数据统一,并进行数据的计算和综合,才能生成从面向事务转而面向主题的数据集合。数据集成是数据仓库建设中最重要,也是最复杂的一步。

3) 数据仓库的数据是不可更新的

数据仓库中的数据主要为决策者分析提供数据依据。决策依据的数据是不允许进行修改的。即数据保存到数据仓库后,用户仅能通过分析工具进行查询和分析,而不能修改。数据的更新升级主要在数据集成环节完成,数据一旦生成,便不可修改,同时具有一定的存储期限,过期的数据将在数据仓库中直接筛除。也正是由于其不可修改性,数据仓库的管理相对数据库管理而言要简单很多,省去了数据库管理中的完整性保护、并发控制这样的技术难点。

4) 数据仓库的数据是随时间变化的

数据仓库数据会随时间变化而定期更新,不可更新是针对应用而言,即用户分析处理时不更新数据。每隔一段固定的时间间隔后,抽取运行数据库系统中产生的数据,转换后集成到数据仓库中。随着时间的变化,数据以更高的综合层次被不断综合,以适应趋势分析的要求。当数据超过数据仓库的存储期限,或对分析无用时,从数据仓库中删除这些数据。关于数据仓库的结构和维护信息保存在数据仓库的元数据中,数据仓库维护工作由系统根据其中的定义自动进行或由系统管理员定期维护。

2. 数据仓库的组成

数据仓库通常由数据仓库的数据库、数据抽取工具、元数据、访问工具和数据集市 5 部分组成。

1）数据仓库的数据库

数据仓库的数据库是整个数据仓库环境的核心，是数据存放的地方并提供对数据检索的支持。相对于操纵型数据库来说，其突出的特点是提供对海量数据的支持，强大的元数据管理和快速的检索技术。

2）数据抽取工具

把数据从各种各样的存储方式中抽取出来，进行必要的转换、整理，再存放到数据仓库内。

对各种不同数据存储方式的访问能力是数据抽取工具的关键，例如，COBOL 程序、MVS 作业控制语言（JCL）、UNIX 脚本和 SQL 语句等，以访问不同的数据。

数据转换包括数据的连接和合并，删除对决策应用没有意义的数据段；转换到统一的数据名称和定义；计算统计和衍生数据；给缺值数据赋予默认值；把不同的数据定义方式统一。

3）元数据

描述数据仓库内数据的结构和建立方法的数据。可将其按用途的不同分为两类：技术元数据和商业元数据。

技术元数据是数据仓库的设计和管理人员用于开发和日常管理数据仓库时用的数据。包括：数据源信息；数据转换的描述；数据仓库内对象和数据结构的定义；数据清理和数据更新时用的规则；源数据到目的数据的映射；用户访问权限，数据备份历史记录，数据导入历史记录，信息发布历史记录等。

商业元数据从商业业务的角度描述了数据仓库中的数据。包括对数据、查询、报表等进行描述的数据。

元数据为访问数据仓库提供了一个信息目录，这个目录全面描述了数据仓库中都有什么数据、这些数据是怎么得到的、怎么访问这些数据。它是数据仓库运行和维护的中心，数据仓库服务器利用它来存储和更新数据，用户通过它来了解和访问数据。

4）访问工具

为用户访问数据仓库提供手段，有数据查询和报表工具、应用开发工具、管理信息系统（EIS）工具、在线分析（OLAP）工具、数据挖掘工具。

5）数据集市

为了特定的应用目的或应用范围，而从数据仓库中独立出来的一部分数据，也可称为部门数据或主题数据。在数据仓库的实施过程中往往可以从一个部门的数据集市着手，以后再用几个数据集市组成一个完整的数据仓库。需要注意的是，在实施不同的数据集市时，同一含义的字段定义一定要相容，这样在以后实施数据仓库时才不会造成大麻烦。

3.2.4 分布式系统阶段

分布式系统是建立在网络之上的软件系统。正是因为软件的特性，所以分布式系统具有高度的内聚性和透明性。因此，网络和分布式系统之间的区别更多的在于高层软件（特别是操作系统），而不是硬件。内聚性是指每一个数据库分布结点高度自治。透明性是指每一个数据库分布结点对用户的应用来说都是透明的,看不出是本地还是远程。在分布式数据库系统中,用户感觉不到数据是分布的,即用户无须知道关系是否分割、有无副本、数据存于哪个站点以及事务在哪个站点上执行等。

分布式系统在数据存储方面包括分布式文件系统和分布式数据库系统两部分。

1. 分布式文件系统

计算机通过文件系统管理、存储数据,而信息爆炸时代中人们可以获取的数据呈指数级增长,单纯通过增加硬盘个数来扩展计算机文件系统的存储容量的方式,在容量大小、容量增长速度、数据备份、数据安全等方面的表现都差强人意。分布式文件系统可以有效解决数据的存储和管理难题:将固定于某个地点的某个文件系统,扩展到任意多个地点/多个文件系统,众多的结点组成一个文件系统网络。每个结点可以分布在不同的地点,通过网络进行结点间的通信和数据传输。人们在使用分布式文件系统时,无须关心数据是存储在哪个结点上或者是从哪个结点获取的,只需要像使用本地文件系统一样管理和存储文件系统中的数据。

相对于本机端的文件系统而言,分布式文件系统(Distributed File System,DFS),或者网络文件系统(Network File System,NFS),是一种允许文件通过网络在多台主机上分享的文件系统,可让多机器上的多用户分享文件和存储空间。在这样的文件系统中,客户端并非直接访问底层的数据存储区块,而是通过网络,以特定的通信协议和服务器沟通。借由通信协议的设计,可以让客户端和服务器端都能根据访问控制清单或者授权,来限制对于文件系统的访问。相对地,在一个分享的磁盘文件系统中,所有结点对数据存储区块都有相同的访问权,在这样的系统中,访问权限就必须由客户端程序来控制。分布式文件系统可能包含的功能有数据复制与容错。也就是说,即使系统中有一小部分的结点离线,整体来说,系统仍然可以持续运作而不会有数据损失。分布式文件系统和分布式数据存储的界限是模糊的,但一般来说,分布式文件系统是被设计用在局域网,比较强调的是传统文件系统概念的延伸,并通过软件方法来达成容错。而分布式数据存储,则是泛指应用分布式计算技术的文件和数据库等提供数据存储服务的系统。

分布式文件系统将服务范围扩展到了整个网络,不仅改变了数据的存储和管理方式,也拥有了本地文件系统所无法具备的数据备份、数据安全等优点。目前常见的分布式文件系统有 GFS、HDFS、Lustre、GridFS、mogileFS、TFS、FastDFS 等,各自适用于不同的领域。一个分布式文件系统的性能主要由以下几个方面决定。

(1) 数据的存储方式:这里涉及大容量存储、数据划分、负载均衡、可扩展性、一致性等问题。

(2) 数据的读取:这里涉及高性能、易用性、一致性等问题。

(3) 数据的安全:这里涉及容错、事务与并发控制、数据备份及恢复等问题。

虽然分布式文件系统涉及许多新的问题,但是其对于硬件资源的合理利用,对大量数据的高速处理,对于海量数据的深入挖掘,对数据安全的保障,以及各种技术的发展和新的业务需求,起着越来越重要的作用,也是当前计算机技术发展的一大热门关键技术。

2. 分布式数据库系统

随着传统的数据库技术日趋成熟、计算机网络技术的飞速发展和应用范围的扩充,数据库应用已经普遍建立于计算机网络之上。这时集中式数据库系统表现出它的不足:数据按实际需要已在网络上分布存储,再采用集中式处理,势必造成通信开销大;应用程序集中在一台计算机上运行,一旦该计算机发生故障,则整个系统受到影响,可靠性不高;集中式处理引起系统的规模和配置都不够灵活,系统的可扩充性差。在这种形势下,集中式数据库的"集中计算"概念向"分布计算"概念发展。

分布式数据库是多个互连的数据库,它们通常位于多个服务器上,但彼此通信以实现共同的目标;通过分布式数据库管理系统（DDBMS）进行管理。

分布式数据库为数据库管理领域提供了分布式计算的优势。基本上,可以将分布式数据库定义为分布在计算机网络上的多个相关数据库的集合。

1）分布式数据库的特点

（1）物理分布性：数据不是存储在一个场地,而是存储在计算机网络的多个场地。

（2）逻辑整体性：数据物理分布在各个场地,但逻辑上是一个整体,它们被所有用户（全局用户）共享,并由一个 DDBMS 统一管理。

（3）场地自治性：各场地上的数据由本地的 DBMS 管理,具有自治处理能力,完成本场地的应用（局部应用）。

（4）场地之间协作性：各场地虽然具有高度的自治性,但是又相互协作构成一个整体。

2）分布式数据库的优点

（1）具有灵活的体系结构：允许各个场地的数据模型不同,数据库是分布透明的,隐藏每个文件在系统中物理存储的位置的细节,便于管理。

（2）系统的可靠性高、可用性好：可靠性定义为系统在特定时间运行的概率,而可用性定义为系统在一段时间内连续可用的概率。当数据和 DBMS 软件分布在多个站点上时,一个站点可能会失败而其他站点继续运行,用户仍可以访问其他站点中存在的数据,这样可以提高可靠性和可用性。

（3）可扩展性好,易于集成现有的系统：在分布式环境中,增加数据库大小或添加更多处理器比较容易。

（4）性能优越,局部响应速度快：通过将查询分解为基本上并行执行的多个子查询,提高了并行效率;各个站点可以独立工作,快速响应查询的结果。

3）分布式数据库的缺点

（1）复杂性,分布式数据库架构在设计、故障排除和管理方面要求更高。

（2）系统开销较大,尤其花在通信部分。

（3）数据的安全性和保密性较难处理。

3.3 分布式系统基础理论

在分布式系统中,有一些重要的理论引导着分布式系统的改变和发展。本节主要介绍分布式系统的 CAP 理论和 BASE 思想。

3.3.1 CAP 理论

分布式系统的一个重要理论就是 CAP 理论。2000 年,Eric Brewer 教授在 ACM 分布式计算年会上指出了著名的 CAP 理论。CAP 理论指出：在一个分布式系统中,Consistency

（一致性）、Availability（可用性）、Partition Tolerance（分区容错性）三者不可兼得。最多只能同时满足其中的两个。下面分别介绍这三个属性。

（1）一致性（C）：在分布式系统中的所有数据备份，在同一时刻是否是同样的值（等同于所有结点访问同一份最新的数据副本）。

（2）可用性（A）：在集群中一部分结点故障后，集群整体是否还能响应客户端的读写请求（对数据更新具备高可用性）。

（3）分区容错性（P）：以实际效果而言，分区相当于对通信的时限要求。系统如果不能在时限内达成数据一致性，就意味着发生了分区的情况，必须就当前操作在 C 和 A 之间做出选择。

鉴于 CAP 理论只能满足两个属性，下面分为三种情况讨论。

（1）CA without P：如果不要求 P（不允许分区），则 C（一致性）和 A（可用性）是可以保证的。但其实分区不是想不想分的问题，而是始终会存在，因此 CA 的系统更多的是允许分区后各子系统依然保持 CA。

（2）CP without A：如果不要求 A（可用），相当于每个请求都需要在 Server 之间强一致，而 P（分区）会导致同步时间无限延长，如此 CP 也是可以保证的。很多传统的数据库分布式事务都属于这种模式。

（3）AP without C：要高可用并允许分区，则需放弃一致性。一旦分区发生，结点之间就可能会失去联系，为了高可用，每个结点只能用本地数据提供服务，而这样会导致全局数据的不一致性。现在众多的 NoSQL 都属于此类。

任何分布式系统，都必须在这三者之间进行取舍。首先就是是否选择分区，由于在一个数据分区内，根据数据库的 ACID 特性，是可以保证一致性的，不会存在可用性和一致性的问题，唯一需要考虑的就是性能问题。对于可用性和一致性，大多数应用就必须保证可用性，在互联网应用中，牺牲了可用性，相当于间接地影响了用户体验，这是不可行的，而唯一可以考虑的就是一致性了，这也是 BASE 思想的来源。

在实际应用中，关系数据库放弃了分区容错性（Partition Tolerance），具有高的一致性（Consistency）和高可靠性（Availability）。

3.3.2　BASE 思想

BASE 是对 CAP 中一致性和可用性权衡的结果，其来源于对大规模互联网系统分布式实践的结论，是基于 CAP 理论逐步演化而来的，其核心思想是即使无法做到强一致性（Strong Consistency），但每个应用都可以根据自身的业务特点，采用适当的方式来使系统达到最终一致性（Eventual Consistency）。BASE 是 Basically Available（基本可用）、Soft-state（软状态）和 Eventually Consistency（最终一致性）三个短语的简写。BASE 的含义包括以下三个方面。

- Basically Available：指分布式系统在出现不可预知故障的时候，允许损失部分可用性，但不影响系统的整体可用性。
- Soft-state：允许系统的不同结点的数据副本有一段时间不同步。
- Eventually Consistency：系统中所有的数据副本，在经过一段时间的同步后，最终能够达到一个一致的状态。

BASE 与 ACID 是对立的,完全不同于 ACID 模型,通过牺牲强一致性,来获得基本可用性和可靠性,并要求达到最终一致性。

CAP、BASE 是当前在大数据环境下非常流行的分布式数据库 NoSQL 的理论基础。

3.4 NoSQL 数据库

NoSQL＝(Not only SQL),泛指非关系型的数据库。顾名思义,NoSQL 意味着不仅是SQL,而且是一项全新的数据库革命性运动,早期就有人提出,发展至 2009 年趋势越发高涨。NoSQL 的拥护者们提倡运用非关系型的数据存储,相对于铺天盖地的关系数据库运用,这一概念无疑是一种全新的思维的注入。下面详细介绍 NoSQL 的相关概念、理论基础、应用现状、数据库类型等。

3.4.1 NoSQL 数据库的兴起

每一项新技术的产生与兴起都有其时代的背景,大数据时代下传统的关系数据库在面对更大规模的数据和满足更高的访问量时的疲软导致了 NoSQL 的提出和发展。随着互联网 Web 2.0 网站的兴起,传统的关系数据库在应对 Web 2.0 网站特别是超大规模和高并发的 SNS 类型的 Web 2.0 纯动态网站时已经显得力不从心,暴露了很多难以克服的问题,而非关系型的数据库则由于其本身的特点得到了非常迅速的发展。NoSQL 数据库的产生就是为了解决大规模数据集合多重数据种类带来的挑战。对于 NoSQL 数据库的兴起,可以大概总结为以下几点。

(1) 对数据库高并发读写的要求。Web 2.0 网站要根据用户个性化信息来实时生成动态页面和生成动态信息,所以基本上无法使用动态页面静态化技术,因此数据库并发负载非常高,往往要达到每秒上万次读写请求,关系数据库在应对上万次查询时还能勉强应对,但在应对上万次写 SQL 请求的时候就有点捉襟见肘了,硬盘的 IO 也难以承受了。对于一个普通的 BBS 网站,往往也存在着对高并发请求的需求,例如,网站需要实时统计在线用户的数量,记录热门帖子的点击次数、投票计数等,因此对数据库高并发读写的需求俨然成为一个迫切的需求。

(2) 对海量数据的高效率存储和访问需求。类似 Facebook、Twitter 这样的 SNS 网站,每天用户都产生了海量的用户动态,当系统需要在这样存储数以亿计数据的关系数据表中使用 SQL 查询相应的数据时,其效率是极其低下乃至难以忍受的。再如腾讯、盛大等大型的登录系统这些有着动辄以亿计的账号,关系数据库也难以应对。

(3) 对数据库的高可用性和高扩展性的要求。在基于 Web 的架构中,数据库是最难以进行横向扩展的,当一个应用系统的用户数量以及访问量与日俱增的时候,数据库却无法像 WebServer 或者 AppServer 那样简单地通过添加更多的硬件和服务结点来扩展性能和负载能力。对于许多需要进行 24h 不间断服务的网站来说,对数据库系统进行升级和扩展是非常痛苦的事情,往往需要进行停机维护或者数据迁移。NoSQL 数据库的产生无疑让人们看到解决问题的希望。

当然,这里 NoSQL 诞生的目的并不是为了取代传统的关系数据库,NoSQL 也并不能取代关系数据库的地位。对于用户的基本信息等重要信息还是需要存储到关系数据库中。

NoSQL 与传统关系数据库并存,是当下时代的需求。

3.4.2　NoSQL 数据库与关系数据库的比较

NoSQL 数据库和传统关系数据库都有各自的特点,下面从它们各自的特性出发,分析其优缺点。

1. 关系数据库的优势及存在的问题

关系数据库是建立在关系模型基础上的数据库,凭借集合代数等数学方法来处理数据库数据。把□□□据都通过行列的二元关系表示出来,给人以直观的感受。现实世界各种□□□□□□之间的关系都可以用关系模型来表示。

□□□□□□□□□优势。

□□□□□□□□数据。

□□□□□□□□构接近人的逻辑思维,容易理解。

□□□□□□□代数理论完整,便于数据的维护。

□□□□□□□预期。

□□□□□□,具有高稳定性。

□□□□□□用案例。

□□□□□□20 世纪 90 年代的互联网领域建立了庞大的应用市场,□□□□□□联网的快速发展。也正是伴随着互联网的快速发展,□□□□□□对这些超大规模和高并发的应用时,传统的关系数□

□□□□□□□□□问题

□□□□□□多缺陷。由于 NoSQL 数据库是基于 CAP 理论和 □□□□□□□□□□□它对于非结构化数据和海量数据的处理有着极高□□

NoS□□□□□□□

(1) 数□□□□□□□□□□□储自定义的数据格式,不需要像关系数据库一样要□

(2) NoSQ□□□□□□□□□□SQL 数据库数据之间无关系,在系统运行时,可以动□□□□□□□□数据可以自动迁移。

(3) 数据库结□□□□□□□□□□

(4) 按照 Key,□□□□□□□□□获取数据效率。

(5) 数据分区,捷□□□□□□了复制,防止了数据失效的问题。

(6) 和 RAID 存储□□□□QL 中的复制,往往是基于日志的异步复制。这样,数据就可以尽快地写□□□□,而不会由于网络传输引起迟延。

如今很多的 NoSQL 数据存储系统都已被部署于实际应用中,表现出了不错的实用效果,但是随着其逐步的应用和研究的不断深入,NoSQL 数据库也出现了很多挑战性的问题。

(1) NoSQL 数据库是面向应用的,且绝大多数都是面向特定应用的自构建的开源项

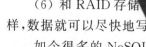
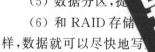

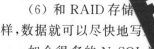
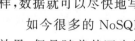
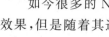

目，没有权威的数据库厂商提供强有力的商业支持，缺乏通用性。一旦 NoSQL 数据库的相关产品出现故障，就只能靠自己解决，需要承担一定的技术风险。

（2）NoSQL 数据库的应用成熟度不高，实际应用较少，已有产品支持的功能有限（不支持事务特性），导致其应用具有一定的局限性。

（3）没有强一致性约束，有些场景无法适用，这也是其无法代替关系数据库的原因之一。

（4）由于缺乏类似关系数据库所具有的强有力的理论，数据库的设计很难体现业务的实际情况，也增加了数据库设计的难度。

（5）目前为止，HBase 数据库是安全特性最完善的 NoSQL 数据库产品之一，而其他的 NoSQL 数据库多数没有提供内建的安全机制，但随着 NoSQL 的发展，越来越多的人开始意识到安全的重要，部分 NoSQL 产品逐渐开始提供一些安全方面的支持。

3. NoSQL 数据库和传统关系数据库相结合

NoSQL 数据库和传统关系数据库都有各自的优势和问题。基于它们的适用范围不同，目前主流架构采用关系数据库（如 MySQL）＋NoSQL 的组合方案。目前为止，还没有出现一个能够适用各种场景的数据库，而且根据 CAP 理论，这样的数据库是不存在的。

在强一致性和高可用性的场景下，数据库基于 ACID 特性；而在高可用性和扩展性场景下，数据库采用 BASE 思想。NoSQL 数据库可以弥补关系数据库的一些缺陷，但是目前还是无法取代关系数据库，将两者结合起来使用，各取所长，才是应对当下海量数据处理问题的正确方式。

3.4.3　NoSQL 数据库的 4 大类型

目前为止，NoSQL 数据库已经超过 200 种了，对比传统的关系数据库，NoSQL 数据库主要分为以下几种：键值（Key-Value）存储数据库、列存储（Column-Orientated）数据库、文档型（Document-Oriented）数据库、图形（Graph-Oriented）数据库。

1. 键值存储数据库

键值数据库是最常用的 NoSQL 数据库，类似哈希表，它的数据是以键值对（Key-Value）的形式保存的。键值数据库的优势在于简单、易部署。但是如果只对部分值进行查询或更新的时候，键值数据库就显得效率低下了。

适用的场景：存储用户信息，如会话、配置文件、参数、购物车等。这些信息一般都和 ID（键）挂钩，这种情景下键值数据库是一个很好的选择。

不适用场景：

（1）取代通过键查询，而是通过值来查询。键值数据库中根本没有通过值查询的途径。

（2）需要存储数据之间的关系。在键值数据库中不能通过两个或以上的键来关联数据。

（3）事务的支持。在键值数据库中故障产生时不可以进行回滚。

2. 列存储数据库

一般的数据库都以行为单位,这样可以提高数据的读入性能。但如果要一次读取若干行中的很多列,则将所有行的某一列作为基本数据存储单元的存储效果会更好,列存储数据库也因此得名。列存储数据库将数据存储在列族中,一个列族存储经常被一起查询的相关数据。例如,有一个 Person 类,通常会一起查询其姓名和年龄而不是薪资。在这种情况下,姓名和年龄就会被放入一个列族中,而薪资则在另一个列族中。

适用的场景:

(1) 日志。可以将数据存储在不同的列中,每个应用程序可以将信息写入自己的列族中。

(2) 博客平台。每条信息都被存储到不同的列族中。例如,标签可以存储在一个列族,类别可以存储在一个列族,而文章则存储在另一个列族。

不适用场景:

(1) 需要 ACID 事务。有些列存储数据库不支持事务。

(2) 原型设计。列存储数据库的数据结构是基于人们期望的数据查询方式而定的。在模型设计之初,人们根本不可能去预测它的查询方式,而一旦查询方式改变,人们就必须重新设计列族。

3. 文档型数据库

文档型数据库是一种用来管理文档的数据库,它与传统数据库的不同在于,其处理的基本单位是文档。每个文档都是自包含的数据单元,是一系列数据项的集合,可长可短,甚至可以无结构。每个数据项都有一个名称与对应的值,值既可以是简单的数据类型,如字符串、数字和日期等;也可以是复杂的类型,如有序列表和关联对象。文档型数据库可以看作键值数据库的升级版,允许之间嵌套键值。而且文档型数据库比键值数据库的查询效率更高。

适用的场景:

(1) 日志。企业环境下,每个应用程序都有不同的日志信息。

(2) 分析。鉴于它的弱模式结构,不改变模式就可以存储不同的度量方法及添加新度量。

不适用场景:在不同的文档上需要添加事务。

4. 图形数据库

图形结构的数据库同其他行列以及刚性结构的 SQL 数据库不同,它是使用灵活的图形模型,并且能够扩展到多个服务器上。图形数据库以实体为顶点,实体间的关系作为边建图。对于很多应用领域来说,其事物对象本来就是一个图结构,如社交网络与交通运输网络。对于这些应用,使用图形结构的数据库进行存储就比较方便。

适用的场景:

(1) 一些关系性强的数据中。

(2) 推荐引擎。如果人们将数据以图的形式表现,将会非常有益于推荐的制定。

不适用场景:非图形的数据模型。图形数据库的适用范围很小,因为很少有操作涉及整个图。

NoSQL 数据库的 4 大类型的分析如表 3.1 所示。

表 3.1　NoSQL 数据库的 4 大类型

分　类	典型代表	典型应用场景	数据模型	优　点	缺　点
键值存储数据库	Tokyo Cabinet/Tyrant、Redis、Voldemort、OracleBDB	内容缓存，主要用于处理大量数据的高访问负载，也用于一些日志系统等	Key 指向 Value 的键值对，通常用 Hashtable 来实现	查找速度快	数据无结构化，通常只被当作字符串或者二进制数据
列存储数据库	Cassandra、HBase、Riak	分布式文件系统	以列族式存储，将同一列数据存在一起	查找速度快，可扩展性强，更容易进行分布式扩展	功能相对局限
文档型数据库	CouchDB、MongoDb	Web 应用（与 Key-Value 类似，Value 是结构化的）	Key-Value 对应的键值对，Value 为结构化数据	数据结构要求不严格，表结构可变，不需要像关系数据库一样需要预先定义表结构	查询性能不高，而且缺乏统一的查询语法
图形数据库	Neo4J、InfoGrid、Infinite Graph	社交网络、推荐系统等。专注于构建关系图谱	图结构	利用图结构相关算法，如最短路径寻址、N 度关系查找等	很多时候需要对整个图做计算才能得出需要的信息，而且这种结构不太好做分布式的集群方案

3.5　大数据存储与管理技术

云计算技术、物联网等技术快速发展，多样化已经成为数据信息的一项显著特点，为充分发挥信息应用价值，有效存储已经成为人们关注的热点。

为了有效应对现实世界中复杂多样的大数据处理需求，需要针对不同的大数据应用特征，从多个角度、多个层次对大数据进行存储和管理。下面介绍大数据存储的一些关键技术：分布式存储技术、虚拟化技术和云存储技术。其中，分布式存储技术和虚拟化技术是云存储的核心技术。

3.5.1　分布式存储技术

传统的集中式存储对搭建和管理的要求较高。由于硬件设备的集中存放，机房的空间、散热和承重等都有严格的要求；存储设备要求性能较好，对主干网络的带宽也有较高的要求。

而在信息爆炸的时代，人们可以获取的数据呈指数级增长，单纯在固定某个地点进行硬盘的扩充在容量大小、扩充速度、读写速度和数据备份等方面的表现都无法达到要求；而且大数据处理系统的数据多来自于客户，数据的种类多，存储系统需要存储各种半结构化、非结构化的数据,如文档、图片、视频等,因此大数据的存储宜使用分布式文件系统来管理这些非结构化数据。

1. 分布式存储概念

分布式数据存储,即存储设备分布在不同的地理位置,数据就近存储,带宽上没有太大压力。可采用多套低端的小容量的存储设备分布部署,设备价格和维护成本较低。小容量设备分布部署,对机房环境要求也较低。分布式数据存储将数据分散在多个存储结点上,各个结点通过网络相连,对这些结点的资源进行统一的管理。

传统的分布式计算系统中通常计算结点与存储结点是分开的。当执行计算任务时,首先要把数据从数据结点传输至计算结点(数据向计算迁移),这种处理方式会使外存文件数据 I/O 访问成为一个制约系统性能的瓶颈。为了减少大数据并行计算系统中的数据通信开销,应当考虑将计算向数据靠拢和迁移。例如,MapReduce 模型采用了数据/代码互定位的技术方法,该方法让计算结点首先尽量负责计算其本地存储的数据,以发挥数据本地化特点;仅当结点无法处理本地数据时,再采用就近原则寻找其他可用计算结点,并把数据传送到该可用计算结点。

面对目前互联网应用 PB 级的海量存储的存储需求,频繁的数据传输,都是通过应用分布式存储系统,实现在普通 PC 上部署结点,通过系统架构设计提供强大的容错能力,针对大型的、分布式的、大量数据访问的应用给用户提供总体性能最高的服务。

2. 分布式存储系统的特性

(1) 高可靠性。这是存储系统的基本保障,既要保证数据在读写过程中不能发生错误,同时还要保证数据进入系统后硬件失效不会导致数据丢失。

(2) 可扩展性。分布式存储系统可以扩展到几百台甚至几千台这样的一个集群规模,系统的整体性能线性增长。系统必须具有一定的自适应管理功能,能够根据数据量和计算的工作量估算所需要的结点个数,并动态地将数据在结点间迁移,以实现负载均衡。同时,结点失效时,数据必须可以通过副本等机制进行恢复,不能对上层应用产生影响。

(3) 高性能。存储系统软件的实现需要释放硬件技术进步带来的性能提升。现在高速存储设备在不断降低延迟,增加吞吐,如果还使用传统的 TCP 网络和内核的 CPU 调度,将不能充分发挥硬件的性能。

(4) 低成本。分布式存储系统的自动容错、自动负载均衡的特性,允许分布式存储系统可以构建在低成本的服务器上。线性的扩展能力也得以增加,实现分布式存储系统的自动运维。

(5) 易用性。分布式存储系统需要对外提供方便易用的接口,另外,也需要具备完善的监控、运维工具,并且可以方便地与其他系统进行集成。

3. 分布式存储系统的关键技术

实现分布式存储系统的关键主要在于数据、状态信息的持久化,要求在自动迁移、自动容错、并发读写的过程中保证数据的一致性。其主要关键技术如下。

(1) 数据划分。在分布式环境中,数据存储在多个存储单元,数据的划分是影响系统性能、负载均衡以及扩展性的关键因素之一。系统必须在用户请求到来之前完成数据的合理分发,才能降低系统时延。

（2）数据冗余技术。分布式存储系统需要使用多台服务器共同存储数据，而随着服务器数量的增加，服务器出现故障的概率也在不断增加。要保证在有服务器出现故障的情况下系统仍然可用，通过牺牲一定的数据一致性，采用异步复制的方式确保数据的可用性。

（3）容错。如何快速检测到服务器故障，并自动地将在故障服务器上的数据进行迁移？结点的失效侦测和失效恢复是关键技术。

（4）负载均衡。新增的服务器要在集群中保障负载均衡，数据迁移过程中要保障不影响现有的服务。

（5）事务并发控制技术。实现分布式事务并发控制及其事务故障恢复。

3.5.2　虚拟化技术

虚拟化技术和分布式存储技术是云存储的基础技术。虚拟化技术是将人们可以用到的资源组成资源池来创建虚拟化的资源提供给用户。虚拟化技术主要应用在基础设施即服务的服务模式中，大多数资源都可以通过虚拟化技术对其进行统一管理。

虚拟化技术的发展离不开计算机技术的发展。虚拟化技术的目的是简化管理、优化资源，通过将实际环境运行的软件、硬件各种资源放在虚拟的环境来运行，透明化底层物理硬件，从而最大化地利用物理硬件。

1. 虚拟化技术的概念

虚拟化技术是一门应用十分广泛的基础技术。其作用如下：虚拟化技术是一种逻辑简化技术，实现物理层向逻辑层的变化。当一个系统采用虚拟化技术后，其对外表现的就是一种逻辑结构，人们无须了解其内部结构就可以通过其相对简单的逻辑结构对其进行使用。

在计算机领域，虚拟化技术是将计算机的各种实体资源，如服务器、网络、内存及存储等，通过抽象、转换后呈现出来，打破实体结构间不可切割的障碍，使用户可以比原本的组态更好的方式来应用这些资源。这些资源的新虚拟部分是不受现有资源的架设方式、地域或物理组态所限制的，从而最大化地利用物理硬件。

总的来看，虚拟化技术包含如下三个方面。

（1）虚拟化的对象是各种各样的资源。

（2）经过虚拟化后的逻辑资源对用户隐藏了不必要的细节。

（3）用户可以在虚拟环境中实现其在真实环境中的部分或者全部功能。

2. 虚拟化技术的发展

虚拟化技术随着计算机发展的需求也在不停地发展。早期的计算机价格昂贵，硬件利用率低，提出了分时系统来提高硬件利用率。为了实现分时系统，克里斯托弗（Christopher Strachey）提出了虚拟化的概念，发表了一篇名为《大型高速计算机中的时间共享》的学术报告。随后10年里，为了使硬件资源得到充分利用，IBM发明了一种操作系统虚拟机技术，可以使用户在一台主机上运行多个操作系统。而后随着科技水平的提高，计算机硬件资源价格降低，VMware率先实施了以虚拟机监视器为中心的软件解决方案，之后Intel公司和AMD公司在其x86处理器中增加了硬件虚拟化功能。自从2008年以后，云计算技术的发展推动了虚拟化技术成为研究热点。由于虚拟化技术能够屏蔽底层的硬件环境，充分利用计算机的软硬件条件,使之成为切分型云计算技术的核心技术。

目前来看,通过服务器虚拟化技术实现资源整合是主要发展驱动力。对于服务器,虚拟化技术发展的热点在安全、存储和管理等方面。而在技术应用方面,虚拟化的性能、环境的部署、设备的兼容等方面是关键。

3. 虚拟化技术的分类

虚拟化技术已经比较成熟,其形式多种多样,实现的应用也形成体系。按照不同的应用领域可将虚拟化技术分为应用虚拟化、桌面虚拟化、服务器虚拟化、网络虚拟化、存储虚拟化。

1)应用虚拟化

应用虚拟化安装在一个虚拟的环境里,拥有与应用程序相关的所有共享资源,极大地方便应用程序的部署、更新和维护。通常应用虚拟化与应用程序生命周期管理结合起来。

2)桌面虚拟化

桌面虚拟化将大量的终端资源集中到后台数据中心,方便对用户的众多终端统一管理,实现资源的调配;终端用户可以通过登录认证、访问数据中心、自取数据,完成自己的业务,极大地提高了数据使用的灵活性。

3)服务器虚拟化

服务器虚拟化是指能够在一台物理服务器上运行多台虚拟服务器的技术,多个虚拟服务器之间的数据是隔离的,虚拟服务器可控地占有物理资源。被虚拟出来的服务器称为虚拟机(Virtual Machine,VM)。

4)网络虚拟化

网络虚拟化是基础设施即服务的基础。网络虚拟化让一个物理网络可以支持多个逻辑网络,虚拟化保留了网络设计中原有的层次结构、数据通道和所能提供的服务,让使用虚拟化网络的用户体验和独享物理网络一样,同时网络虚拟化技术还有效地提高了网络资源的利用率。常见的网络虚拟化技术如 VPN、VLAN。

5)存储虚拟化

存储虚拟化也是基础设施即服务的基础。存储虚拟化技术通过将底层设备进行抽象化统一管理,对服务器层屏蔽了底层存储设备的异构性、特殊性,只保留了其统一的逻辑特性,从而实现了存储系统资源的集中。存储虚拟化是存储整合的重要组成部分,它能减少管理问题,提高存储利用率,降低新增存储的费用。存储虚拟化技术主要分为基于主机的虚拟化存储、基于网络的虚拟化存储、基于存储设备的虚拟化存储。

3.5.3　云存储技术

云存储不是指存储数据的设备,而是一种服务,具体来说,它是把数据存储和访问作为一种服务,并通过网络提供给用户。云存储与云计算不同,云计算提供计算能力,而云存储提供存储能力。

云存储是在云计算概念上延伸和衍生发展出来的一个新的概念。云存储专注于向用户提供以网络为基础的在线存储服务,它是指通过集群应用、网格技术或分布式文件系统等功能,将网络中大量各种不同类型的存储设备通过应用软件集合起来协同工作,共同对外提供数据存储和业务访问功能的一个系统,保证数据的安全性,并节约存储空间。用户可以在任何时间、任何地方，通过任何可联网的装置连接到云上方便地存取。数据用户无须考虑存储的各个细节，如存储容量、存储类型、存储格式、存储的安全与完整等问题，只需按需付费就可以从云存储中获取近乎无限大的存储空间和企业级的服务质量。

1. 云存储的特性

云存储具有以下特性，用来解决海量数据的增长而带来的存储难题。

1）动态可扩展

理论上，云存储就有无限的可扩展性，可以满足不断增加的数据存储需求。可以随着容量的增长，线性地扩展性能和存取速度。

2）可用性高

具有数据存储的高度适配性和自我修复能力，当一个结点失效了，其余的结点会接管未完成的事务。并且数据的保存是冗余的，在不同的地理位置之间会有数据备份，用来提高数据的容错能力。

3）使用方便

云存储的最大优点之一是允许用户在任何时间、任何地点、任何设备上自由共享和访问数据，并且支持多种数据的存储格式。只需保持网络连接，就可以享受到高质量的数据存储服务。可以享用自动更新的存储技术并且不需要用户来维护。

4）服务性能高

云存储通过大型分布式服务集群可以提供强大的服务质量，支持海量数据访问，数据部署速度快，备份速度快，数据安全性强，提供强大的数据计算能力。

5）价格较低

云存储采用多租用模式，同时为多个用户提供服务，所有用户共享存储资源，降低了资源浪费。用户采用"按需付费"的方式来使用云存储提供的各种服务，比在本地存储数据具有更高的性价比。

2. 云存储的分类

按照云存储的所有者来说，可以将云存储分为公共云存储、私有云存储、混合云存储3类。

1）公共云存储

公共云存储的供应商提供大量的文件存储。供应商可以保持每个客户的存储、应用都是独立的、私有的。所有的组件都是放在共享的基础存储设施里，设置在用户端的防火墙外部，用户直接通过安全的互联网访问。公共云存储可以直接通过增加服务器来增加存储空间。常见的公共云存储如亚马逊的云存储服务、百度云盘、360云盘、搜狐企业云盘等。

2）私有云存储

私有云实现的功能和公有云类似，不同点是它为某一企业或社会团体独有，位于企业防火墙内部，可以使用所有授权的硬件和软件。私有云相对保密性、安全性更高，不过使用费用和维护费用也更高一些。

3）混合云存储

这种云存储把公共云和私有云结合在一起。主要用于按客户要求的访问，特别是需要临时配置容量的时候，从公共云上划出一部分容量配置一种私有云可以帮助公司面对迅速增长的负载波动或高峰。相对而言,混合云存储对云存储的分配带来一定的复杂性。

3. 云存储实现技术

云存储实现技术包括两个层面:分布式存储层以及存储访问层。

分布式存储层管理存储服务器集群,实现各个存储设备之间的协同工作,保证数据可靠性,对外屏蔽数据所在位置、数据迁移、数据复制、机器增减等变化,使得整个分布式系统看起来像一台服务器。分布式存储层是云存储系统的核心,也是整个云存储平台中最难实现的部分。CDN结点将云存储系统中的热点数据缓存到离用户最近的位置,从而减少用户的访问延时并节约带宽。

存储访问层位于分布式存储层的上一层,该层的主要作用是将分布式存储层的客户端接口封装为WebService(基于RESTful等协议)服务。另外,该层通过调用公共服务实现用户认证、权限管理以及计费等功能。存储访问层不是必需的,云存储平台中的计算实例也可以直接通过客户端API访问分布式存储层中的存储系统。

习　题

1. 简述大数据的数据类型。
2. 简述数据管理技术的发展分为哪些阶段,每个阶段的特点是什么?
3. 数据库系统中的数据模型有哪几种?
4. 简述分布式系统的CAP理论和BASE思想。BASE和ACID的各自特点和适用场景是什么?
5. 简述NoSQL数据库的4大类型。
6. 简述分布式存储系统。
7. 简述虚拟化技术。
8. 简述云存储技术。

第 **4** 章

大数据分布式文件系统HDFS

本章主要介绍分布式文件系统 HDFS,首先从概念入手,先对 HDFS 进行整体概述,然后介绍了它的工作原理和工作流程,接着是 HDFS 的一些命令操作,最后是 HDFS 的编程接口,包括一些常用的 Java API 和编程实例。

4.1 HDFS 概述

4.1.1 HDFS 简介

HDFS 是 Hadoop 分布式文件系统,它是一个高度容错的系统,适合部署在廉价的机器上。HDFS 能提供高吞吐量的数据访问,适合处理有着超大数据集的应用程序。

1. HDFS 名词简介

1) Block(数据块)

(1) 基本存储单位,Hadoop 下块的默认大小为 64MB,其大小决定了文件系统读写数据的吞吐量、应用程序寻址的速度。

(2) 每一个 Block 对应一个 Map 的任务。

2) NameNode(名称结点)

(1) 维护 HDFS,存储文件数据的元信息。处理来自客户端对 HDFS 的各种操作的交互反馈。

(2) 存储镜像文件和操作日志文件,这两个文件也会被持久化存储在本地硬盘。

3) SecondaryNameNode

(1) 周期性保存 NameNode 的元数据,这些元数据包括文件镜像数据 FsImage 和编辑日志数据 EditLog。

(2) 如果 NameNode 结点故障,NameNode 下次启动的时候,会把 FsImage 加载到内存中。

4) DataNode(数据结点)

(1) 文件系统的工作结点,根据客户端或者 NameNode 调度存储和检索数据。

(2) 定期向 NameNode 发送它们所存储的块的列表。

(3) DataNode 启动时会向 NameNode 报告当前存储的数据块信息,后续也会定时报告修改信息。

（4）DataNode 之间会进行通信，复制数据块，默认为 3 份，保证数据的冗余性。

5）NodeManager

（1）对它所在的结点上的资源进行管理（CPU、内存、磁盘的利用情况）。

（2）定期向 ResourceManager 汇报该结点上的资源利用信息。

（3）监督 Container（容器）的生命周期。

（4）监控每个 Container 的资源使用情况。

（5）追踪结点健康状况，管理日志和不同应用程序用到的附属服务（Auxiliary Service）。

6）ResouceManager

（1）负责集群中所有资源的统一管理和分配。

（2）接收来自各个结点（NodeManager）的资源汇报信息，并把这些信息按照一定的策略分配给各个应用程序（实际上是 ApplicationManager）。

2. HDFS 特性

1）高容错，可扩展性强

数据自动保存多个副本。它通过增加数据冗余来提高容错性。某一个副本丢失以后，它可以自动恢复。可扩展性表示可以不断地添加新的 DataNode。

2）跨平台

HDFS 是 Java 语言开发的，支持多个平台。

3）Shell 命令接口

提供多个 Shell 命令方便用户操作，例如：

hadoop fs-put：上传，把本地 Linux 文件系统的文件上传到 HDFS 文件系统中。

hadoop fs-ls hdfs://master:9000/：查看 HDFS 文件系统根目录下的文件。

4）机架感知功能

副本存放时，当第一个存到机架 1，第二个就会选择在不同于机架 1 的其他的机架上面存储。

5）负载均衡

理想状态下，集群中每个服务器上面存储的数据都是均匀的。但在实际中，经常会出现数据偏移。

6）提供 Web 界面浏览信息

http://master:8088 yarn，可用于查看 Yarn 的管理界面；

http://master:50070 hdfs，可用于查看 HDFS 文件系统中的文件信息。

3. HDFS 设计目标

1）监测和快速恢复硬件故障

监测：立刻会监测到坏的块然后上报到主结点。

恢复：执行命令 hdfs debug recoverLease -path /＋路径。

2）流式数据访问

HDFS 注重吞吐量，而不是数据处理的速度，实现批处理。

3）大规模数据集

支持大文件存储，一个单一的 HDFS 实例能支撑数以千万计的文件。

4）简化一致性访问模式

一次写入，多次读取。

5）移动计算

移动计算的代价要比移动数据的代价低。

4.1.2　HDFS 设计特点

下面介绍 HDFS 的几个设计特点。

1. Block 的放置

默认不配置。一个 Block 会有三份备份，一份放在 NameNode 指定的 DataNode 上，另一份放在与指定 DataNode 非同一机架上的 DataNode，最后一份放在与指定 DataNode 同一机架上的另外一个 DataNode 上。备份无非就是为了数据安全，考虑同一机架的失败情况及不同机架之间数据复制性能问题就采用这种配置方式。

1）Block 设置较大的原因

（1）减少文件寻址时间。

（2）减少管理块的数据开销，每个块都需要在 NameNode 上有对应的记录。

（3）对数据块进行读写，减少建立网络的连接成本。

2）使用块的好处

假如上传的一个文件非常大，没有任何一块磁盘能够存储，这样这个文件就没法上传了，如果使用块的概念，会把文件分割成许多块，这样这个文件可以使用集群中的任意结点进行存储。数据存储要考虑容灾备份，以块为单位非常有利于进行备份，HDFS 默认每个块备份三份，这样如果这个块上或这个结点坏掉，可以直接找其他结点上的备份块。另外，有的时候需要将备份数量提高，这样能够分散机群的读取负载，因为可以在多个结点中寻找到目标数据，减少单个结点读取。

3）分片大小要与 HDFS 数据块（分块）大小一致

Hadoop 将 MapReduce 的输入数据划分为等长的小数据块，称为输入分片，Hadoop 为每个分片构建一个 Map 任务。

Hadoop 在存储有输入数据（HDFS 中的数据）的结点上运行 Map 任务，可以获得高性能，这就是所谓的数据本地化。所以最佳分片的大小应该与 HDFS 上的块大小一样，因为如果分片跨越两个数据块，对于任何一个 HDFS 结点（基本不可能同时存储这两个数据块），分片中的另外一块数据就需要通过网络传输到 Map 任务结点，与使用本地数据运行 Map 任务相比，效率则更低！

2. 心跳检测

心跳检测 DataNode 的健康状况，如果发现问题就采取数据备份的方式来保证数据的安全性。

心跳机制最简单的由来就是为了证明数据结点还活着，如果一段时间内 DataNode 没有向 NameNode 发送心跳包信息，DataNode 就会被认为是 Dead 状态。并且 DataNode 从心跳包回复中获取命令信息,然后进行下一步操作,所以从这里可以看出,心跳机制在整个HDFS中都有很重要的作用。

HDFS 采用 Master/Slave 结构,Master 包括 NameNode 和 ResourceManager,Slave 包括 DataNode 和 NodeManager,Master 启动时会开启一个 IPC 服务,等待 Slave 连接,Slave启动后,会主动连接 IPC 服务,并且每隔 3s 连接一次,这个时间是可以调整的。设置HeartBeat,这个每隔一段时间连接一次的机制,称为心跳机制。Slave 通过心跳给 Master汇报自己的信息,Master 通过心跳下达命令。NameNode 通过心跳得知 DataNode 状态,ResourceManager 通过心跳得知 NodeManager 状态,当 Master 长时间没有收到 Slave 信息时,就认为 Slave 挂掉了。

在 Hadoop 中,心跳检测主要有以下三个作用。

(1) 判断 TaskTracker 是否活着。

(2) 及时让 JobTracker 获取各个结点上的资源使用情况和任务运行状态。

(3) 为 TaskTracker 分配任务。

注意: JobTracker 与 TaskTracker 之间采用了 Pull 模型而不是 Push 模型,JobTracker不会主动向 TaskTracker 发送任何信息,而是由 TaskTracker 主动通过心跳领取属于自己的信息,JobTracker 只能通过心跳应答的形式为各个 TaskTracker 分配任务。

3. 数据复制

数据复制用于 DataNode 失败、需要平衡 DataNode 的存储利用率和需要平衡DataNode 数据交互压力等情况。使用 HDFS 的 Balancer 命令,可以配置一个 Threshold来平衡每一个 DataNode 磁盘利用率。例如,设置了 Threshold 为 10%,那么执行 Balancer命令的时候,首先统计所有 DataNode 的磁盘利用率的均值,然后判断如果某一个DataNode 的磁盘利用率超过这个均值 Threshold 以上,那么将会把这个 DataNode 的Block 转移到磁盘利用率低的 DataNode 上,这对于新结点的加入来说十分有用。

为了保证存储文件的可靠性,HDFS 把文件分解成多个序列块,并保存数据块的多个副本。这对容错非常重要,当文件的一个数据块损坏时,可以从其他结点读取数据块副本。

HDFS 通过"机架感知"策略放置文件副本,因为同一机架的带宽大于跨机架的带宽,所以在一个复制因子默认为 3 的系统中,HDFS 会把一份保存在本地结点,另外一份保存在同一机架的其他结点,最后一份保存在其他机架结点,这样既保证了文件安全性,又能提高写入和读取的速率(只需跨两个机架)。文件的副本数最大为 DataNode 结点数,并且同一个结点只能存放同一文件的一个副本。每个机架的最大副本数要低于上限值,上限值的计算公式为: ((副本数−1)/(机架数+2))取整。

4. HDFS 数据完整性校验

1) 什么是数据完整性

HDFS 的数据完整性包括两个方面: 一是数据传输过程中的完整性,也就是读写数据的完整性;二是数据存储的完整性。

2) 为什么要完整性校验

不希望在存储和处理数据时丢失和损坏数据。受网络不稳定、硬件损坏等因素影响,在数据传输和数据存储上,难免会出现数据丢失或脏数据,数据传输的量越大,出现错误的概率就越高。

3）如何校验数据的完整性

Hadoop 提供以下两种校验方法。

（1）校验和。

HDFS 会对写入的所有数据计算校验和，并在读取数据时验证校验和。元数据结点负责在验证收到的数据后，存储数据及其校验和。在收到客户端数据或复制其他 DataNode 的数据时执行。正在写数据的客户端将数据及其校验和发送到一系列数据结点组成的管线，管线的最后一个数据结点负责验证校验和。客户端读取数据结点数据时也会验证校验和，将它们与数据及结点中存储的校验和进行比较。每个数据结点都持久化一个用于验证的校验和日志。客户端成功验证一个数据块后，会告诉这个数据结点，数据结点由此更新日志。此外，由于 HDFS 存储着每个数据块的备份，它可以通过复制完好的数据备份来修复损坏的数据块来恢复数据。

（2）DataBlockScanner。

数据结点后台有一个进程 DataBlockScanner，定期验证存储在这个数据结点上的所有数据项，该项措施是为解决物理存储介质上的损坏。DataBlockScanner 是作为数据结点上的一个后台线程工作的，跟着数据结点同时启动。由于对数据结点上的每一个数据块扫描一遍要消耗较多的系统资源，一次扫描周期的值一般比较大，这就带来另一个问题，就是在一个扫描周期内可能出现数据结点重启的情况。所以为了提高系统性能，避免数据结点在启动后对还没有过期的数据块又扫描一遍，DataBlockScanner 在其内部使用了日志记录器来持久化保存每一个数据块上一次的扫描时间，这样数据结点可以在启动之后通过日志文件来恢复之前所有数据块的有效时间。

5. NameNode 是单点

如果失败的话，任务处理信息将会记录在本地文件系统和远端的文件系统中。

MapReduce 和 HDFS 这两个系统的设计缺陷是单点故障，即 MR 的 JobTracker 和 HDFS 的 NameNode 两个核心服务均存在单点问题。

HDFS 是仿照 Google GFS 实现的分布式存储系统，由 NameNode 和 DataNode 两种服务组成，其中，NameNode 存储了元数据信息（FsImage）和操作日志（EditLog），由于它是唯一的，其可用性直接决定了整个存储系统的可用性。因为客户端对 HDFS 的读、写操作之前都要访问 NameNode 服务器，客户端只有从 NameNode 获取元数据之后才能继续进行读、写。一旦 NameNode 出现故障，将影响整个存储系统的使用。

6. 数据管道性的写入

当客户端要写入文件到 DataNode 上，首先客户端读取一个 Block，然后写到第一个 DataNode 上，再由第一个 DataNode 传递到备份的 DataNode 上，一直到所有需要写入这个 Block 的 NataNode 都成功写入，客户端才会继续开始写下一个 Block。

7. 安全模式

安全模式主要是为了系统启动的时候检查各个 DataNode 上数据块的有效性，同时根据策略必要地复制或者删除部分数据块。在分布式文件系统启动的时候，开始时会有安全模式，当分布式文件系统处于安全模式的情况下，文件系统中的内容不允许修改也不允许删除,直到安全模式结束。运行期通过命令也可以进入安全模式。在实践过程中,系统启动的时候去修改和删除文件也会有安全模式不允许修改的出错提示,只需要等待一会即可。

安全模式是 HDFS 的一种工作状态,处于安全模式的状态下,只向客户端提供文件的只读视图,不接受对命名空间的修改;同时 NameNode 结点也不会进行数据块的复制或者删除,如副本的数量小于正常水平。

NameNode 启动时,首先 FsImage 载入内存,并执行编辑日志中的操作。一旦文件系统元数据建立成功,便会创建一个空的编辑日志。此时,NameNode 开始监听 RPC 和 HTTP 请求。但是此时 NameNode 处于安全模式,只接受客户端的读请求。

在安全模式下,各个 DataNode 会向 NameNode 发送自身的数据块列表,当 NameNode 有足够的数据块信息后,便在 30s 后退出安全模式,若 NameNode 发现数据结点过少则会启动数据块复制过程。

当 Hadoop 的 NameNode 结点启动时,会进入安全模式阶段。在此阶段,DataNode 会向 NameNode 上传它们数据块的列表,让 NameNode 得到数据块的位置信息,并对每个文件对应的数据块副本进行统计。当最小副本条件满足时,即一定比例的数据块都到达最小副本数,系统会退出安全模式。而这需要一定的延迟时间。当最小的副本条件未达到要求时,就会对副本数不足的数据块安排 DataNode 进行复制,直到达到最小的副本数。而在安全模式下,系统会处于只读状态,NameNode 不会处理任何数据块的复制和删除命令。

在启动一个刚刚格式化的 HDFS 时系统不会进入安全模式,因为没有数据块。

1) 三种情况会进入安全模式

(1) 在集群冷启动时,由于正在读取 Block 的信息,会处于安全模式,当读取完毕,会自动退出安全模式。

(2) 当 Block 的丢失率达到 0.1% 时,会进入安全模式。

(3) 手动进入安全模式:hdfsdfsadmin -safemode enter。

2) 三种退出安全模式的方法

(1) 在启动完后,自动退出。

(2) 手动退出安全模式:hdfsdfsadmin -safemode leave。

(3) 找到问题所在,进行修复(如修复宕机的 DataNode)。

3) 正常冷启动时进入安全模式的原理

NameNode 的元数据中包含文件路径、BlockId、副本数,及每一个 Block 所在的 DataNode 的信息,而 FsImage 中不包含 Block 所在块的 DataNode 信息。当冷启动时,会从 FsImage 中加载元数据信息,此时没有 DataNode 信息,NameNode 认为丢失信息,进入安全模式,随着 DataNode 陆续启动,DataNode 把心跳信息(blockid)传给 NameNode,NameNode 感知信息完整后,找到所有 Block 位置,自动退出安全模式。

分布式文件系统的高效数据交互实现以及 MapReduce 结合本地数据处理的模式,为高效处理海量的信息做了基础准备。

8. CPU 占用

分布式计算程序的运行优先级非常低,一般不会对正常使用造成影响,但有部分大型软件中部分组件也可能运行于同等低优先级,在这种情况下,可以手动暂停计算或者设置为不在使用计算机的时候进行计算。

9. 流式数据访问

流式数据访问即一次写入、多次读取，是最高效的访问模式。数据集通常由数据源生成或从数据源复制而来，接着长时间在此数据集上进行各种分析。每次分析都将涉及该数据集的大部分甚至全部数据，因此读取整个数据集的时间延迟比读取第一条记录的时间延迟更重要。

10. 硬件要求低

Hadoop 并不需要运行在昂贵且高可靠的硬件上。它是被设计可以运行在廉价的集群上的，因此至少对于庞大的集群来说，结点故障的概率还是非常高的。HDFS 遇到上述故障后，被设计成能够继续运行且不让用户察觉到明显的中断。

11. 低时间延迟的数据访问

要求低时间延迟数据访问的应用，例如几十毫秒范围，不适合在 HDFS 上运行。HDFS 是为高数据吞吐量应用优化的，这可能会以提高时间延迟为代价。目前，对于低延迟的访问需求，HBase 是更好的选择。

12. 大量的小文件

小文件指的是那些 size 比 HDFS 的 Block Size（默认 64MB）小得多的文件。

首先，在 HDFS 中，任何一个文件、目录或者 Block 在 NameNode 结点的内存中均以一个对象表示（元数据），而这受到 NameNode 物理内存容量的限制。每个元数据对象约占150B，所以如果有一千万个小文件，每个文件占用一个 Block，则 NameNode 大约需要 2GB空间。如果存储一亿个文件，则 NameNode 需要 20GB 空间，毫无疑问一亿个小文件是不可取的。

其次，处理小文件并非 Hadoop 的设计目标，HDFS 的设计目标是流式访问大数据集。因而，在 HDFS 中存储大量小文件是很低效的。访问大量小文件经常会导致大量的寻找，以及不断地从一个 DataNode 跳到另一个 DataNode 去检索小文件，这不是一个很有效的访问模式，严重影响性能。

最后，处理大量小文件的速度远远小于处理同等大小的大文件的速度。每一个小文件要占用一个 Slot，将耗费大量时间甚至大部分时间在启动 Task 和释放 Task 上。

控制小文件的方法有应用程序自己控制、Archive、Sequence File/Map File、CombineFileInputFormat、合并小文件，如 HBase 部分的 Compact。

4.2　HDFS 工作原理

4.2.1　HDFS 体系结构

Hadoop 项目中最底部、最基础的是 HDFS，它是适合运行在通用硬件（Commodity Hardware）上的分布式文件系统，是 Hadoop 核心组件之一，开源实现了 Google 分布式文件系统的基本思想。HDFS 支持流数据读取和处理超大规模文件，由于 HDFS 在设计之初就充分考虑了实际应用环境的特点，因此可以运行在由廉价的普通机器组成的集群上。也就是说，硬件出错在普通服务器集群中是一种常态，而不是异常，因此，HDFS 在设计上采取了多种机制保证在硬件出错的环境中实现数据的完整性。对外部客户端而言,HDFS 就像一个传统的分级文件系统,可以创建、删除、移动或重命名文件等。

　　HDFS 采用了主从(Master/Slaves)结构模型,一个 HDFS 集群包括一个 NameNode 和若干个 DataNode(如图 4.1 所示)。NameNode 作为中心服务器,负责管理文件系统的命名空间及客户端对文件的访问。集群中的 DataNode 一般是一个结点运行一个 DataNode 进程,负责处理文件系统客户端的读/写请求,在 NameNode 的统一调度下进行数据块的创建、删除和复制等操作。每个 DataNode 的数据实际上是保存在本地 Linux 文件系统中的。每个 DataNode 会周期性地向 NameNode 发送"心跳"信息,报告自己的状态,没有按时发送心跳信息的 DataNode 会被标记为 Dead,不会再给它分配任何 I/O 请求。

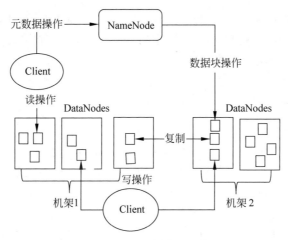

图 4.1　HDFS 的体系结构

　　存储在 HDFS 中的文件被分成块,然后将这些块复制到多个计算机中(DataNode)。块的大小(通常为 64MB)和复制的块数量在创建文件时由客户端决定。NameNode 可以控制所有文件操作。HDFS 内部的所有通信都基于标准的 TCP/IP。

　　HDFS 采用 Java 语言开发,因此,任何支持 JVM 的机器都可以部署 NameNode 和 DataNode。在实际部署时,通常在集群中选择一台性能较好的机器作为 NameNode,其他机器作为 DataNode。当然,一台机器可以运行任意多个 DataNode,甚至 NameNode 和 DataNode 也可以放在一台机器上运行,不过很少在正式部署中采用这种模式。HDFS 集群中只有唯一一个 NameNode,该结点负责所有元数据的管理,这种设计大大简化了分布式文件系统的结构,可以保证数据不会脱离 NameNode 的控制,同时,用户数据也永远不会经过 NameNode,这大大减轻了中心服务器的负担,方便了数据的管理。

4.2.2　HDFS 工作组件

1. HDFS 数据块(Block)

　　为了提高硬盘的效率,文件系统中最小的数据读写单位不是字节,而是数据块。但是,数据块的信息对于用户来说是透明的,除非通过特殊的工具,否则很难看到具体的数据块信息。

HDFS 同样也有数据块的概念。但是，与一般文件系统中大小为若干 KB 的数据块不同，HDFS 数据块的默认大小是 64MB，而且在不少实际部署中，HDFS 的数据块甚至会被设置成 128MB 甚至更多，比起文件系统上几个 KB 的数据块，大了几千倍。

将数据块设置成这么大的原因是减少寻址开销的时间。在 HDFS 中，当应用发起数据传输请求时，NameNode 会首先检索文件对应的数据块信息，找到数据块对应的 DataNode；DataNode 则根据数据块信息在自身的存储中寻找相应的文件，进而与应用程序之间交换数据。因为检索的过程都是单机运行，所以要增大数据块的大小，这样就可以减少寻址的频度和时间开销。

2. HDFS 命名空间管理

HDFS 中的文件命名遵循了传统的"目录/子目录/文件"格式。通过命令行或者 API 可以创建目录，并且将文件保存在目录中；也可以对文件进行创建、删除、重命名操作。命名空间由 NameNode 管理，所有对命名空间的改动（包括创建、删除、重命名，或是改变属性等，但是不包括打开、读取、写入数据）都会被 HDFS 记录下来。

HDFS 允许用户配置文件在 HDFS 上保存的副本数量称作"副本因子"（Replication Factor），这个信息也保存在 NameNode 中。

3. HDFS 通信协议

作为一个分布式文件系统，HDFS 中大部分的数据都是通过网络进行传输的。为了保证传输的可靠性，HDFS 采用 TCP 作为底层的支撑协议。应用可以向 NameNode 主动发起 TCP 连接。应用和 NameNode 交互的协议称为 Client 协议，NameNode 和 DataNode 交互的协议称为 DataNode 协议。而用户和 DataNode 的交互是通过发起远程过程调用（Remote Procedure Call，RPC），并由 NameNode 响应来完成的。另外，NameNode 不会主动发起远程过程调用请求。

4. HDFS 客户端

严格来讲，客户端并不能算是 HDFS 的一部分，但是客户端是用户和 HDFS 通信最常见也是最方便的渠道，而且部署的 HDFS 都会提供客户端。

客户端为用户提供了一种可以通过与 Linux 中的 Shell 类似的方式访问 HDFS 的数据。客户端支持最常见的操作如打开、读取、写入等，而且命令的格式也和 Shell 十分相似，大大方便了程序员和管理员的操作。

除了命令行客户端以外，HDFS 还提供了应用程序开发时访问文件系统的客户端编程接口。

4.3　HDFS 工作流程

HDFS 主要是由一个 NameNode（主结点）和一系列的 DataNode（从结点）构成的。NameNode 负责管理目录树和元数据；DataNode 则是一个存取文件详细内容的结点，它会定时地将数据块的列表汇报给 NameNode。

数据的读写过程与数据的存储是紧密相关的，以下介绍 HDFS 数据的读写过程。

4.3.1　读数据的过程

HDFS 读取数据过程如图 4.2 所示。

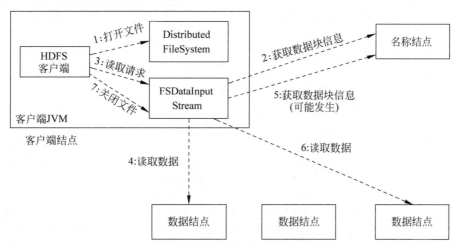

图 4.2　HDFS 读取数据过程

（1）初始化 FileSystem，然后客户端（Client）用 FileSystem 的 open()函数打开文件，在 HDFS 中，DistributedFileSystem 具体实现了 FileSystem。

（2）FileSystem 用 RPC 调用 NameNode，得到文件的数据块信息，对于每一个数据块，元数据结点返回保存数据块的数据结点的地址。

（3）FileSystem 返回 DFSInputStream 给客户端，用来读取数据，客户端调用 DFSInputStream 的 read()函数开始读取数据（在 HDFS 中，输入流 DFSInputStream 具体实现了输入流 FSDataInputStream）。

（4）DFSInputStream 连接保存此文件第一个数据块的最近的数据结点，Data 从数据结点读到客户端。

（5）当此数据块读取完毕时，DFSInputStream 关闭和此数据结点的连接，然后连接此文件下一个数据块的最近的数据结点。

（6）当客户端读取完数据的时候，调用 DFSInputStream 的 close()函数。

（7）在读取数据的过程中，如果客户端在与数据结点通信时出现错误，则尝试连接包含此数据块的下一个数据结点。

（8）失败的数据结点将被记录，以后不再连接。

4.3.2　写数据的过程

HDFS 写数据过程图 4.3 所示。

（1）初始化 FileSystem，客户端调用 create()来创建文件。

（2）FileSystem 用 RPC 调用 NameNode，在文件系统的命名空间中创建一个新的文件，元数据结点首先确定文件原来不存在，并且客户端有创建文件的权限，然后创建新文件。

（3）FileSystem 返回 DFSOutputStream，客户端用于写数据，客户端开始写入数据（在 HDFS 中，输出流 DFSOutputStream 具体实现了输出流 FSDataOutputStream）。

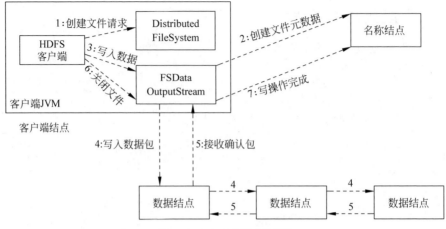

图 4.3 HDFS 写数据过程

（4）DFSOutputStream 将数据分成块，写入 Data Queue。Data Queue 由 DFSOutputStream 读取，并通知元数据结点分配数据结点，用来存储数据块（每块默认复制三块）。分配的数据结点放在一个 Pipeline（管道）里。DFSOutputStream 将数据块写入 Pipeline 中的第一个数据结点。第一个数据结点将数据块发送给第二个数据结点。第二个数据结点将数据发送给第三个数据结点。

（5）DFSOutputStream 为发出去的数据块保存了 Ack Queue（队列），等待 Pipeline 中的数据结点告知数据已经写入成功。

（6）当客户端结束写入数据，则调用 DFSOutputStream 的 close() 函数。此操作将所有的数据块写入 Pipeline 中的数据结点，并等待 Ack Queue 返回成功。最后通知元数据结点写入完毕。

（7）如果数据结点在写入的过程中失败，关闭 Pipeline，将 Ack Queue 中的数据块放入 Data Queue 的开始，当前的数据块在已经写入的数据结点中被元数据结点赋予新的标识，则错误结点重启后能够察觉其数据块是过时的，会被删除。失败的数据结点从 Pipeline 中移除，另外的数据块则写入 Pipeline 中的另外两个数据结点。元数据结点则被通知此数据块复制块数不足，将来会再创建第三份备份。

4.4 HDFS 基本操作

HDFS 是一个开源框架，对于编程者们来说可以不考虑其底层的具体实现，直接通过 Shell 命令来执行相应文件操作（与 Linux 文件命令类似）。下面介绍 HDFS 的一些基本命令格式。

4.4.1 HDFS 文件操作

1. ls 显示目录下的所有文件或者文件夹

使用方法：

```
hdfs dfs - ls [URI 形式目录]
```

示例：

显示根目录下的所有文件和目录：

```
hdfs dfs – ls /
```

显示目录下的所有文件可以加-R选项：

```
hdfs dfs – ls – R /
```

2．cat 查看文件内容

使用方法：

```
hdfs dfs – cat URI [URI … ]
```

示例：

```
hdfs dfs – cat /in/test2.txt
```

3．mkdir 创建目录

使用方法：

```
hdfs dfs – mkdir [URI 形式目录]
```

示例：

```
hdfs dfs – mkdir /test
```

创建多级目录加上 -p：

```
hdfs dfs – mkdir – p /a/b/c
```

4．rm 删除目录或者文件

使用方法：

```
hdfs dfs – rm [文件路径]
```

示例：

```
hdfs dfs – rm /test1.txt
```

删除文件夹加上-r：

```
hdfs dfs – rm – r /test
```

5．put 复制文件

将文件复制到 HDFS 系统中，也可以是从标准输入中读取文件，此时的 dst 是一个文件。

使用方法：

```
hdfs dfs – put < localsrc > … < dst >
```

示例：

```
hdfs dfs – put /in/test1.txt /out/hadoopFile
```

从标准输入中读取文件：

```
hdfs dfs – put – /out/myword
```

6. cp 复制系统内文件

使用方法：

```
hdfs dfs - cp URI [URI … ] < dest >
```

将文件从源路径复制到目标路径。这个命令允许有多个源路径，此时目标路径必须是一个目录。

示例：

```
hdfs dfs - cp /in/word.txt /out/hadoopFile
```

7. copyFromLocal 复制本地文件到 HDFS

使用方法：

```
hdfs dfs - copyFromLocal < localsrc > URI
```

除了限定源路径是一个本地文件外，和 put 命令相似。

8. get 复制文件到本地系统

使用方法：

```
hdfs dfs - get[ - ignorecrc] [ - crc] < src > < localdst >
```

复制文件到本地文件系统。可用-ignorecrc 选项复制 CRC 校验失败的文件。文件和 CRC 校验和可以通过-crc 选项复制。

示例：

```
hdfs dfs - get /out/word.tx /in
```

9. copyToLocal 复制文件到本地系统

使用方法：

```
hdfs dfs - copyToLocal [ - ignorecrc] [ - crc] URI < localdst >
```

除了限定目标路径是一个本地文件外，和 get 命令类似。

示例：

```
hdfs dfs - copyToLocal /out/word.txt /in
```

10. mv 移动文件

将文件从源路径移动到目标路径。这个命令允许有多个源路径，此时目标路径必须是一个目录。不允许在不同的文件系统间移动文件。

使用方法：

```
hdfs dfs - mv URI [URI … ] < dest >
```

示例：

```
hdfs dfs - mv /in/test1.txt /test2.txt
```

11. du 显示文件大小

使用方法：

```
hdfs dfs - du URI [URI … ]
```

示例：

```
hdfs dfs - du /
```

显示当前目录或者文件夹的大小可加选项-s。
示例：

```
hdfs dfs - du - s /
```

12．touchz 创建空文件

使用方法：

```
hdfs dfs - touchz URI [URI …]
```

创建一个 0B 的空文件。
示例：

```
hdfs dfs - touchz /empty.txt
```

13．chmod 改变文件权限

使用方法：

```
hdfs dfs - chmod[ - R] < MODE[,MODE] … | OCTALMODE > URI [URI …]
```

与 Linux 平台下 chmod 命令相似，改变文件的权限。使用-R 将使改变在目录结构下递归进行。命令的使用者必须是文件的所有者或者超级用户。

14．chown 改变文件所有者

使用方法：

```
hdfs dfs - chown [ - R] [OWNER][,[GROUP]] URI [URI]
```

改变文件的拥有者。使用-R 将使改变在目录结构下递归进行。命令的使用者必须是超级用户。

15．chgrp 改变文件所在组

使用方法：

```
hdfs dfs - chgrp [ - R] GROUP URI [URI …]
```

改变文件所属的组。使用-R 将使改变在目录结构下递归进行。命令的使用者必须是文件的所有者或者超级用户。

4.4.2　HDFS 管理命令

1．-report 查看文件系统的基本信息和统计信息

使用方法：

```
hdfs dfsadmin - report
```

2．-safemode 设置安全模式

enter｜leave｜get｜wait：安全模式命令。安全模式是 NameNode 的一种状态，在这种状态下，NameNode 不接受对名字空间的更改（只读）；不复制或删除块。NameNode 在

启动时自动进入安全模式,当配置块的最小百分数满足最小副本数的条件时,会自动离开安全模式。enter 是进入,leave 是离开。

使用方法:

```
hdfs dfs admin - safemode get
hdfs dfs admin - safemode enter
```

3. -refreshNodes 刷新结点

重新读取 hosts 和 exclude 文件,使新的结点或需要退出集群的结点能够被 NameNode 重新识别。这个命令在新增结点或注销结点时用到。

示例:

```
hdfs dfsadmin - refreshNodes
```

4. -help

显示帮助信息。

4.5　HDFS 编程接口

Hadoop 提供了用于读写和操作文件的 Java API,这些文件操作 API 都位于 org. apache. hadoop. fs 包中。

4.5.1　HDFS 常用 Java API

(1) org. apache. hadoop. fs. FileSystem:一个通用文件系统的抽象基类,可以被分布式文件系统继承。所有使用 Hadoop 文件系统的代码都要使用到这个类。其提供 create()方法创建文件,open()方法打开文件。

FileSystem. create(Path path)方法获得与路径 path 相关的 FSDataOutputStream 对象,并利用该对象将字节数组输出到文件。

FileSystem. open(Path path)方法获得与路径 path 相关的 FSDataInputStream 对象,并利用该对象读取文件的内容。

(2) org. apache. hadoop. fs. FileStatus:一个接口,用于向客户端展示系统中文件和目录的元数据,具体包括文件大小、块大小、副本信息、所有者、修改时间等。可通过 FileSystem. listStatus()方法获得具体的实例对象。

(3) org. apache. hadoop. fs. FSDataInputStream:文件输入流,用于读取 Hadoop 文件。其提供 read()方法读数据。

(4) org. apache. hadoop. fs. FSDataOutputStream:文件输出流,用于写 Hadoop 文件。其提供 write()方法写入数据。

(5) org. apache. hadoop. conf. Configuration:访问配置项。所有的配置项的值,如果在 core-site. xml 中有对应的配置,则以 core-site. xml 为准,否则以 core-default. xml 中相应的配置项信息为准。

(6) org. apache. hadoop. fs. Path:用于表示 Hadoop 文件系统中的一个文件或者一个目录的路径。

（7）org. apache. hadoop. fs. PathFilter：一个接口，通过实现方法 PathFilter. accept
（Path path）来判定是否接收路径 path 表示的文件或目录。

4.5.2 HDFS API 编程实例

编写 HDFS API 程序实现如下功能：①连接 HDFS 集群并对一些主要参数进行设置；
②实现从 HDFS 下载数据到本地；③实现将本地数据上传到 HDFS；④在 HDFS 中创建文
件夹；⑤在 HDFS 中移动修改文件；⑥实现在 HDFS 中删除文件夹；⑦查询 HDFS 下指定
目录下的文件和文件夹信息。

针对上述功能模块设计的基于 HDFS API 的 Java 代码如下。

```java
import org.apache.hadoop.conf.Configuration;
import org.apache.hadoop.fs.*;
import org.junit.Before;
import org.junit.Test;
import java.io.IOException;
import java.net.URI;
import java.net.URISyntaxException;
import java.util.Arrays;
    public class HdfsClient {
    FileSystem fs = null;
    // ①连接 HDFS 集群
    @Before
    public void init(){
        Configuration conf = new Configuration();
        //设置的副本数(修改配置文件)
        conf.set("dfs.replication","2");
        //设置的块大小 hadoop2.x->128M hadoop1.x -> 64M
        conf.set("dfs.blocksize","256m");
        try {
            fs = FileSystem.get(new URI("hdfs://192.168.136.111:9000/"),conf,"root");
        } catch (IOException e) {
            e.printStackTrace();
        } catch (InterruptedException e) {
            e.printStackTrace();
        } catch (URISyntaxException e) {
            e.printStackTrace();
        }
    }
    // ②下载数据 HDFS 到本地
    @Test
    public void hdfsGet(){
        try {
            fs.copyToLocalFile(new Path("/it.txt"),new Path("c:/it.txt"));
            fs.close();
        } catch (IOException e) {
            e.printStackTrace();
        }
    }
    // ③上传本地数据到 HDFS 集群
    @Test
    public void localToHdfs(){
```

```
        try {
            fs.copyFromLocalFile(new Path("c:/it.log"),new Path("/it.log"));
            fs.close();
        } catch (IOException e) {
            e.printStackTrace();
        }
    }
    // ④在 HDFS 中创建文件夹
    @Test
    public void hdfsMkdir(){
        try {
            fs.mkdirs(new Path("/ittest"));
            fs.close();
        } catch (IOException e) {
            e.printStackTrace();
        }
    }
    // ⑤在 HDFS 中移动修改文件
    @Test
    public void hdfsRename(){
        try {
            fs.rename(new Path("/a.txt"),new Path("/software/b.txt"));
            fs.close();
        } catch (IOException e) {
            e.printStackTrace();
        }
    }
    // ⑥删除文件夹
    @Test
    public void deleteDir(){
        try {
            fs.delete(new Path("/xxx"),true);
            fs.close();
        } catch (IOException e) {
            e.printStackTrace();
        }
    }
    // ⑦查询 HDFS 下指定目录下的文件和文件夹信息
    @Test
    public void hdfsLs2() throws Exception {
        //展示状态信息
        FileStatus[] listStatus = fs.listStatus(new Path("/"));
        for(FileStatus ls:listStatus) {
            System.out.println("文件路径为:" + ls.getPath());
            System.out.println("块大小为:" + ls.getBlockSize());
            System.out.println("文件长度为:" + ls.getLen());
            System.out.println("副本数量为:" + ls.getReplication());
            System.out.println(" ================================== ");
        }
        fs.close();
    }
}
```

习　题

1. 简述 HDFS 的设计特点。
2. 简述 HDFS 的体系结构。
3. 简述 HDFS 的核心组件有哪些,每个组件的具体功能是什么?
4. 简述 HDFS 读数据的过程。
5. 简述 HDFS 写数据的过程。
6. 简述 HDFS 的常用 Shell 命令。

第5章

大数据分布式数据库系统HBase

HBase 是一个具有高性能、高可靠性、面向列、可伸缩的分布式存储系统,利用 HBase 技术可在普通计算机上搭建大规模结构化的存储集群。HBase 的目标是存储并处理大型数据,具体来说是仅需使用普通的硬件配置,就能够处理由成千上万的行和列所组成的大型数据。

与 MapReduce 的离线批处理计算框架不同,HBase 是一个可以随机访问的存储和检索数据平台,弥补了 HDFS 不能随机访问数据的缺陷,适合实时性要求不是非常高的业务场景。HBase 中的数据以 Byte[]数组的方式存储,它不区分数据类型,支持结构化、半结构化、非结构化数据,允许动态、灵活的数据模型。

本章简要介绍了 HBase 的特性及其与传统关系数据库的对比,分别介绍了 HBase 应用场景、数据模型、HBase 工作原理、Shell 操作命令,并介绍了常用的 HBase 编程接口,以及编程实例。

5.1 HBase 概述

5.1.1 HBase 简介

HBase 是一个分布式的、面向列的开源数据库,该技术来源于 Google 的论文 "BigTable:一个结构化数据的分布式存储系统"。HBase 的目标是处理非常庞大的表,可以通过水平扩展的方式,利用计算机集群处理由超过 10 亿行数据和数百万列元素组成的数据表。

HBase 利用 Hadoop MapReduce 来处理 HBase 中的海量数据,实现高性能计算;利用 ZooKeeper 作为协同服务,实现稳定服务和失败恢复;使用 HDFS 作为高可靠的底层存储,利用廉价集群提供海量数据存储能力。此外,为了方便在 HBase 上进行数据处理,Sqoop 为 HBase 提供了高效、便捷的 RDBMS 数据导入功能,Pig 和 Hive 为 HBase 提供了高层语言支持。

5.1.2 HBase 特性

HBase 的特性如下。

（1）规模大：一个表可以有上亿行，上百万列。

（2）面向列：面向列表（簇）的存储和权限控制，列（簇）独立检索。

（3）稀疏：对于为空（NULL）的列，并不占用存储空间，因此，表可以设计得非常稀疏。

（4）无模式：每一行都有一个可以排序的主键和任意多的列，列可以根据需要动态增加，同一张表中不同的行可以有截然不同的列。

（5）数据多版本：在创建表时可以自定义多个 Version（版本）。可以将版本数理解为开辟的存储空间数目，当写入数据的次数大于版本信息时，先被存储的信息将会被清理，即HBase 只保存数据最新的 N 个版本，当版本数过多时老版本会被删除。默认情况下，初始版本为 1，即只提供一个版本空间存储数据。

（6）数据类型单一：HBase 中的数据都是以 Byte[]数组的方式存储。

5.1.3 HBase 与传统关系数据库对比

关系数据库（RDBS）从 20 世纪 70 年代发展到今天，已经是一种非常成熟稳定的数据库管理系统，通常具备的功能包括面向磁盘的存储和索引结构、多线程访问、基于锁的同步访问机制、基于日志记录的回复机制和事务机制等。

但是随着 Web 2.0 应用的不断发展，传统的关系数据库已经无法满足 Web 2.0 的需求，无论在数据高并发方面，还是在高可扩展性和高可用性方面，传统的关系数据库都显得有些力不从心。关系数据库的关键特性——完善的事务机制和高效的查询机制，在 Web 2.0 时代也成为"鸡肋"。HBase 在内的非关系数据库的出现，有效弥补了传统关系数据库的缺陷，使 Web 2.0 应用得到了广泛使用。HBase 和 RDBMS 的对比如表 5.1 所示。

表 5.1 HBase 和 RDBMS 的对比

对 比 项	HBase	RDBMS
数据类型	用户把不同格式的结构化、非结构化数据存储为 Byte[]数组，需自己编写程序把字符串解析成不同数据类型	关系数据库采用关系模型，具有丰富的数据类型和存储方式
数据操作	HBase 操作只有简单的插入、查询、删除、清空等，无法实现像关联数据库中的表与表之间连接的操作	关系数据库中包含丰富的操作，如插入、删除、更新、查询等，其中会涉及复杂的多表连接，通常借助多个表之间的主外键关联来实现
数据存储	HBase 是基于列存储的，每个列族都由几个文件保存，不同列族的文件是分离的	关系数据库是基于行模式存储的，元组或行会被连续地存储在磁盘页中
索引	HBase 只有一个索引——行键	关系数据库通常可以针对不同列构建复杂的多个索引，以提高数据访问性能
数据更新	HBase 在更新时，当更新次数不超过版本号时，并不会删除数据旧的版本，而是生成一个新的版本，旧的版本仍然保留	在关系数据库中，更新操作会用最新的当前值去替换记录中原来的旧值，旧值被覆盖后就不会存在
扩展性	可以实现灵活的水平扩展	关系数据库很难实现横向扩展，纵向扩展的空间也比较有限

5.1.4　HBase 应用场景

HBase 使用场景如下。

（1）确信有足够大的数据。HBase 适合分布在有上亿或上千亿行的数据。如果只有上千或上百万行，则用传统的 RDBMS 可能是更好的选择。因为所有数据可以在一两个结点保存，集群其他结点可能闲置。

（2）确信可以不依赖所有 RDBMS 的额外特性（例如，列数据类型、第二索引、事务、高级查询语言等）。

（3）确信有足够的硬件环境。因为 HDFS 在小于 5 个数据结点时，基本上体现不出它的优势。

HBase 的一个典型应用是 WebTable，一个以网页 URL 为主键的表，其中包含爬取的页面和页面的属性（例如语言和 MIME 类型）。WebTable 非常大，行数可以达十亿级别。在 WebTable 上连续运行用于批处理分析和解析的 MapReduce 作业，能够获取相关的统计信息，增加验证的 MIME 类型列以及人工搜索引擎进行索引的解析后的文本内容。同时，表格还会被以不同运行速度的"爬取器"随机访问并随机更新其中的行；在用户单击访问网站的缓存页面时，需要实时地将这些被随机访问的页面提供给他们。

5.2　HBase 数据模型

HBase 是一个类似于 BigTable 的分布式数据库，它是一个稀疏的长期存储的（存在HDFS 上）、多维度的、排序的映射表。这张表的索引是行键、列（列族：列限定符）和时间戳。HBase 的数据都是字符串，没有类型。

可以将一个表想象成一个大的映射关系，通过行键＋列（列族：列限定符）＋时间戳，就可以定位特定数据。由于 HBase 是稀疏存储数据的，所以某些列可以是空白的。

5.2.1　HBase 数据模型术语

HBase 实际上就是一个稀疏、多维、持久化存储的映射表，它采用行键（Row Key）、列族（Column Family）、列限定符（Column Qualifier）和时间戳（Timestamp）进行索引，每个值都是未经解释的字节数组 Byte[]。

1. 表

HBase 采用表（Table）来组织数据，表由行和列组成，列划分为若干个列族。

2. 行

每个 HBase 表都由若干行（Row）组成，每个行由行键（Row Key）来标识。访问表中的行有三种方式：全表扫描、通过单个行键访问、通过一个行键的区间来访问。行键可以是任意字符串，其最大长度为 64KB。一般来说，行键的长度多为 10～100B，在 HBase 内部行键被保存的方式多为字节数组。

3. 列族

一个 HBase 表被分组成许多"列族（Column Family）"的集合，它是基本的访问控制单元。列族需要在表创建时就定义好。当列族被创建好之后,数据可以被存放到列族中的某个列下面。列名都以列族作为前缀,举例来说,score:math 和 score:English 这两个列都属于 score 这个列族。

4. 列限定符

列限定符(Column Qualifier)是列族中数据的索引,列族里的数据通过列限定符(或列)来定位。例如,person:student,student 就可以看作对于列族 person 的一个列限定符,里面放的就是关于学生的数据。列限定符没有数据类型,一般被视为字节数组 Byte[]。在 HBase 中,为了方便,使用冒号(:)来分隔列族和列族修饰符,这是写在 HBase 源码中的,不能够修改。

5. 单元格

在 HBase 表中,通过行、列族、列限定符和时间戳或版本来确定一个"单元格(Cell)"。例如,A {row, column, version} 元组就是 HBase 中的一个单元格。单元格中的内容是不可分割的字节数组。单元格中存储的数据没有数据类型,总被视为字节数组 Byte[]。每个版本对应一个不同的时间戳。

6. 时间戳

每个单元格都保存着同一份数据的多个版本,这些版本采用时间戳(Timestamp)进行索引。每次对一个单元格执行操作(新建、删除、修改)时,HBase 都会隐式地自动生成并存储一个时间戳。在每个存储单元中,不同版本的数据按照时间戳倒序排序,即最新的数排在最前面。时间戳一般是 64 位整型,可以由用户自己赋值,也可以由 HBase 在数据库写入时自动赋值。

5.2.2 HBase 数据逻辑模型

下面以一个实例来阐释 HBase 的逻辑视图模型。表5.2是一张用来存储学生信息的 HBase 表,学号作为行键来唯一标识每个学生。表中存有如下两组数据:学生 LiMing,学号 1001,英语成绩 100 分,数学成绩 80 分;学生 ZhangSan,学号 1002,英语成绩 100 分,数学成绩 90 分。表中的数据通过一个行键、一个列族和列限定符进行索引和查询定位。即通过 {row key, column family, timestamp} 可以唯一地确定一个存储值,即一个键值对:

{row key, column family, timestamp} → value

表 5.2 HBase 数据逻辑视图——学生表

行键	列族"Sname"	列族"course"		时间戳	value
		math	English		
1001		course:math		t3	80
			course:English	t2	100
	Sname			t1	LiMing
1002		course:math		t6	90
			course:English	t5	100
	Sname			t4	ZhangSan

5.2.3　HBase 数据物理模型

在逻辑视图中，HBase 中的每个表是由许多行组成的，但是在物理存储层面，它采用了基于列的存储方式，而不是像传统关系数据库那样采用基于行的存储方式，这也是 HBase 和传统关系数据库的重要区别。表 5.2 中的逻辑视图在物理存储的时候，会存储成如表 5.3 所示的形式。按照 Sname 和 course 这两个列族分别存放，属于同一个列族的数据会保存在一起，空的列不会被存储成 null，而是不会被存储，但是当被请求时会返回 null 值。

表 5.3　HBase 数据物理视图——学生表

列　族	行　键	列 限 定 符	时 间 戳	value
Sname	1002	Sname	t4	ZhangSan
	1001	Sname	t1	LiMing
course	1002	math	t6	9
		English	t5	100
	1001	math	t3	90
		Englih	t2	100

5.3　HBase 工作原理

5.3.1　HBase 体系结构

面对海量数据，HBase 可采用 Master/Slave 的方式进行分布式部署，一般采用 HDFS 作为底层数据存储。HBase 的表包含的行的数量通常很大，无法存储在一台机器上，通常根据需要按行键的值对表中的行进行分区，每个行区间构成一个分区，并成为 Region，它包含位于这个区间的所有数据。HBase 体系结构如图 5.1 所示。

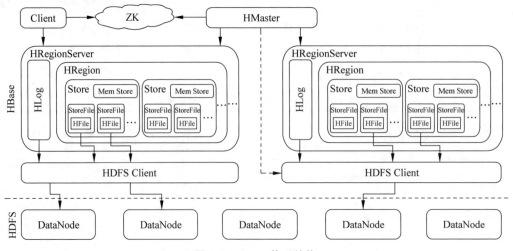

图 5.1　HBase 体系结构

5.3.2　HBase 工作组件

1. Client（客户端）

客户端包含访问 HBase 的接口,可以做一些本地缓存,例如,借助 ZooKeeper 服务器从主服务器 HBase Master(HMaster)获取 Region(HRegion)位置信息,并从 HRegion 服务器(HRegionServer)上读取数据。

2. Master（HMaster）

管理运行不同的 HRegion 服务器,也为客户端操作 HBase 的所有元数据提供接口,同时负责 HRegionServer 的故障处理和 HRegion 的切分。在 HBase 集群中可以有多个 HMaster,实现集群的高可用。同时 HMaster 也负责对表的操作。

HMaster 功能:

(1) 管理用户对表的增、删、改、查等操作。

(2) 实现不同 Region 服务器之间的负载均衡。

(3) 在 Region 分裂或合并后,负责重新调整 Region 的分布。

(4) 对发生故障失效的 Region 服务器上的 Region 进行迁移。

3. HRegion 和 HRegion 服务器

HRegion 是 HBase 中分布式存储和负载均衡的最小单元,即不同的 HRegion 可以分别在不同的 HRegion 服务器上,但同一个 HRegion 是不会拆分到多个 HRegion 服务器上的。HRegion 服务器的功能是管理 HRegion,负责 HRegion 的切分和合并。同时,HRegion 服务器也是 HBase 中最核心的模块,负责维护分配给自己的 HRegion,并响应用户的读写请求。HBase 一般采用 HDFS 作为底层存储文件系统,因此 Region 服务器需要向 HDFS 文件系统中读写数据。采用 HDFS 作为底层存储,可以为 HBase 提供可靠稳定的数据存储,HBase 自身并不具备数据复制和维护数据副本的功能,而 HDFS 可以为 HBase 提供这些支持。HRegion 按大小分割,每个表一般只有一个 HRegion,随着数据不断插入表,HRegion 不断增大,当 HRegion 的某个列族达到一个阈值(默认 256MB)时就会分成两个新的 HRegion。

4. Store

HRegion 虽然是分布式存储的最小单元,但并不是存储的最小单元。HRegion 由一个或者多个 Store 组成,每个 Store 保存一个列族;每个 Store 又由一个 MemStore 和 0 至多个 StoreFile 组成,StoreFile 包含 HFile,HFile 是 HBase 中 KeyValue 数据的存储格式,HFile 是 Hadoop 的二进制格式文件,实际上,StoreFile 就是对 HFile 做了轻量级包装,即 StoreFile 底层就是 HFile;MemStore 存储在内存中,StoreFile 存储在 HDFS 上(数据写入先写 MemStore,当 MemStore 超过阈值(默认 64MB),则会刷入以 StoreFile 存入磁盘)。HBase 系统为每个 Region 服务器配置了一个 HLog 文件,它是一种预写式日志(Write Ahead Log)。

可以说,HRegion 服务器是 HBase 的核心模块,而 Store 则是 HRegion 服务器的核心。每个 Store 对应了表中的一个列族的存储。每个 Store 包含一个 MemStore 缓存和若干个 StoreFile 文件。当某个 Store 的 StoreFile 文件大小超过阈值时,该 Store 所在的 HRegion 就会被分裂成两个 HRegion,从而保证每个 Store 都不会过大。

5．HLog

每当要写一个请求，数据会先写入 MemStore 中，当 MemStore 超过了当前阈值才会被放入 StoreFile 中，但是在这个期间一旦主机停电，那么之前 MemStore 缓存中的数据就会全部丢失。因此，HBase 使用 HLog（一种预写式日志）来应对这种突发情况。

HBase 要求用户更新数据必须首先被计入日志后才能写入 MemStore 缓存，并且直到 MemStore 缓存内容对应的日志已经被写入磁盘后，该缓存内容才会被刷新写入磁盘。

6．ZooKeeper 服务器

ZooKeeper 服务器通常由多台机器构成集群来提供稳定可靠的协同服务。在 HBase 服务器集群中，包含一个 HMaster 和多个 HRegion 服务器，HMaster 就是这个 HBase 集群的"总管"，它必须知道 HRegion 服务器的状态。使用 ZooKeeper 就可以轻松做到这点，每个 HRegion 服务器都需要到 ZooKeeper 中进行注册，ZooKeeper 会实时监控每个 HRegion 服务器的状态并通知给 HMaster，当某个 HRegion 服务器发生故障时，ZooKeeper 会通知 HMaster。

在 HBase 中还可以同时启动多个 HMaster，这时 ZooKeeper 不仅能够帮助维护当前集群中的机器的服务状态，而且能够帮助选出一个 HMaster 作为"总管"，让这个总管来管理集群，并保证在任何时刻总有唯一一个 HMaster 在运行，这样就很好地避免了 HMaster 的"单点失效"问题。

在 ZooKeeper 文件中还存储了-ROOT-表（不能被分割，用于实现 HRegion 定位）的地址和 HMaster 的地址。HBase 通过"三级寻址"方式找到所需的数据，客户端利用 ZooKeeper 服务器上的 ZooKeeper 文件访问 HBase 数据。-ROOT-表记录了.META.表（分裂成多个 HRegion）的 HRegion 位置信息，.META.表记录了用户数据表的 HRegion 位置信息。HBase 数据结构的三层访问如图 5.2 所示。

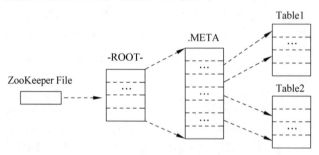

图 5.2　HBase 数据结构的三层访问

5.4　HBase 安装

下面开始在 Linux 系统上安装 HBase。

5.4.1　下载 HBase

如图 5.3 所示，访问 HBase 的官方网址 https://hbase.apache.org/，单击 Download 下方的 here 链接，跳转进入 HBase 下载页面。

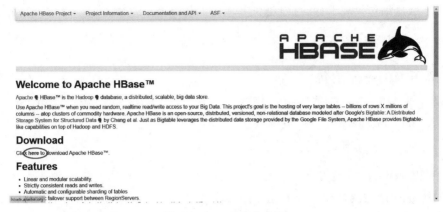

图 5.3　HBase 官方主页

HBase 下载页面如图 5.4 所示，可以看到多个 HBase 版本。由于 HBase 的版本需要可以匹配 Hadoop 的版本，HBase 2.5.5 版本目前可以匹配 Hadoop 3.2.4 版本。本教程以 HBase 2.5.5 版本作为安装教学版本，单击 bin 链接。跳转到 hbase-2.5.5-bin. tar. gz 下载界面，如图 5.5 所示。

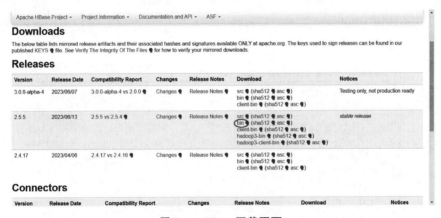

图 5.4　HBase 下载页面

在图 5.5 中，单击文件链接，将 hbase-2.5.5-bin. tar. gz 下载。

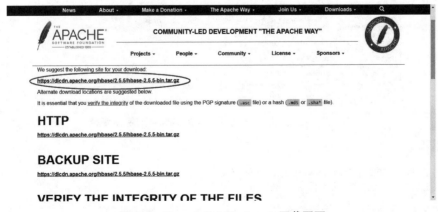

图 5.5　hbase-2.5.5-bin. tar. gz 下载页面

如果下载压缩包发现卡顿，可以尝试其他的下载链接。

5.4.2 安装 HBase

1. 解压 HBase 压缩包

下载好的 HBase 文件是压缩包格式，需要对 HBase 文件解压。使用 tar 命令，对 hbase-2.5.5-bin.tar.gz 解压。终端输入：

```
tar - zxvf hbase - 2.5.5 - bin.tar.gz
```

2. 配置 HBase 环境变量

将 HBase 的解压路径配置到 Linux 环境变量文件上。如图 5.6 所示，使用 vi 命令，对 ~/.bashrc 编辑。终端输入：

```
vi ~/.bashrc
```

图 5.6 使用 vi 命令编辑 ~/.bashrc 文件

进入 vi 编辑模式，在 ~/.bashrc 文件尾行添加 HBase 压缩包的解压路径（以实际解压路径为准），如图 5.7 所示。

```
# Alias definitions.
# You may want to put all your additions into a separate file like
# ~/.bash_aliases, instead of adding them here directly.
# See /usr/share/doc/bash-doc/examples in the bash-doc package.

if [ -f ~/.bash_aliases ]; then
    . ~/.bash_aliases
fi

# enable programmable completion features (you don't need to enable
# this, if it's already enabled in /etc/bash.bashrc and /etc/profile
# sources /etc/bash.bashrc).
#if [ -f /etc/bash_completion ] && ! shopt -oq posix; then
#    . /etc/bash_completion
#fi
export DISPLAY=:0.0
export JAVA_HOME=/home/xiaor/luxm/opts/jdk1.8.0_361
export JRE_HOME=/home/xiaor/luxm/opts/jdk1.8.0_361/jre
export CLASS_PATH=.:$JAVA_HOME/lib/dt.jar:$JAVA_HOME/lib/tools.jar:$JRE_HOME/l
export PATH=$PATH:$JAVA_HOME/bin:$JRE_HOME/bin
export SCALA_HOME=/home/xiaor/luxm/opts/scala-2.13.11
export PATH=$PATH:$SCALA_HOME/bin
export PATH=/root/anaconda3/bin:$PATH
export MAVEN_HOME=/home/xiaor/luxm/opts/apache-maven-3.9.0
export PATH=$MAVEN_HOME/bin:$PATH
export HADOOP_HOME=/home/xiaor/luxm/opts/hadoop-3.2.4
export PATH=$PATH:$HADOOP_HOME/bin
export PATH=$PATH:$HADOOP_HOME/sbin
export HADOOP_MAPRED_HOME=$HADOOP_HOME
export HADOOP_COMMON_HOME=$HADOOP_HOME
export HADOOP_HDFS_HOME=$HADOOP_HOME
export YARN_HOME=$HADOOP_HOME
export HADOOP_COMMON_LIB_NATIVE_DIR=$HADOOP_HOME/lib/native
export HADOOP_OPTS="-Djava.library.path=$HADOOP_HOME/lib"
export HBASE_HOME=/home/xiaor/luxm/opts/hbase-2.5.5
export PATH=$PATH:$HBASE_HOME/bin
```

图 5.7 在 ~/.bashrc 文件中添加 HBase 的解压路径

编辑内容：

```
export HBASE_HOME = /home/xiaor/luxm/opts/hbase - 2.5.5
export PATH = $ PATH: $ HBASE_HOME/bin
```

编辑完成后，如图 5.8 所示，再执行 source 命令使上述配置在当前终端立即生效。终端输入：

source ～/.bashrc

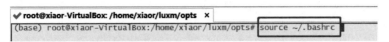

图 5.8 使用 source 命令生效 ～/.bashrc

生效 ～/.bashrc 文件后,输入"hbase version"检查 HBase 版本,确定 HBase 环境变量是否配置成功,如图 5.9 所示。终端输入:

hbase version

```
(base) root@xiaor-VirtualBox:/home/xiaor/luxm/opts# hbase version
/home/xiaor/luxm/opts/hadoop-3.2.4/libexec/hadoop-functions.sh: line 2401: HADOOP_ORG.APACHE.HADOOP.HBASE.UTIL.GETJAVAPROPERTY_USER: bad sub
stitution
/home/xiaor/luxm/opts/hadoop-3.2.4/libexec/hadoop-functions.sh: line 2366: HADOOP_ORG.APACHE.HADOOP.HBASE.UTIL.GETJAVAPROPERTY_USER: bad sub
stitution
/home/xiaor/luxm/opts/hadoop-3.2.4/libexec/hadoop-functions.sh: line 2461: HADOOP_ORG.APACHE.HADOOP.HBASE.UTIL.GETJAVAPROPERTY_OPTS: bad sub
stitution
SLF4J: Class path contains multiple SLF4J bindings.
SLF4J: Found binding in [jar:file:/home/xiaor/luxm/opts/hadoop-3.2.4/share/hadoop/common/lib/slf4j-reload4j-1.7.35.jar!/org/slf4j/impl/Stati
cLoggerBinder.class]
SLF4J: Found binding in [jar:file:/home/xiaor/luxm/opts/hbase-2.5.5/lib/client-facing-thirdparty/log4j-slf4j-impl-2.17.2.jar!/org/slf4j/impl
/StaticLoggerBinder.class]
SLF4J: See http://www.slf4j.org/codes.html#multiple_bindings for an explanation.
SLF4J: Actual binding is of type [org.slf4j.impl.Reload4jLoggerFactory]
HBase 2.5.5
Source code repository git://buildbox.localdomain/home/apurtell/tmp/RM/hbase revision=7ebd4381261fefd78fc2acf258a95184f4147cee
Compiled by apurtell on Thu Jun  1 17:42:49 PDT 2023
From source with checksum cf3b264aa86082e09c1b42609e6af98d84af8804d094bd8b90eb07d4684d40aef2ca9ca0c26dc38206b6011843e56d0618878c2547fd4834ce
5744d3417e4f49
```

图 5.9 使用 hbase version 检查 HBase 环境变量的配置是否成功

如果配置成功,可以查看到 HBase 的版本:2.5.5。

3. 配置 HBase 系统文件

HBase 环境变量配置成功后,还需要配置 HBase 的系统文件。

HBase 有三种运行模式:单机模式、伪分布式模式、分布式模式。这里安装伪分布式模式。在安装 HBase 前,请确保 JDK 1.8 以上、Hadoop 2.7 以上已经成功安装到 Linux 系统上。

使用 vi 命令配置 hbase-env.sh,文件路径是:解压路径/conf/。如图 5.10 所示,当前的解压路径是:/home/xiaor/luxm/opts/hbase-2.5.5/。终端输入:

vi /home/xiaor/luxm/opts/hbase-2.5.5/conf/hbase-env.sh

```
(base) root@xiaor-VirtualBox:/home/xiaor/luxm/opts/hbase-2.5.5/conf# ll
total 60
drwxr-xr-x 2 root root  4096 1月  22  2020 ./
drwxr-xr-x 8 root root  4096 6月  19 11:16 ../
-rw-r--r-- 1 root root  1811 1月  22  2020 hadoop-metrics2-hbase.properties
-rw-r--r-- 1 root root  4773 1月  22  2020 hbase-env.cmd
-rw-r--r-- 1 root root 12740 6月  19 11:13 hbase-env.sh
-rw-r--r-- 1 root root  2249 1月  22  2020 hbase-policy.xml
-rw-r--r-- 1 root root  2433 6月  19 11:19 hbase-site.xml
-rw-r--r-- 1 root root  1245 1月  22  2020 log4j2-hbtop.properties
-rw-r--r-- 1 root root  5746 1月  22  2020 log4j2.properties
-rw-r--r-- 1 root root    10 1月  22  2020 regionservers
(base) root@xiaor-VirtualBox:/home/xiaor/luxm/opts/hbase-2.5.5/conf# vi /home/xiaor/luxm/opts/hbase-env.sh
```

图 5.10 vi 配置 hbase-env.sh 文件

如图 5.11 所示,编辑 hbase-env.sh 内容:

export JAVA_HOME = /home/xiaor/luxm/opts/jdk1.8.0_361
export HBASE_CLASSPATH = /home/xiaor/luxm/bigdatas/opts/hbase-2.5.5/conf
export HBASE_MANAGES_ZK = true

用命令 vi 打开并配置 hbase-site.xml,文件路径在解压路径的 conf 目录下,如图 5.12 所示。终端输入:

vi /home/xiaor/luxm/opts/hbase-2.5.5/conf/hbase-site.xml

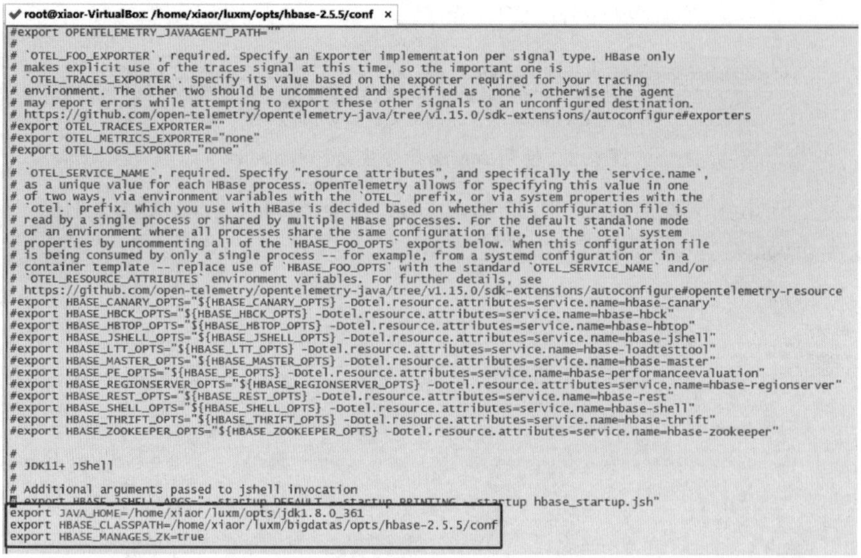

```
✔ root@xiaor-VirtualBox: /home/xiaor/luxm/opts/hbase-2.5.5/conf   ×
#export OPENTELEMETRY_JAVAAGENT_PATH=""
#
# `OTEL_FOO_EXPORTER`, required. Specify an Exporter implementation per signal type. HBase only
# makes explicit use of the traces signal at this time, so the important one is
# `OTEL_TRACES_EXPORTER`. Specify its value based on the exporter required for your tracing
# environment. The other two should be uncommented and specified as `none`, otherwise the agent
# may report errors while attempting to export these other signals to an unconfigured destination.
# https://github.com/open-telemetry/opentelemetry-java/tree/v1.15.0/sdk-extensions/autoconfigure#exporters
#export OTEL_TRACES_EXPORTER=""
#export OTEL_METRICS_EXPORTER="none"
export OTEL_LOGS_EXPORTER="none"
#
# `OTEL_SERVICE_NAME`, required. Specify "resource attributes", and specifically the `service.name`,
# as a unique value for each HBase process. OpenTelemetry allows for specifying this value in one
# of two ways, via environment variables with the `OTEL_` prefix, or via system properties with the
# `otel.` prefix, which you use with HBase is decided based on whether this configuration file is
# read by a single process or shared by multiple HBase processes. For the default standalone mode
# or an environment where all processes share the same configuration file, use the `otel.` system
# properties by uncommenting all of the `HBASE_FOO_OPTS` exports below. When this configuration file
# is being consumed by only a single process -- for example, from a systemd configuration or in a
# container template -- replace use of `HBASE_FOO_OPTS` with the standard `OTEL_SERVICE_NAME` and/or
# `OTEL_RESOURCE_ATTRIBUTES` environment variables. For further details, see
# https://github.com/open-telemetry/opentelemetry-java/tree/v1.15.0/sdk-extensions/autoconfigure#opentelemetry-resource
#export HBASE_CANARY_OPTS="${HBASE_CANARY_OPTS} -Dotel.resource.attributes=service.name=hbase-canary"
#export HBASE_HBCK_OPTS="${HBASE_HBCK_OPTS} -Dotel.resource.attributes=service.name=hbase-hbck"
#export HBASE_HBTOP_OPTS="${HBASE_HBTOP_OPTS} -Dotel.resource.attributes=service.name=hbase-hbtop"
#export HBASE_JSHELL_OPTS="${HBASE_JSHELL_OPTS} -Dotel.resource.attributes=service.name=hbase-jshell"
#export HBASE_LTT_OPTS="${HBASE_LTT_OPTS} -Dotel.resource.attributes=service.name=hbase-loadtesttool"
#export HBASE_MASTER_OPTS="${HBASE_MASTER_OPTS} -Dotel.resource.attributes=service.name=hbase-master"
#export HBASE_PE_OPTS="${HBASE_PE_OPTS} -Dotel.resource.attributes=service.name=hbase-performanceevaluation"
#export HBASE_REGIONSERVER_OPTS="${HBASE_REGIONSERVER_OPTS} -Dotel.resource.attributes=service.name=hbase-regionserver"
#export HBASE_REST_OPTS="${HBASE_REST_OPTS} -Dotel.resource.attributes=service.name=hbase-rest"
#export HBASE_SHELL_OPTS="${HBASE_SHELL_OPTS} -Dotel.resource.attributes=service.name=hbase-shell"
#export HBASE_THRIFT_OPTS="${HBASE_THRIFT_OPTS} -Dotel.resource.attributes=service.name=hbase-thrift"
#export HBASE_ZOOKEEPER_OPTS="${HBASE_ZOOKEEPER_OPTS} -Dotel.resource.attributes=service.name=hbase-zookeeper"

#
# JDK11+ JShell
#
# Additional arguments passed to jshell invocation
# export HBASE_JSHELL_ARGS="--startup DEFAULT --startup PRINTING --startup hbase_startup.jsh"
export JAVA_HOME=/home/xiaor/luxm/opts/jdk1.8.0_361
export HBASE_CLASSPATH=/home/xiaor/luxm/bigdatas/opts/hbase-2.5.5/conf
export HBASE_MANAGES_ZK=true
```

图 5.11　编辑 hbase-env.sh 内容

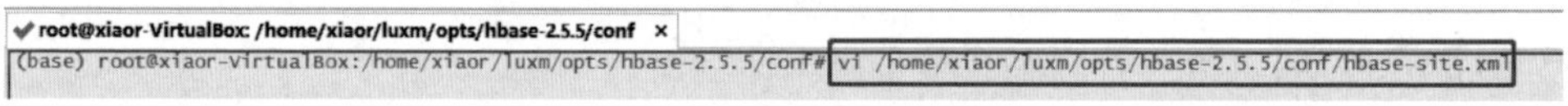

```
✔ root@xiaor-VirtualBox: /home/xiaor/luxm/opts/hbase-2.5.5/conf   ×
(base) root@xiaor-VirtualBox:/home/xiaor/luxm/opts/hbase-2.5.5/conf#  vi /home/xiaor/luxm/opts/hbase-2.5.5/conf/hbase-site.xml
```

图 5.12　vi 配置 hbase-site.xml

如图 5.13 所示，配置 hbase-site.xml 内容。

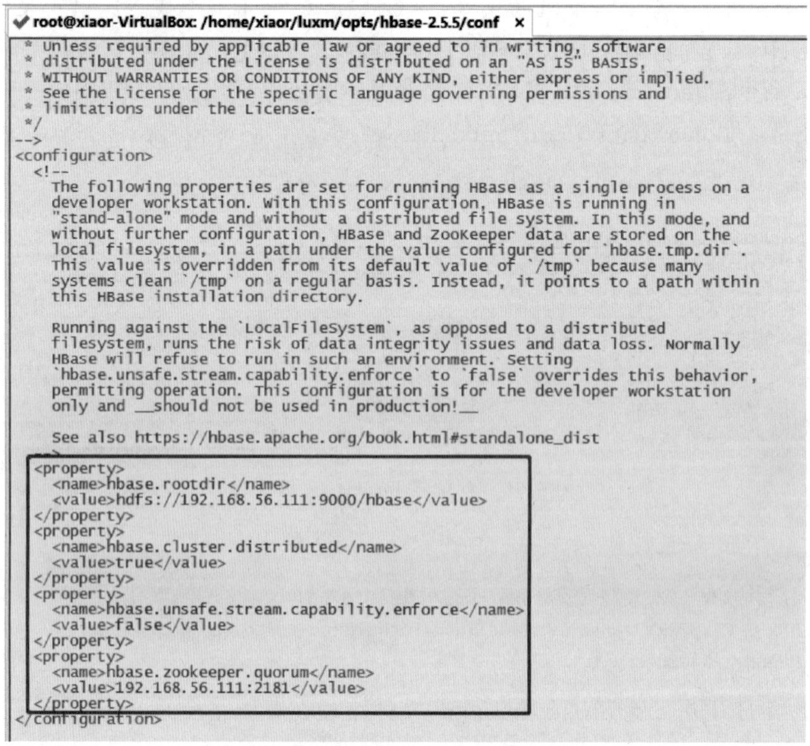

```
✔ root@xiaor-VirtualBox: /home/xiaor/luxm/opts/hbase-2.5.5/conf   ×
 * Unless required by applicable law or agreed to in writing, software
 * distributed under the License is distributed on an "AS IS" BASIS,
 * WITHOUT WARRANTIES OR CONDITIONS OF ANY KIND, either express or implied.
 * See the License for the specific language governing permissions and
 * limitations under the License.
 */
-->
<configuration>
  <!--
    The following properties are set for running HBase as a single process on a
    developer workstation. With this configuration, HBase is running in
    "stand-alone" mode and without a distributed file system. In this mode, and
    without further configuration, HBase and ZooKeeper data are stored on the
    local filesystem, in a path under the value configured for `hbase.tmp.dir`.
    This value is overridden from its default value of `/tmp` because many
    systems clean `/tmp` on a regular basis. Instead, it points to a path within
    this HBase installation directory.

    Running against the `LocalFileSystem`, as opposed to a distributed
    filesystem, runs the risk of data integrity issues and data loss. Normally
    HBase will refuse to run in such an environment. Setting
    `hbase.unsafe.stream.capability.enforce` to `false` overrides this behavior,
    permitting operation. This configuration is for the developer workstation
    only and __should not be used in production!__

    See also https://hbase.apache.org/book.html#standalone_dist

  <property>
    <name>hbase.rootdir</name>
    <value>hdfs://192.168.56.111:9000/hbase</value>
  </property>
  <property>
    <name>hbase.cluster.distributed</name>
    <value>true</value>
  </property>
  <property>
    <name>hbase.unsafe.stream.capability.enforce</name>
    <value>false</value>
  </property>
  <property>
    <name>hbase.zookeeper.quorum</name>
    <value>192.168.56.111:2181</value>
  </property>
</configuration>
```

图 5.13　配置 hbase-site.xml 内容

```
< configuration >
  < property >
    < name > hbase. rootdir </ name >
    < value > hdfs://192.168.56.111:9000/hbase </ value >
  </ property >
  < property >
    < name > hbase. cluster. distributed </ name >
    < value > true </ value >
  </ property >
  < property >
    < name > hbase. unsafe. stream. capability. enforce </ name >
    < value > false </ value >
  </ property >
  < property >
    < name > hbase. zookeeper. quorum </ name >
    < value > 192.168.56.111:2181 </ value >
  </ property >
</ configuration >
```

配置完成后,HBase 的伪分布式模式安装完成。

5.4.3 启动 HBase

首先启动 Hadoop 的 HDFS 服务,如图 5.14 所示,这里已经将 Hadoop 的 sbin 路径配置到~/. bashrc 的环境变量 path 上,终端输入:

```
start - dfs. sh
```

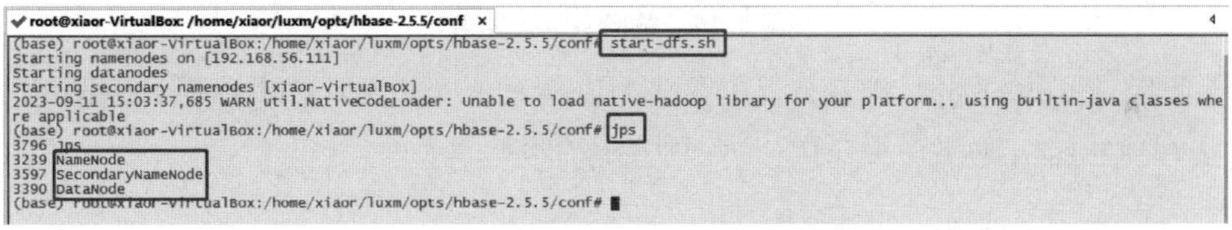

图 5.14 启动 Hadoop 的 HDFS 服务

然后启动 HBase,通过上文的配置 HBase 的环境变量,可知 HBase 的 bin 路径已经配置到~/. bashrc 的环境变量 path 上,如图 5.15 所示。终端输入:

```
start - hbase. sh
```

图 5.15 启动 HBase 服务

如图 5.16 所示,通过 jps 命令查看 HBase 有三个进程:HMaster、HRegionServer 与 HQuorumPeer,说明 HBase 启动成功。终端输入:

```
jps
```

HBase 启动后,可以直接进入 HBase 的 Shell 界面,如图 5.17 所示。终端输入:

```
hbase shell
```

HBase Shell 界面如图 5.18 所示,这里可以使用 HBase 的命令操作 HBase。

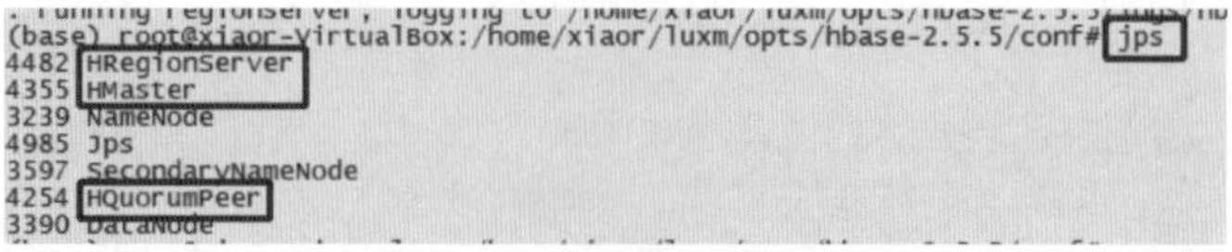

图 5.16　jps 检查 HBase 是否启动成功

图 5.17　进入 HBase 的 Shell 界面

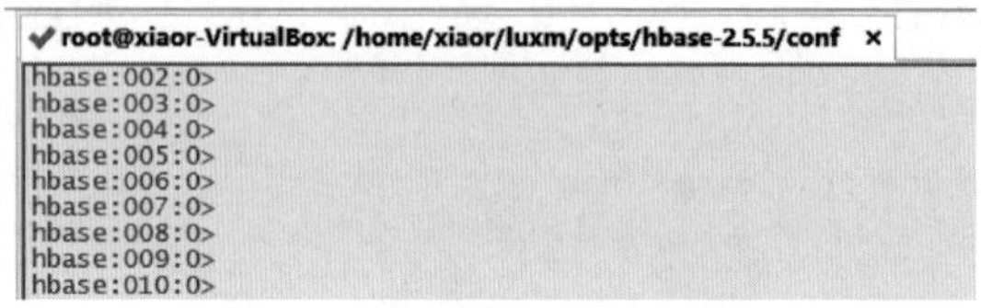

图 5.18　HBase 的 Shell 界面

5.4.4　关闭 HBase

如图 5.19 所示，关闭 HBase 服务，使用 stop-hbase.sh。终端输入：

```
stop - hbase.sh
```

图 5.19　关闭 HBase 服务

关闭后，终端输入 jps，查看是否还存在 HBase 的三个进程：HMaster、HRegionServer 与 HQuorumPeer。如果都不存在，说明 HBase 关闭成功。

5.5　HBase 操作命令

HBase 提供了常用的 Shell 命令，方便用户对表进行操作。首先，需要启动 HDFS 和 HBase 进程；然后，在终端输入"hbase shell"命令即可进入 Shell 环境。

5.5.1　HBase 表操作

1. create：创建表

（1）创建表 student_1，列族为 Sname，列族版本号为 5（相当于可以存储最近 5 个版本的记录），命令如下。

```
hbase > create 'student_1', {NAME => 'Sname', VERSIONS => 1}
```

（2）创建表 student_2，三个列族分别为 Sname、gender、score，命令如下。

```
hbase > create 'student_2',{NAME => 'Sname'}, {NAME => 'gender'}, {NAME => 'score'}
```

或者使用如下等价的命令（推荐）：

```
hbase > create 'student_2', 'Sname', 'gender, 'score'
```

（3）创建表 student_3，将表依据分割算法 HexStringSplit 分布在 5 个 Region 里，命令如下。

Hbase＞create 'student_3', 'Sname',{NUMREGIONS => 5, SPLITALGO => 'HexStringSplit'}

（4）创建表 student_4，指定切分点，命令如下。

hbase＞create 'student_4', 'Sname', {SPLITALGO => ['10','20', '30', '40']}

2．alter：修改列族模式

（1）向表 student_1 中添加列族 gender，命令如下。

hbase＞alter 'student_1', NAME => 'gender'

（2）删除表 student_1 中的列族 gender，命令如下。

Hbase＞alter 'student_1', NAME => 'gender', METHOD => 'delete'

（3）设定表 student_1 中列族最大为 128MB，命令如下。

hbase＞alter 'student_1', METHOD => 'table_att', MAX_FILESIZE => '134217728'

上面命令中，"134217728"表示字节数，128MB 等于 134 217 728B。

3．list：列出 HBase 中所有的表信息

hbase＞list

4．count：统计表中的行数

可以使用如下命令统计表 student_1 的行数。

hbase＞count 'student_1'

5．describe：显示表的相关信息

可以使用如下命令显示表 student_1 的信息。

hbase＞describe 'student_1'

6．enable/disable：使表有效或无效

可以使用如下命令使表 t1 无效。

hbase＞disable 'student_1'

使表有效：

hbase＞enable 'student_1'

7．drop 删除表

删除某个表之前，必须先使该表无效。例如，删除表 student_1。

hbase＞disable 'student_1'
hbase＞drop 'student_1'

8．exists：判断表是否存储

exists：判断表是否存在。

判断表 student_1 是否存在：

hbase＞exists 'student_1'

9. exit：退出

退出 HBase Shell：

```
hbase > exit
```

5.5.2 HBase 数据操作

1. put：向表、行、列指定的单元格添加数据

向表 student_2 中行键为 1001 号的学生和列 score：math 所对应的单元格中添加数据 80，时间戳设为 1234（若不指定会默认生成系统当前时间与 1970 年 1 月 1 日零点的毫秒值之差作为时间戳），命令如下。

```
hbase > put 'student_2', 1001, 'score:math', 80,1234
```

2. get：通过指定表名、行键、列、时间戳、时间范围和版本号来获得相应单元格的值

（1）获得表 student_2、行键 1001、列 score：math、时间范围为[ts1,ts2]、4 个版本的数据，命令如下。

```
hbase > get 'student_2','1001',{COLUMN =>'score:math', TIMERANGE =>[ts1, ts2], VERSIONS = > 4}
```

（2）获得表 student_2、行键 1001、列 score：math 和 score：English 上的数据，命令如下。

```
hbase > get 'student_2', '1001', 'score:math', 'score:English'
```

3. scan：查询整个表的相关信息

可以通过 TIMERANGE、FILTER、LIMIT、STARTROW、STOPROW、TIMESTAMP、MAXLENGTH、COLUMNS、CACHE 来限定所需要浏览的数据。

（1）浏览表".META."、列 info：regioninfo 上的数据，命令如下。

```
hbase > scan '.META.', {COLUMNS => 'info:regioninfo'}
```

（2）浏览表 student_1、列 score：English、时间范围为[1303668804，1303668904]的数据，命令如下。

```
hbase > scan 'student_1', {COLUMNS = > 'score:English', timerange = > [1303668804, 1303668904]}
```

4. delete：删除指定单元格的数据

删除表 student_1、行 1001、列族 Sname、时间戳为 ts1 上的数据，命令如下。

```
hbase > delete 'student_1', '1001', 'Sname', ts1
```

5.6 HBase 编程接口

5.6.1 HBase 常用 Java API

与 HBase 数据存储管理相关的 Java API 主要包括 Admin、HBaseConfiguration、HTableDescriptor、HColumnDescriptor、Put、Get、ResultScanner、Result、Scan。以下讲解

这些类的功能与常用方法。

1．org．apache．hadoop．hbase．client．Admin

public interface Admin 是一个接口,必须通过调用 Connection．getAdmin()方法,返回一个实例化对象。该接口用于管理 HBase 数据库的表信息,包括创建表、删除表、列出表项、使表有效或无效、添加或删除表的列族成员、检查 HBase 的运行状态等,如表 5.4 所示。

表 5.4　Admin 接口的主要方法

方　　法	功　　能
void addColumn(TableName tableName,ColumnFamilyDescriptor columnFamily)	向一个已存在的表中添加列
void closeRegion(String regionname,String serverName)	关闭 Region
void createTable(TableDescriptor desc)	创建表
void disableTable(TableName tableName)	使表无效
void deleteTable(TableName tableName)	删除表
void enableTable(TableName tableName)	使表有效
boolean tableExists(TableName tableName)	检查表是否存在
HTableDescriptor[] listTables()	列出所有表
void abort(String why,Throwable e)	终止服务器或客户端
boolean balance()	负载均衡

2．org．apache．hadoop．hbase．HBaseConfiguration

该类用于管理 HBase 的配置信息,如表 5.5 所示。

表 5.5　HBaseConfiguration 类的主要方法

方　　法	功　　能
Configuration create()	使用默认的 HBase 配置文件创建 Configuration
Configuration addHbaseResources(Configuration conf)	向当前 Configuration 添加 conf 中的配置信息
void merge(Configuration destConf,Configuration srcConf)	合并两个 Configuration

3．org．apache．hadoop．hbase．client．Table

public interface Table 接口必须调用 Connection．getTable()返回一个实例化对象。该接口用于与 HBase 进行通信。多线程情况下,使用 HTablePool 较好,如表 5.6 所示。

表 5.6　Table 接口的主要方法

方　　法	功　　能
void close()	释放所有资源
void delete(Delete delete)	删除指定的单元格或行
boolean exists(Get get)	检查 Get 对象指定的列是否存在
Result get(Get get)	从指定行的单元格中取得相应的值
void put(Put put)	向表中添加值
ResultScanner getScanner(byte[] family) ResultScanner getScanner(byte[] family,byte[] qualifier) ResultScanner getScanner(Scan scan)	获得 ResultScanner 实例
HTableDescriptor getTableDescriptor()	获得当前表格的 HTableDescriptor 对象
TableName getName()	获取当前表名

4．org. apache. hadoop. hbase. HTableDescriptor

HTableDescriptor 包含 HBase 中表格的详细信息，例如，表中的列族、该表的类型（-ROOT-、. META. ）、该表是否只读、MemStore 的最大空间、Region 什么时候应该分裂等，如表 5.7 所示。

表 5.7　HTableDescriptor 类的主要方法

方　　法	功　　能
HTableDescriptor addFamily(HColumnDescriptor family)	添加列族
Collection < HColumnDescriptor > getFamilies()	返回所有列族的名称
TableName getTableName()	返回表名实例
Byte[] getValue(Bytes key)	获得属性值
HTableDescriptor removeFamily(byte[] column)	删除列族
HTableDescriptor setValue(byte[] key, byte[] value)	设置属性的值

5．org. apache. hadoop. hbase. HColumnDescriptor

HColumnDescriptor 包含列族的详细信息，例如，列族的版本号、压缩设置等，如表 5.8 所示。

表 5.8　HColumnDescriptor 类的主要方法

方　　法	功　　能
Byte[] getName()	获得列族名称
Byte[] getValue(byte[] key)	获得某列单元格的值
HColumnDescriptor setValue(byte[] key, byte[] value)	设置某列单元格的值

6．org. apache. hadoop. hbase. client. Put

用来对单元格执行添加数据操作，如表 5.9 所示。

表 5.9　Put 类的主要方法

方　　法	功　　能
Put addColumn(byte[] family, byte[] qualifier, byte[] value)	将指定的列族、列、值添加到 Put 对象中
List < Cell > get(byte[] family, byte[] qualifier)	获取列族和列中的所有单元格
boolean has(byte[] family, byte[] qualifier)	列族和列是否存在
boolean has(byte[] family, byte[] qualifier, byte[] value)	检查列族和列中是否存在 value

7．org. apache. hadoop. hbase. client. Get

用来获取单行的信息，如表 5.10 所示。

表 5.10　Get 类的主要方法

方　　法	功　　能
Get addColumn(byte[] family, byte[] qualifier)	根据列族和列获取对应的列
Get setFilter(Filter filter)	通过设置过滤器获取具体的列

8．org. apache. hadoop. hbase. client. Result

用于存放 Get 或 Scan 操作后的查询结果，并以< key,value >的格式存储在 map 结构中，如表 5.11 所示。

表 5.11　Result 类的主要方法

方　　法	功　　能
boolean containsColumn(byte[] family，byte[] qualifier)	检查是否包含列族和列限定符指定的列
List ＜ Cell ＞ getColumnCells（byte［］ family，byte［］ qualifier)	获得列族和列限定符指定的列中的所有单元格
NavigableMap＜ byte[],byte[]＞ getFamilyMap（byte[] family)	根据列族获得包含列和值的所有行的键值对
Byte[] getValue(byte[] family，byte[] qualifier)	获得列族和列指定的单元格的最新值

9. org. apache. hadoop. hbase. client. ResultScanner

客户端获取值的接口,如表 5.12 所示。

表 5.12　ResultScanner 类的主要方法

方　　法	功　　能
void close()	关闭 scanner 并释放资源
Result next()	获得下一个 Result 实例

10. org. apache. hadoop. hbase. client. Scan

可以利用 Scan 设定需要查找的数据,如设定版本号、起始行号、终止行号、列族、列名、返回值数量上限等,如表 5.13 所示。

表 5.13　Scan 类的主要方法

方　　法	功　　能
Scan addFamily(byte[] family)	设定列族
Scan addColumn（byte[] family，byte[] qualifier)	设定列族和列
Scan setMaxVersions() Scan setMaxVersions(int maxVersions)	设定版本的最大个数
Scan setTimeRange（long minStamp，long maxStamp)	设定最大最小时间戳范围
Scan setFilter(Filter filter)	设定 Filter 过滤
Scan setStartRow(byte[] startRow)	设定开始的行
Scan setStopRow(byte[] stopRow)	设定结束的行(不包含)
Scan setBatch(int batch)	设定最多返回的单元格数目

5.6.2　HBase API 编程实例

5.6.1 节学习了 HBase 数据库的 Java API 操作,这一节在 Linux 操作系统下,使用 IDEA 进行程序开发。在进行 HBase 编程之前需要启动 Hadoop 和 HBase。

1. 在 IDEA 中创建项目

IDEA 启动后,呈现如图 5.20 所示的启动界面,选择 Create New Project(创建一个新项目),弹出如图 5.21 所示的界面,选中左边栏 Java,单击 Next 按钮,弹出如图 5.22 所示的界面,输入创建项目名为 hbaseDemo,项目路径可以自由定义,本书将项目路径设置为～/IdeaProjects/hbaseDemo,单击 Finish 按钮,IDEA 启动后界面如图 5.23 所示。

图 5.20　IDEA 启动界面

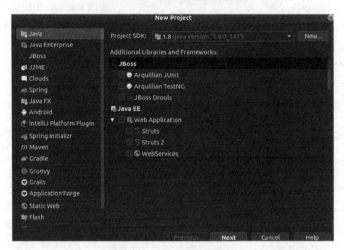

图 5.21　项目选择页面

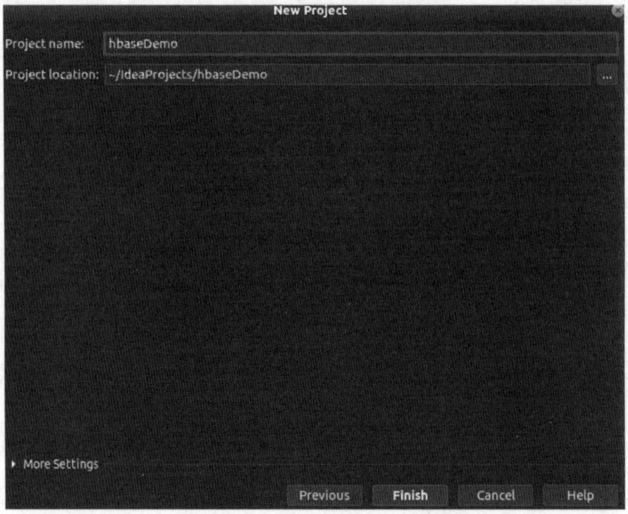

图 5.22　项目名称路径设置页面

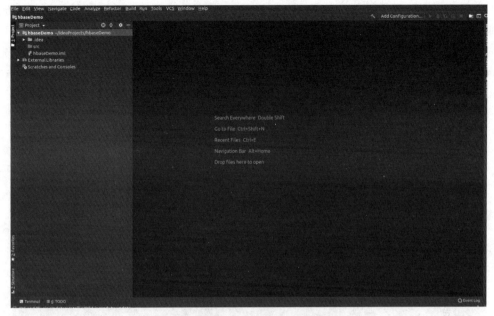

图 5.23 IDEA 启动之后的界面

2. 为项目添加所需要的 JAR 包

在这里已经配置好了 JDK 1.8 的环境,需要配置 HBase 需要用到的 JAR 包。单击左上角的 File 下拉菜单,选择 Project Structure 命令进入如图 5.24 所示的界面。

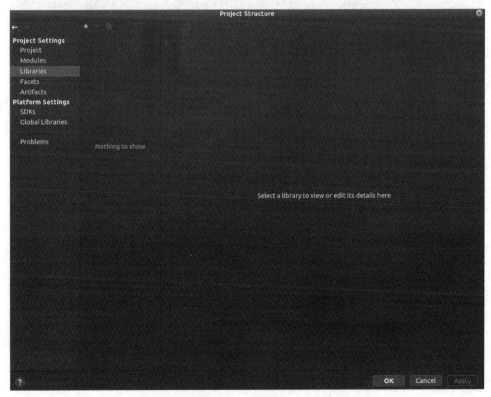

图 5.24 Project Structure 中的 Libraries

单击左上角的"＋"号，选择 Java，出现如图 5.25 所示的界面。为了能够编写一个能够与 HBase 交互的 Java 应用程序，需要在这个界面中加载该 Java 程序所需要用到的 JAR 包，这些 JAR 包中包含可以访问 HBase 的 Java API。这些 JAR 包都位于 Linux 系统的 HBase 安装目录下，在本书中位于/usr/local/hbase/lib 目录下。选中所有的.jar 文件（包括文件夹下面的），然后单击 OK 按钮，如图 5.26 所示。

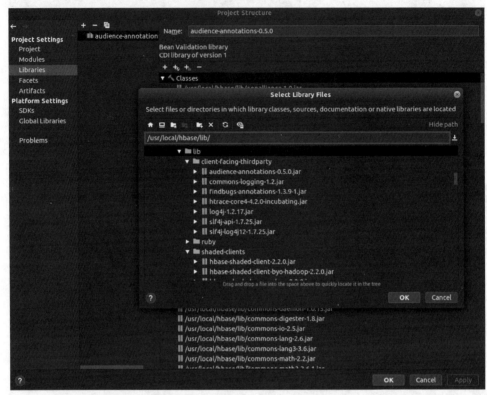

图 5.25　添加相关 JAR 包界面

3. 编写 Java 应用程序

编写一个 Java 应用程序，对 HBase 数据库进行操作。具体实现功能如下。

（1）完成 Hadoop 伪分布与 HBase 数据库的连接和关闭。

（2）创建表 student_test。

（3）向 student_test 表中插入一条数据：行键 1001，Sname 为 XiaoQiang。

（4）在 student_test 表中删除一条数据。

（5）查询数据。

在 IDEA 工作界面左侧的面板中（如图 5.27 所示），右击 src 文件夹，在弹出的快捷菜单中选择 New→Java Class 命令，弹出如图 5.28 所示对话框。

在对话框中输入类名"HBaseOperation"，单击 OK 按钮，弹出如图 5.29 所示的界面。

IDEA 自动创建了一个名为 HBaseOperation.java 的源代码文件，在该文件中可以输入如下代码。

```
import org.apache.hadoop.conf.Configuration;
import org.apache.hadoop.hbase.*;
```

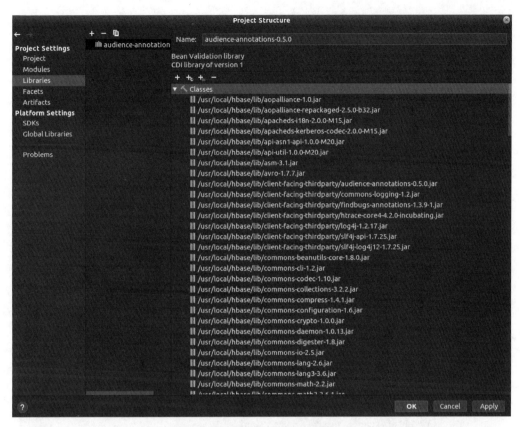

图 5.26 相关 JAR 包添加完成

图 5.27 新建 Java Class 文件

图 5.28 新建 Java Class 文件时的设置页面

图 5.29 新建一个类文件之后的 IDEA 界面

```java
import org.apache.hadoop.hbase.client.*;
import java.io.IOException;
public class HBaseOperation {
    public static Configuration configuration;
    public static Connection connection;
    public static Admin admin;
    //主函数
    public static void main(String[] args) throws IOException {
        createTable("student_test", new String[]{"Sname"});
        insertRow("student_test", "1001", "Sname", "", "XiaoQiang");
        getData("student_test", "1001", "Sname", "", "XiaoQiang");
    }
    //建立连接
    public static void init(){
//      configuration.addResource("core-site.xml");
//      configuration.addResource("hbase-site.xml");
        configuration = HBaseConfiguration.create();
        configuration.set("hbase.rootdir", "hdfs://localhost:9000/hbase");
        try {
            connection = ConnectionFactory.createConnection(configuration);
            admin = connection.getAdmin();
        } catch (IOException e) {
            e.printStackTrace();
        }
    }
    //关闭连接
    public static void close(){
        if(admin != null){
            try {
                admin.close();
            } catch (IOException e) {
                e.printStackTrace();
            }
        }
        if (null != connection){
```

```
            try {
                connection.close();
            } catch (IOException e) {
                e.printStackTrace();
            }
        }
    }
    //建立表
    @Deprecate
    public static void createTable(String myTableName, String[] colFamily)
            throws IOException{
        init();
        TableName tableName = TableName.valueOf(myTableName);
        if (admin.tableExists(tableName)){
            System.out.println("该表已存在");
        }else{
            HTableDescriptor hTableDescriptor = new HTableDescriptor(tableName);
            for (String str : colFamily) {
                HColumnDescriptor hColumnDescriptor = new HColumnDescriptor(str);
                hTableDescriptor.addFamily(hColumnDescriptor);
            }
            admin.createTable(hTableDescriptor);
        }
        close();
    }
    //删除表
    public static void deleteTable(String tableName) throws IOException{
        init();
        TableName tn = TableName.valueOf(tableName);
        if (admin.tableExists(tn)){
            admin.disableTable(tn);
            admin.deleteTable(tn);
        }
        close();
    }
    //查看已有表
    @Deprecate
    public static void listTables() throws IOException{
        init();
        HTableDescriptor[] hTableDescriptors = admin.listTables();
        for (HTableDescriptor hTableDescriptor : hTableDescriptors) {
            System.out.println(hTableDescriptor.getNameAsString());
        }
        close();
    }
    //插入数据
    public static void insertRow(String tableName, String rowKey, String colFamily,
                                 String col, String val) throws IOException{
        init();
        Table table = connection.getTable(TableName.valueOf(tableName));
        Put put = new Put(rowKey.getBytes());
        put.addColumn(colFamily.getBytes(), col.getBytes(), val.getBytes());
        table.put(put);
        table.close();
```

```
            close();
        }
        //删除数据
        public static void deleteRow(String tableName, String rowKey, String colFamily,
                                    String col, String val) throws IOException{
            init();
            Table table = connection.getTable(TableName.valueOf(tableName));
            Delete delete = new Delete(rowKey.getBytes());
            //删除指定列族
            //delete.addFamily(Bytes.toBytes(colFamily));
            //删除指定列
            //delete.addColumn(Bytes.toBytes(colFamily), Bytes.toBytes(col));
            table.delete(delete);
            table.close();
            close();
        }
        //根据 rowKey 查找数据
        public static void getData(String tableName, String rowKey, String colFamily,
                                    String col, String val) throws IOException{
            init();
            Table table = connection.getTable(TableName.valueOf(tableName));
            Get get = new Get(rowKey.getBytes());
            get.addColumn(colFamily.getBytes(), col.getBytes());
            Result result = table.get(get);
            showCell(result);
            table.close();
            close();
        }
        //格式化输出
        public static void showCell(Result result){
            Cell[] cells = result.rawCells();
            for (Cell cell : cells) {
                System.out.println("RowName:" + new String(CellUtil.cloneRow(cell)) + "");
                System.out.println("TimeStamp:" + cell.getTimestamp() + "");
                System.out.println("column Family:" + new String(CellUtil.cloneFamily(cell)) + "");
                System.out.println("row Name:" + new String(CellUtil.cloneQualifier(cell)) + "");
                System.out.println("value" + new String(CellUtil.cloneValue(cell)) + "");
            }
        }
    }
}
```

4. 编译运行程序

在确保 Hadoop 和 HBase 已经启动的情况下编译运行上面编写的代码。单击 IDEA 工作界面右上方的绿色箭头，即可运行程序，如图 5.30 所示。

程序运行完成之后，在控制台面板中会打印写入 HBase 数据库的学生信息，如图 5.31 所示。

可以在 Linux 的终端中启动 HBase Shell，查看生成的 student_test 表，启动 HBase Shell 的命令，如图 5.32 所示。

进入 HBase Shell，可以使用 list 命令查看 HBase 数据库中是否含有名称为 student_test 的表。如图 5.33 所示，发现 student_test 表已经创建成功。

可以使用 scan 命令查询刚才插入 student_test 表中的一行数据，如图 5.34 所示，说明 HBase 中插入方法成功。

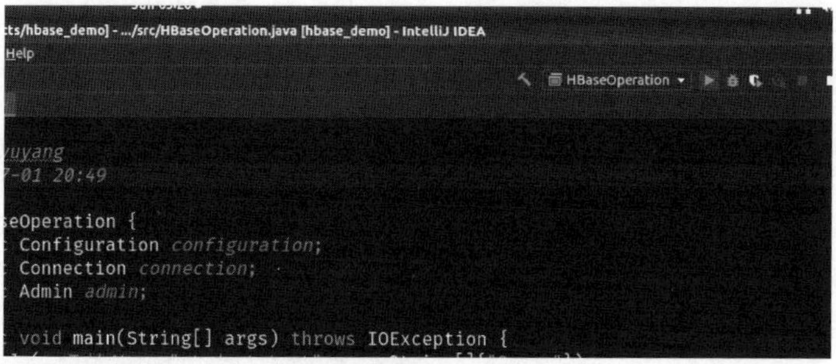

图 5.30　运行程序

图 5.31　控制台打印信息

图 5.32　控制台打印信息

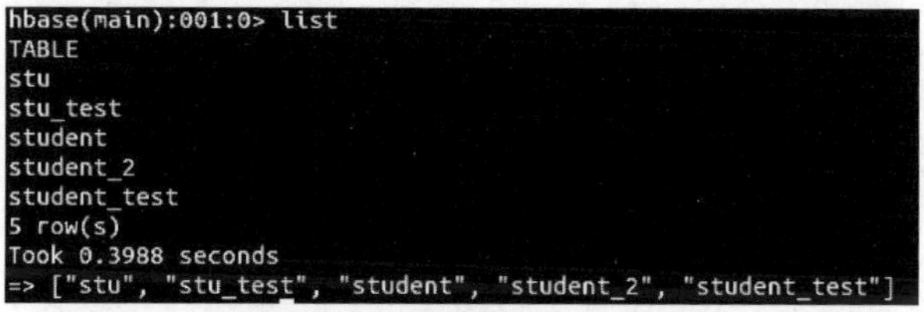

图 5.33　查看 HBase 中的所有表

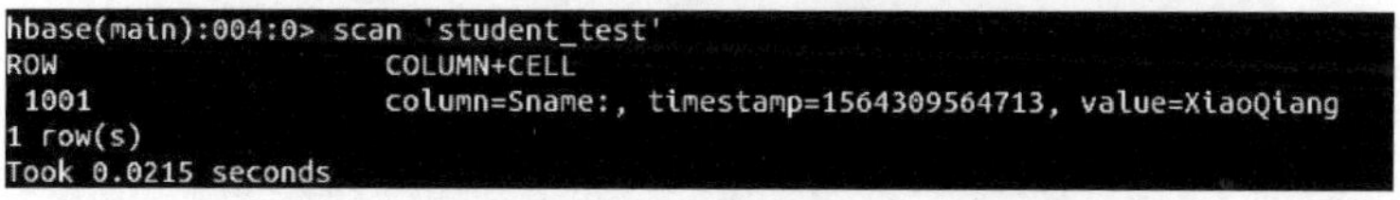

图 5.34　通过 scan 命令查询插入的数据

如果需要反复调试 HBaseOperation. java 代码,需要删除 HBase 已经创建的 t2,可以使用 Shell 命令删除 student_test 表,如图 5.35 所示。

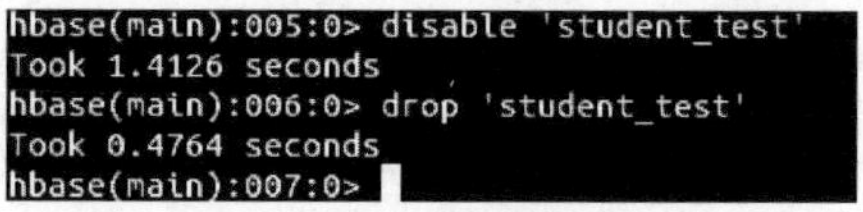

图 5.35　删除 student_test 表

代码中的删除一条数据和关闭 Hadoop 与 HBase 连接的操作请自行测试。

5. 应用程序的部署

可以将上面编写的 Java 应用程序打包后部署到远程的服务器上运行。具体的部署方法请参看第 15 章,这里不再赘述。

习　　题

1. 简述 HBase 及 HBase 的特性。
2. 对比分析 HBase 与传统关系数据库的异同。

3. 解释下列 HBase 中的模型术语：行键、列族、列限定符、单元格、时间戳。

4. 描述 HBase 的逻辑视图和物理视图有什么不同。

5. 已知职工表 emp：语文老师，姓名张三，年龄 30，薪水 8000；英语老师，姓名王五，年龄 35，薪水 10000。请分别作出 HBase 逻辑视图和物理视图。

6. 简述 HBase 各功能组件及其作用。

7. 简述 HBase 的三层架构中各层次的名称和作用。

8. 列举并说明 HBase 的几个常用命令。

第 6 章

大数据分布式数据仓库系统Hive

Hive 是一个基于 Hadoop 的数据仓库工具，它使用类似 SQL 的语言进行数据查询分析。本章将介绍 Hive 的基本概念、数据类型和数据模型，Hive 的查询语言及使用实例，最后补充了 Hive 的编程接口供读者学习。

6.1 Hive 概述

Hive 是由 Facebook 用来处理日志分析需求而开发的，它是建立在 Hadoop 上的数据仓库工具，用于存储和处理海量结构化数据。Hive 将海量结构化数据映射为一张张数据库表，数据分布式存储在 HDFS 上，元数据存储在 RDMBS（关系数据库管理系统）中。Hive 提供了一套类似数据库的数据存储和处理机制，采用 HQL（Hive SQL）对数据进行操作，Hive 可以对操作语句进行解析和转换，生成一系列 Map Reduce 任务，通过执行这些任务来完成数据处理。

6.1.1 Hive 特性

Hive 是数据仓库进行管理和分析的工具，具有以下一些特性。

(1) 可扩展性。横向扩展，Hive 可以自由地扩展集群的规模。

(2) 延展性。Hive 支持自定义函数，用户可以根据自己的需求来实现自己的函数。

(3) 良好的容错性。可以保障即使有结点出现问题，SQL 语句仍可完成执行。

Hive 与直接使用 Map-Reduce 相比，具有明显的优势。

(1) 更友好的接口。操作接口采用类似 SQL 的语法，提供快速开发的能力。

(2) 更低的学习成本。避免了写 Map Reduce，减少开发人员的学习成本。

(3) 更好的扩展性。可自由扩展集群规模而无须重启服务，还支持用户自定义函数。

Hive 的本质其实是一个 SQL 解析引擎，将 SQL 语句转译为 Map Reduce 的工作，利用 Hadoop 的工作环境，降低工作难度，提高开发效率。

不过目前 Hive 还存在着很多不足，尤其是在查询速度方面有着严重的时延。对一个完整数据集的查询可能要花费几分钟到几小时的时间，这是完全无法在交互查询中使用的。所以，Hive 并不适合那些需要低延迟的应用，例如，联机事务处理（OLTP）。Hive 的最佳使用场合是大数据集的批处理作业，例如，网络日志分析。

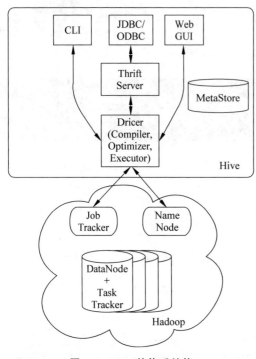

图 6.1　Hive 的体系结构

6.1.2　Hive 工作原理

Hive 的体系结构如图 6.1 所示，主要由 4 个部分组成：用户接口、元数据存储（MetaStore）、跨语言服务（Thrift Server）、引擎 Driver。

（1）用户接口：负责接收用户的输入命令。主要有三个：CLI、JDBC/ODBC 和 Web GUI。CLI 为 Shell 命令行，采用交互形式使用 Hive 命令行与 Hive 进行交互，是最常用的接口；JDBC/ODBC 是 Hive 数据库访问和管理的接口，用户通过 JDBC/ODBC 连接到 Thrift Server，Web GUI 通过浏览器访问 Hive。

（2）元数据存储：存储着 Hive 的元数据信息。元数据信息存储在关系数据库（如 MySQL、Derby 等）中。元数据主要包括表的名称、表的列、分区和属性、表的属性（是否是外部表等）、表的数据所在的目录。Hive 和 MySQL 之间通过 MetaStore 服务交互。

（3）跨语言服务：Thrift 是 Facebook 开发的一个软件框架，可以用来进行可扩展且跨语言的服务的开发，Hive 集成了该服务，能让不同的编程语言调用 Hive 的接口。

（4）引擎 Driver：Hive 的核心是引擎，包括解释器 Parser、编译器 Compiler、优化器 Optimizer、执行器 Executor。

① 解释器：解释器的作用是将 Hive SQL 语句转换为抽象语法树（Abstract Syntax Tree，AST）。

② 编译器：编译器是将语法树编译为逻辑执行计划。

③ 优化器：优化器是对逻辑执行计划进行优化。

④ 执行器：执行器是调用底层的运行框架执行逻辑执行计划。

Driver 组件完成 HQL 查询语句词法分析、编译、优化，以及生成逻辑执行计划。生成的逻辑执行计划存储在 HDFS 中，并随后由 MapReduce 调用执行。

6.1.3　Hive 执行流程

Hive 作业通过命令行或者客户端提交，经过 Compiler 编译器，借助 MetaStore 中的元数据进行类型检测和语法分析，生成一个逻辑方案（Logical Plan），然后通过优化处理，产生一个 MapReduce 任务。

流程大致步骤如下。

（1）用户提交查询等作业给 Driver。

（2）编译器获得该用户的任务 Plan。

（3）编译器 Compiler 根据用户任务去 MetaStore 中获取需要的 Hive 的元数据信息。

（4）编译器 Compiler 得到元数据信息,对任务进行编译,先将 Hive 任务转换为抽象语法树,然后将抽象语法树转换成查询块,将查询块转换为逻辑的查询计划,重写逻辑查询计划,将逻辑计划转换为物理的计划（Map Reduce）,最后选择最佳的策略。

（5）将最终的计划提交给 Driver。

（6）Driver 将 Map Reduce 计划转交给 Execution Engine 去执行,获取元数据信息,提交给 JobTracker 或者 Source Manager 执行该任务,任务会直接读取 HDFS 中的文件进行相应的操作。

（7）取得并返回执行结果。

6.2　Hive 数据类型及数据模型

6.2.1　Hive 数据类型

Hive 支持基本数据类型和复杂数据类型,基本数据类型包括数据值、布尔类型、字符串类型等,复杂数据类型包括 Array、Map 和 Struct。其中,Array 和 Map 与 Java 中的 Array 和 Map 是相似的,Struct 与 C 语言中的 Struct 相似。

基本数据类型可以进行相互转换,其转换规则如下。

（1）基本数据类型是可以进行隐式转换的,例如,TinyInt 类型会自动转换为 Int 类型。

（2）不能由 Int 类型自动转为 TinyInt 类型。

（3）所有的整数类型、Float 和 String 类型都可以转换为 Double 类型。

（4）TinyInt、SmallInt、Int 类型都可以转换为 Float 类型。

（5）Boolean 类型不可以转换为其他任何类型。

（6）可以通过使用 Cast 操作显式地进行数据转换,例如,Cast('1' as int)将字符串转为整型;如果强制转换失败,如 Cast('X' as int),表达式返回的是 NULL。

下面介绍复杂数据类型。

（1）Array：Array 类型由一系列相同数据类型的元素组成,这些元素可以通过下标来访问。例如,有一个 Array 类型的变量 fruits,它由 ['apple','orange','mango']组成,通过 fruits[1]访问元素 orange,因为 Array 类型的下标是从 0 开始的。

（2）Map：Map 包含 key-value 键值对,可以通过 key 来访问元素。例如,"userlist"是一个 Map 类型,其中,username 是 key,password 是 value;通过 userlist['username']可以得到这个用户对应的 password。

（3）Struct：Struct 可以包含不同数据类型的元素。这些元素可以通过"."语法的方式来得到所需要的元素,例如,user 是一个 Struct 类型,那么可以通过 user.address 得到这个用户的地址。

6.2.2　Hive 数据模型

Hive 数据模型包括数据库、表、视图、分区和表数据等。数据库、表、分区等都对应 HDFS 上的一个目录。表数据对应 HDFS 对应目录下的文件。Hive 中所有的数据都存储在 HDFS 中，没有专门的数据存储格式，因为 Hive 是读模式（Schema On Read），用户可以自行组织 Hive 中的表，如 TextFile 等，仅需要在创建表时明确 Hive 数据中的行与列分隔符，Hive 即可解析数据。

下面详细介绍 Hive 的数据模型。

1. 表

Hive 中的表（Table）和数据库中的 Table 在概念上是类似的，每一个 Table 在 Hive 中都有一个相应的目录存储数据。例如，一个表 pvs 在 HDFS 中的路径为/wh/pvs，其中，wh 是在 hive-site.xml 中由 ${hive.metastore.warehouse.dir} 指定的数据仓库的目录，所有的 Table 数据（不包括 External Table）都保存在这个目录中。

Table 在加载数据的过程中，实际数据会被移动到数据仓库目录中；之后对数据的访问将会直接在数据仓库目录中完成。删除表时，表中的数据和元数据将会被同时删除。

2. 分区

分区（Partition）对应于数据库中的 Partition 列的密集索引，但是 Hive 中 Partition 的组织方式和数据库中的很不相同。在 Hive 中，表中的一个 Partition 对应于表下的一个目录，所有 Partition 的数据都存储在对应的目录中。例如，pvs 表中包含 ds 和 city 两个 Partition，则对应于 ds＝20090801，city＝US 的 HDFS 子目录为/wh/pvs/ds＝20090801/city＝US；对应于 ds＝20090801，city＝CA 的 HDFS 子目录为/wh/pvs/ds＝20090801/city＝CA。

3. 桶

桶（Bucket）对指定列计算 hash，根据 hash 值切分数据，目的是并行，每一个 Bucket 对应一个文件。例如，将 user 列分散至 32 个 Bucket，首先对 user 列的值计算 hash，对应 hash 值为 0 的 HDFS 目录为/wh/pvs/ds＝20090801/ctry＝US/part-00000；hash 值为 20 的 HDFS 目录为/wh/pvs/ds＝20090801/ctry＝US/part-00020。

4. 外部表

外部表（External Table）指向已经在 HDFS 中存在的数据，可以创建 Partition。它和 Table 在元数据的组织上是相同的，而实际数据的存储则有较大的差异。

与 Table 不同，External Table 只有一个过程，加载数据和创建表同时完成（CREATE EXTERNAL TABLE…LOCATION），实际数据存储在 LOCATION 后面指定的 HDFS 路径中，并不会移动到数据仓库目录中。当删除一个 External Table 时，仅删除元数据，表中的数据不会真正被删除。

下面简要对比分析两组数据模型。

（1）内部表和外部表。

大多数情况下，它们的区别并不明显，如果数据的所有处理都在 Hive 中进行，那么倾向于选择内部表，但是如果 Hive 和其他工具要针对相同的数据集进行处理，外部表更合适。

使用外部表访问存储在 HDFS 上的初始数据，然后通过 Hive 转换数据并存到内部表中。使用外部表的场景是针对一个数据集有多个不同的处理方式。通过外部表和内部表的区别和使用的对比可以看出来，Hive 其实只是对存储在 HDFS 上的数据提供了一种新的抽

象。而不是管理存储在 HDFS 上的数据。所以不管创建内部表还是外部表,都可以对 Hive
表的数据存储目录中的数据进行增删操作。

（2）分区表和分桶表。

Hive 数据表可以根据某些字段进行分区操作,细化数据管理,可以让部分查询更快。
同时,表和分区也可以进一步被划分为 Buckets,分桶表的原理和 MapReduce 编程中的
HashPartitioner 的原理类似。

分区和分桶都是细化数据管理,但是分区表是手动添加区分,由于 Hive 是读模式,所
以对添加进分区的数据不做模式校验,分桶表中的数据是按照某些分桶字段进行 Hash 散
列形成的多个文件,所以数据的准确性也高很多。

6.3　安装 Hive

本节介绍 Hive 的具体安装方法。

6.3.1　下载 Hive

登录 Linux 操作系统,打开浏览器,访问 Hive 官网下载安装文件（https://dlcdn.
apache.org/hive/）,如图 6.2 所示。

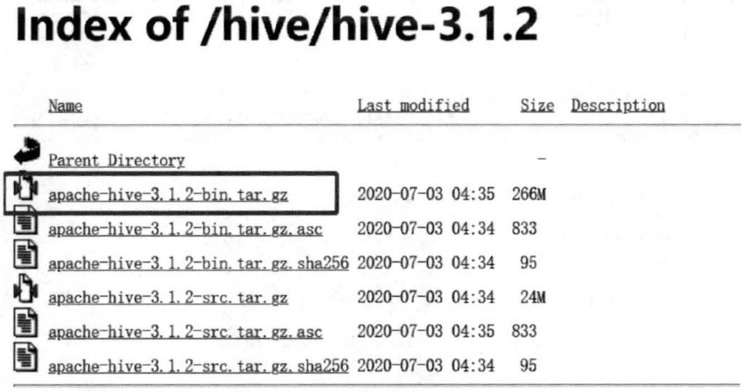

Index of /hive/hive-3.1.2

Name	Last modified	Size	Description
Parent Directory		–	
apache-hive-3.1.2-bin.tar.gz	2020-07-03 04:35	266M	
apache-hive-3.1.2-bin.tar.gz.asc	2020-07-03 04:34	833	
apache-hive-3.1.2-bin.tar.gz.sha256	2020-07-03 04:34	95	
apache-hive-3.1.2-src.tar.gz	2020-07-03 04:34	24M	
apache-hive-3.1.2-src.tar.gz.asc	2020-07-03 04:35	833	
apache-hive-3.1.2-src.tar.gz.sha256	2020-07-03 04:34	95	

图 6.2　hive-3.1.2 下载页面

6.3.2　安装配置 Hive

1. 解压压缩包

下载好的 Hive 安装文件是压缩包格式,需要对其解压。如图 6.3 所示,使用 tar 命令,
将其解压至/usr/local 目录下。终端输入命令:

```
sudo tar - zxvf ~/Downloads/apache - hive - 3.1.2 - bin.tar.gz - C /usr/local
```

2. 配置 HBase 环境变量

为使用方便,可以把 Hive 命令加入环境变量 PATH 中,这样可以在任意目录下使用
Hive 命令启动。使用 vi 命令,对~/.bashrc 文件进行编辑,在文件尾行添加如下内容。

```
export HIVE_HOME = /usr/local/hive
export PATH = $ PATH: $ HIVE_HOME/bin
```

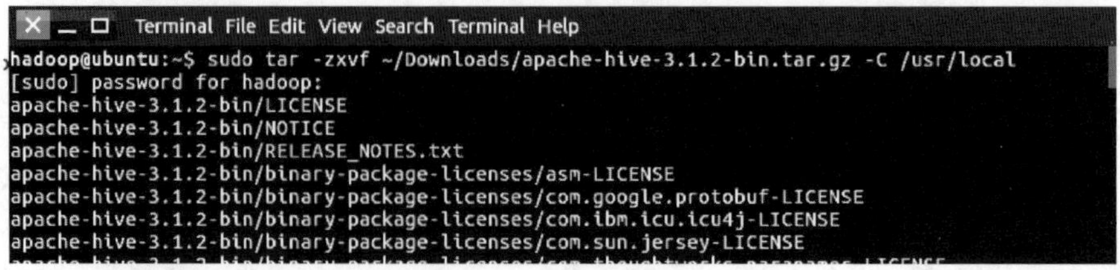

图 6.3　使用 tar 命令解压 Hive 压缩包

保存该文件并退出编辑模式,运行如下命令使配置立即生效。

source ~/. bashrc

3. 修改 Hive 系统文件

将/usr/local/hive/conf 目录下的 hive-default. xml. template 文件重命名为 hive-default. xml,命令如下。

cd /usr/local/hive/conf
mv hive – default. xml. template hive – site. xml

如图 6.4 所示,使用 vi 命令,对重命名的 hive-default. xml 文件进行编辑,在配置中输入如下信息。

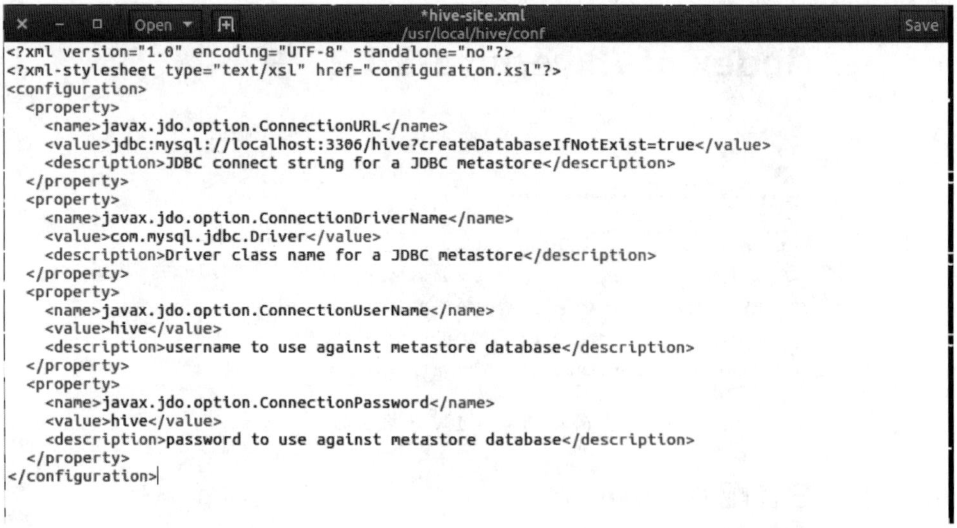

图 6.4　编辑 hive-default. xml 内容

```
< configuration >
  < property >
    < name > javax. jdo. option. ConnectionURL </name >
    < value > jdbc:mysql://localhost:3306/hive?createDatabaseIfNotExist = true </value >
    < description > JDBC connect string for a JDBC metastore </description >
  </property >
  < property >
    < name > javax. jdo. option. ConnectionDriverName </name >
    < value > com. mysql. jdbc. Driver </value >
    < description > Driver class name for a JDBC metastore </description >
  </property >
```

```
< property >
    < name > javax.jdo.option.ConnectionUserName </name >
    < value > hive </value >
    < description > username to use against metastore database </description >
</property >
< property >
    < name > javax.jdo.option.ConnectionPassword </name >
    < value > hive </value >
    < description > password to use against metastore database </description >
</property >
</configuration >
```

6.3.3 安装 MySQL

这里采用 MySQL 关系数据库来保存 Hive 的元数据。

1. 安装 MySQL

先更新软件源以获得最新版本,命令如下。

```
sudo apt - get update
```

执行下面的命令安装 MySQL。

```
sudo apt - get install mysql - server
```

安装过程如图 6.5 所示。

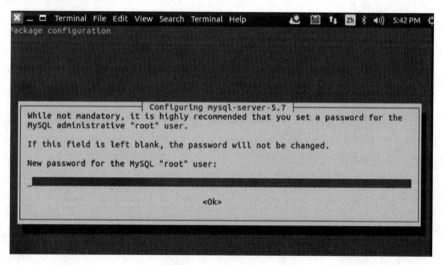

图 6.5 安装 MySQL

2. 启动 MySQL 服务

执行下面的命令启动 MySQL 服务,如图 6.6 所示。

```
service mysql start
```

如图 6.7 所示,可通过下面的命令查看 MySQL 是否启动成功,若看到 MySQL 处于 LISTEN 状态则表示成功。

```
sudo netstat - tap | grep mysql
```

图 6.6　启动 MySQL 服务

图 6.7　查看 MySQL 是否启动成功

6.3.4　配置 MySQL 允许 Hive 接入

1. 下载 MySQL JDBC 驱动程序

为了让 Hive 能够连接到 MySQL 数据库，需要下载并安装 MySQL JDBC 驱动程序。在 MySQL 官网（http://www.mysql.com/downloads/connector/j/）下载文件 mysql-connector-java-5.1.40.tar.gz，保存在 Linux 操作系统目录中。

2. 解压 MySQL JDBC 驱动程序

打开终端，使用 tar 命令对下载的 MySQL JDBC 文件进行解压，终端输入：

tar − zxvf ~/Downloads/mysql − connector − java − 5.1.40.tar.gz

把 mysql-connector-java-5.1.40/mysql-connector-java-5.1.40-bin.jar 文件复制到 Hive 安装文件中的 lib 文件夹下，命令如下。

cp mysql − connector − java − 5.1.40/mysql − connector − java − 5.1.40 − bin.jar /usr/local/hive/lib

3. 在 MySQL 中为 Hive 新建数据库

此时，需要在 MySQL 数据库中新建一个名为 hive 的数据库，用于保存 Hive 的元数据。新建的 hive 数据库与 Hive 配置文件 hive-site.xml 中的 mysql://localhost:3306/hive 需对应起来。

首先通过下面的命令进入 MySQL 数据库的 Shell 界面。

mysql − u root − p

在 MySQL Shell 界面中创建 Hive 数据库：

mysql > create database hive;

4. 配置 MySQL 允许 Hive 接入

需对 MySQL 进行权限设置，允许 Hive 连接到 MySQL。命令如下。

mysql > grant all on *.* to hive@localhost identified by 'hive';
mysql > flush privileges;

6.3.5　启动 Hive

1. 启动集群

Hive 是基于 Hadoop 的数据仓库，所以首先需要启动集群，具体命令步骤可参考第 15

章 Hadoop 大数据平台实践内容。

2. 启动 MySQL 服务

在终端中输入下面的命令来启动 MySQL 服务。

```
service mysql start
```

3. 启动 Hive

进入 Hive 的安装路径启动 Hive。

```
cd /usr/local/hive
./bin/hive
```

6.3.6 关闭 Hive

1. 关闭 Hive

通过下面的命令关闭 Hive。

```
exit;
```

2. 关闭 MySQL 服务

在终端中输入下面的命令来关闭 MySQL 服务。

```
service mysql stop
```

3. 关闭集群

可通过以下命令关闭集群。

```
stop-all.sh
```

6.4 Hive SQL

Hive SQL 与关系数据库的 SQL 相类似,具有 DDL(数据定义语言)、DML(数据操纵语言)以及常见的 DQL(数据查询操作)。但 Hive 不适用于联机(Online)事务处理,也不提供实时查询功能。

6.4.1 DDL 语句

DDL 包括创建(CREATE)、查看(SHOW)、修改(ALTER)、删除(DROP)等操作。

1. 创建

语法:

```
CREATE (DATABASE|SCHEMA) [IF NOT EXISTS] database_name
  [COMMENT database_comment]
  [LOCATION hdfs_path]
  [WITH DBPROPERTIES (property_name = property_value, …)];
```

例如:

创建数据库 mydb:

```
create database mydb if not exists test;
```

在指定路径下创建数据库：

```
create database mydb location '/hive/mydb';
```

创建数据库，并为数据库添加描述信息：

```
create database mydb comment 'my test db'
with dbproperties ('creator' = 'zhangsan', 'date' = '2019 − 5 − 24');
```

在数据库 mydb 中创建表 student，并定义列属性：

```
create table student(id int, name string, sex string, age int, department string) row format
delimited fields terminated by ",";
```

2. 查看

查询所有的数据库：

```
show databases;
```

查看 mydb 数据库的详细信息：

```
desc database mydb;
```

查看创建数据库 mydb：

```
show create database mydb;
```

3. 修改

更改修改人：

```
alter database mydb set dbproperties ('modifier' = 'user');
```

修改表（插入列）：

```
alter table student add columns(score int);
```

4. 删除

如果数据库中有表时，不能直接删除，需要先删除表再删除数据库：

```
drop table student;
drop database if exists student;
```

6.4.2　DML 语句

DML 包括加载（LOAD）、插入（INSERT）等操作。

1. 加载数据

语法：

```
LOAD DATA [LOCAL] INPATH 'filepath' [OVERWRITE] INTO TABLE tablename [PARTITION (partcol1 =
val1, partcol2 = val2 , ⋯ )]
```

将/hive/data/emp.txt 中的数据加载到表 emp 中：

```
load data inpath '/hive/data/emp.txt' overwrite into table emp;
```

2. 插入语句

语法：

```
INSERT OVERWRITE TABLE tablename [PARTITION (partcol1 = val1, partcol2 = val2 , … ) [IF NOT
EXISTS]] select_statement FROM from_statement;
INSERT INTO TABLE tablename [PARTITION (partcol1 = val1, partcol2 = val2 , … )] select_
statement1 FROM from_statement;
```

插入数据：

```
insert into emp(no,name,job) values(1001,'TOM','MANAGER');
insert into emp values(1002,'JOHN','CLERK',7786,'1995 - 8 - 28',1850.0,2.0,30);
insert overwrite table copy select * from emp;
```

INSERT 命令还可以用于将 SELECT 的结果输出到 HDFS 或本地的指定文件中，以作为 Hive 或其他分析操作的数据输入文件。

6.4.3　DQL 语句

DQL 主要是 SELECT 语句。

语法：

```
SELECT [ALL | DISTINCT] select_expr, select_expr, …
FROM table_reference
[WHERE where_condition]
[GROUP BY col_list [HAVING condition]]
[   CLUSTER BY col_list
  | [DISTRIBUTE BY col_list] [SORT BY| ORDER BY col_list]
]
[LIMIT number]
```

使用 ALL 和 DISTINCT 选项区分对重复记录的处理。默认是 ALL，表示查询所有记录。DISTINCT 表示去掉重复的记录。

Hive 的官方文档中对查询语言有很详细的描述，可以参考官方网站 http://wiki.apache.org/hadoop/Hive/LanguageManual。

WHERE 条件：类似传统 SQL 的 WHERE 条件；目前支持 AND、OR，0.9 版本支持 BETWEEN、IN、NOT IN；不支持 EXIST、NOT EXIST；ORDER BY 全局排序，只有一个 Reduce 任务；SORT BY 只在本机做排序。

LIMIT：LIMIT 可以限制查询的记录数，如 SELECT * FROM emp LIMIT 5。

查询销售记录最多的 5 个销售代表：

```
SET mapred.reduce.tasks = 1
  SELECT * FROM emp SORT BY amount DESC LIMIT 5
```

6.4.4　Hive 操作实例

现有一个文件 student.txt，将其存入 Hive 中，student.txt 数据格式如图 6.8 所示。

1. 启动 Hive

(1) 启动 Hadoop：start-all.sh。

(2) 启动 MySQL：service mysql start。

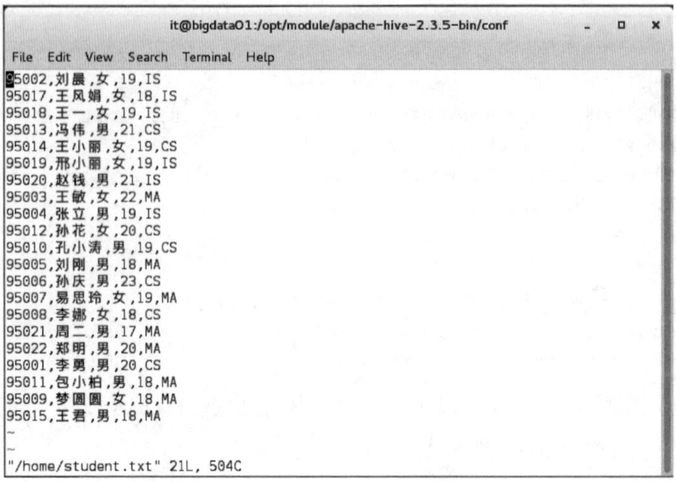

图 6.8　student.txt 中的数据

(3) 启动 Hive:hive。

启动 Hive,如图 6.9 所示。

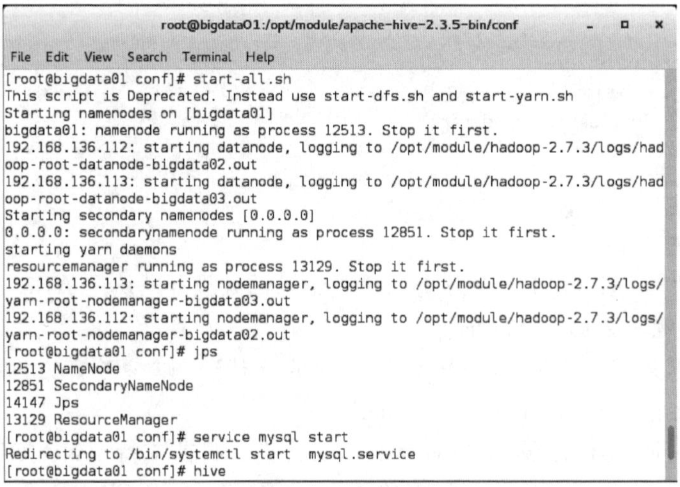

图 6.9　启动 Hive

2. 创建数据库

(1) 创建一个数据库 bigdata。

hive > create database bigdata;

(2) 使用新的数据库 bigdata。

hive > use bigdata;

(3) 查看当前正在使用的数据库。

hive > select current_database();

3. 创建表

(1) 在数据库 bigdata 中创建一张 student 表。

```
hive > create table student(id int, name string, sex string, age int, department string) row
format delimited fields terminated by ",";
```

（2）往表中加载数据。

```
hive > load data local inpath "/home/student.txt" into table student;
```

（3）查询数据。

```
hive > select * from student where age = '21';
```

实例操作运行效果如图 6.10 所示。

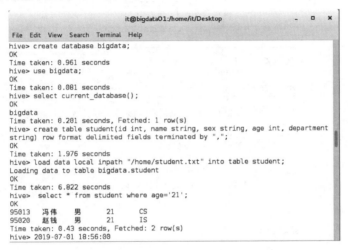

图 6.10　Hive 实例操作

6.5　Hive 访问接口

Hive 的访问接口主要包括 Hive CLI（控制命令行接口）、BeeLine、JDBC、ODBC、Web GUI 等。

HiveCLI 和 BeeLine 都是交互式用户接口，并且功能相似；JDBC 和 ODBC 是一种类似于编程访问关系数据库的访问接口；Web GUI 接口是通过浏览器的访问接口。Hive 的各个接口的模型图如图 6.11 所示。

下面简单介绍两种常用的访问接口。

6.5.1　Hive CLI 访问接口

在 Shell 环境下输入 Hive 命令可以启用 Hive CLI。在 CLI 下，所有的 Hive 语句都以分号结束。

在 CLI 下可以对一些属性做出设置，如设置底层 MapReduce 任务中 Reducer 的实例数。

下面列举几个 Hive CLI 常用的属性。

hive.cli.print.header：当设置为 true 时，查询返回结果的同时会打印列名。默认情况下设置为 false，因此不会打印。

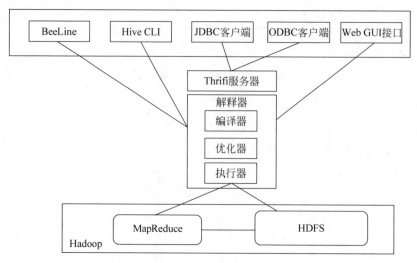

图 6.11　Hive 访问接口

想要开启列名打印的功能需要输入以下指令。

hive > set hive.cli.print.header = true;

hive.cli.print.current.db：当设置为 true 时，将打印当前数据库的名字。默认情况下设置为 false。

可以通过输入以下指令修改属性。

hive > set hive.cli.print.current.db = true;

6.5.2　JDBC 访问接口

Java 客户端可以使用预先提供的 JDBC 驱动来连接 Hive。连接步骤和其他兼容 JDBC 的数据库一样。首先载入驱动，然后建立连接。

JDBC 驱动的类名是 org.apache.hadoop.hive.jdbc.HiveDriver。

本地模式中使用的 JDBC 的 URL 是 jdbc:hive://。

如果是集群中的配置，那么 JDBC 的 URL 通常是这样的形式：jdbc:hive//< hostname >:< port >。

< hostname >是 Hive 服务器的主机名,< port >是预先配置的端口号（默认为 10000）。

习　　题

1. 简述 Hive 的工作原理。
2. 简述 Hive 的执行流程。
3. 简述 Hive 的数据类型。
4. 简述 Hive 的数据模型。
5. 简述 Hive SQL 包含哪些基本语句。
6. 用图 6.8 中的数据建表，查询所有姓孙的学生信息。

第**3**篇

大数据采集与预处理

随着互联网和物联网的快速发展，大数据规模不断增大，为实施有效的大数据分析和挖掘，有必要研究大数据采集与预处理相关技术。本篇着重介绍大数据采集与预处理技术，对常用大数据采集工具进行了简单介绍。

本篇包括第 7 和第 8 章。

第 7 章主要介绍了大数据采集与预处理相关技术，包括数据抽取、转换和加载技术，数据爬虫技术、数据清理、数据集成、数据变换和数据归约的方法和技术。

第 8 章主要介绍了几个常用的大数据采集工具，包括 Sqoop 关系型大数据采集工具、Flume 日志大数据采集工具、Kafka 消息队列大数据采集系统和分布式大数据 Nutch 爬虫系统。

第**7**章

大数据采集与预处理技术

本章主要介绍了数据抽取、转换、加载技术，包括 ETL 概述，数据抽取、转换和加载，以及数据爬虫技术和数据预处理技术。

数据抽取转换加载(Extract-Transform-Load,EFL)用来描述将数据从来源端经过抽取(Extract)、转换(Transform)、加载(Load)至目的端的过程。ETL 是构建数据仓库的重要一环，用户从数据源抽取出所需的数据，经过数据清洗，最终按照预先定义好的数据模型，将数据加载。

7.1 数据抽取、转换、加载技术

7.1.1 ETL 概述

ETL 是用来实现异构多数据源的数据集成的工具，其主要的功能如下。

(1) 数据的抽取。将数据从不同的网络、不同的操作平台、不同的数据库及数据格式、不同的应用中抽取出来。

(2) 数据的转换。数据转换(数据的合并、汇总、过滤、转换等)、重新格式化和计算数据、重新构建关键数据以及总结与定位数据。

(3) 数据的装载。将数据跨网络、操作平台装载到目标数据库中。

ETL 的实现有多种方法，常用的有三种。第一种是借助 ETL 工具(如 Oracle 的 OWB、SQL Server 2000 的 DTS、SQL Server 2005 的 SSIS 服务、Informatic 等)实现；第二种是以 SQL 方式实现；最后一种是 ETL 工具和 SQL 相结合。前两种方法各有各的优缺点，借助工具可以快速地建立起 ETL 工程，屏蔽了复杂的编码任务，提高了速度，降低了难度，但是缺少灵活性。SQL 方法的优点是灵活，提高 ETL 运行效率，但是编码复杂，对技术要求比较高。第三种是综合了前面两种的优点，会极大地提高 ETL 的开发速度和效率。

7.1.2 数据抽取

数据抽取就是一个从数据源中抽取数据的过程。具体来说，就是搜索整个数据源，使用某些标准选择合乎要求的数据，并把这些数据传送到目标文件中。对于数据仓库来说，必须根据增量装载工作和初始完成装载的变化来抽取数据。对于操作型系统来说，则需要一次性抽取和数据转换,这两个因素增加了数据抽取工作的复杂性。使用第三方工具往往会比内部编程更快实现需求。另一方面,内部编程增加了维护的成本,当源系统变化时,也很难维护。而第三方的工具则提供内在的灵活性,只需要改变它的输入参数就可以了。

数据抽取的要点包括:确认数据的源系统及结构;针对每个数据源定义抽取过程(人工抽取还是借助工具抽取),确定数据抽取的频率,表示抽取过程进程的时间窗口;决定抽取任务的顺序;决定如何处理无法抽取的输入记录。

通常,源系统的数据是以两种方式来存放的:当前值和周期性的状态。源系统中的大多数数据都是当前值类型,这里存储的属性值代表的是当前时刻的属性值,但这个值是暂时的,当事务发生时,这个值就会发生变化。周期性的状态指的是属性值存储的是每次发生变化时的状态。对于这个类型的操作型数据,进行数据抽取工作会相对容易很多,因为其变化的历史存储在源系统本身中。

从源操作系统中抽取的数据主要有两种类型:静态数据和周期性数据。静态数据是在一个给定时刻捕获的数据,就像是相关源数据在某个特定时刻的快照。对于当前数据或者暂时的数据来说,这个捕获过程包括所有需要的暂时数据。对于周期性数据来说,这一数据捕获包括每一个源操作型系统中可以获得的每个时间点的每一个状态或者事件。修正数据也称为追加的数据捕获,是最后一次捕获数据后的修正。修正数据可以是立刻进行的,也可以是延缓的。在立即型的数据捕获中,有三种数据抽取的方法:通过交易日志捕获、从数据库触发器中捕获以及从源应用程序中捕获。延缓的数据抽取有两种方法:基于日期和时间标记的捕获和通过文件的比较来捕获。

具体实现方法如下。

(1)处理相同的数据源处理方法。

这一类数据源在设计上比较容易。一般情况下,DBMS(SQL Server、Oracle)都会提供数据库连接功能,在 DW 数据库服务器和原业务系统之间建立直接的连接关系就可以写SELECT 语句直接访问。

(2)处理不同的数据源的处理方法。

对于这一类数据源,一般情况下也可以通过 ODBC(Open DataBase Connectivity,开放数据库连接)的方式建立数据库连接——如 SQL Server 和 Oracle 之间。如果不能建立数据库连接,可以有两种实现方式,一种是通过工具将源数据导出成.txt 或者.xls 文件,然后再将这些源系统文件导入 ODS(Operational Data Store,操作数据存储)中。另外一种方法是通过程序接口来完成。

(3)对于文件类型数据源(.txt、.xls),可以培训业务人员利用数据库工具将这些数据导入指定的数据库,然后从指定的数据库中抽取;或者还可以借助工具实现。

(4)增量更新的问题。

对于数据量大的系统,必须考虑增量抽取。一般情况下,业务系统会记录业务发生的时间,用来作增量的标志,每次抽取之前首先判断 ODS 中记录最大的时间,然后根据这个时间去业务系统中取大于这个时间所有的记录。

7.1.3　数据转换

数据转换的一个重要任务就是提高数据质量,包括补充已抽取数据中的缺失值、去除脏数据、修正错误格式等。

1. 数据清洗

数据清洗的任务是过滤那些不符合要求的数据,将过滤的结果交给业务主管部门,确认是否过滤掉,还是由业务单位修正之后再进行抽取。

不符合要求的数据主要有不完整的数据、错误的数据、重复的数据三大类。

(1)不完整的数据。这一类数据主要是一些应该有的信息缺失,如供应商的名称、分公司的名称、客户的区域信息缺失、业务系统中主表与明细表不能匹配等。将于这一类数据过滤出来,按缺失的内容分别写入不同 Excel 文件向客户提交,要求客户在规定的时间内补全。补全后才写入数据。

(2)错误的数据。这一类错误产生的原因是业务系统不够健全,在接收输入后没有进行判断直接写入后台数据库造成的。例如,数值数据输成全角数字字符、字符串数据后面有一个回车操作、日期格式不正确、日期越界等。这一类数据也要分类,对于类似于全角字符、数据前后有不可见字符的问题,只能通过写 SQL 语句的方式找出来,然后要求客户在业务系统修正之后抽取。日期格式不正确的或者日期越界的这一类错误会导致 ETL 运行失败,这一类错误需要去业务系统数据库中用 SQL 的方式挑出来,交给业务主管部门要求限期修正,修正之后再抽取。

(3)重复的数据。对于这一类数据将重复数据记录的所有字段导出来,让客户确认并整理。

数据清洗是一个反复的过程,不可能在几天内完成,只有不断地发现问题、解决问题。对于是否过滤、是否修正一般要求客户确认,对于过滤掉的数据,写入 Excel 文件或者将过滤数据写入数据表,在 ETL 开发的初期可以每天向业务单位发送过滤数据的邮件,促使他们尽快地修正错误,同时也可以作为将来验证数据的依据。数据清洗需要注意的是不要将有用的数据过滤掉,对于每个过滤规则认真进行验证,并要求用户确认。

2. 数据转换

数据转换的功能包含一些基本的任务:选择、分离/合并、转换、汇总和丰富。转换功能要完成格式修正、字段的解码、计算值和导出值、单个字段的分离、信息的合并、特征集合转换、度量单位的转换、日期/时间转换、汇总、键的重新构造等工作。

(1)不一致数据转换。这个过程是一个整合的过程,将不同业务系统的相同类型的数据统一,例如,同一个供应商在结算系统中的编码是 XX0001,而在 CRM 中的编码是YY0001,这样在抽取过来之后统一转换成一个编码。

(2)数据粒度的转换。业务系统一般存储非常明细的数据,而粗粒度数据是用来分析的。一般情况下,会将业务系统数据按照数据粒度进行聚合。

(3)商务规则的计算。不同的企业有不同的业务规则、不同的数据指标,这些指标有的时候不是简单地加加减减就能完成,这个时候需要在 ETL 中将这些数据指标计算好了之后存储起来,以供分析使用。

7.1.4　数据加载

加载是 ETL 过程中的最后一步,将数据最终加载到目标数据结构中。在数据加载到数据库的过程中,分为全量加载(更新)和增量加载(更新)两种加载操作。

(1) 全量加载:全表删除后再进行数据加载的方式。

(2) 增量加载:目标表仅更新源表变化的数据。

全量加载从技术角度上说,比增量加载要简单很多。一般只要在数据加载之前,清空目标表,再全量导入源表数据即可。但是由于数据量、系统资源和数据的实时性的要求,很多情况下都需要使用增量加载机制。

增量加载难度在于必须设计正确有效的方法从数据源中抽取变化的数据以及虽然没有变化,但受到变化数据影响的源数据,同时将这些变化的和未变化但受影响的数据在完成相应的逻辑转换后更新到数据集合中。优秀的增量抽取机制不但要求 ETL 能够将业务系统中的变化数据按一定的频率准确地捕获到,同时不能对业务系统造成太大的压力,影响现有业务,而且要满足数据转换过程中的逻辑要求和加载后目标表的数据正确性,同时数据加载的性能和作业失败后的可恢复重启的易维护性也是非常重要的考量方面。

增量抽取机制比较适用于以下特点的数据表。

- 数据量巨大的目标表。
- 源表变化数据比较规律,例如,按时间序列增长或减少。
- 源表变化数据相对数据总量较小。
- 目标表需要记录过期信息或者冗余信息。
- 业务系统能直接提供增量(delta)数据。

如果每次抽取都有超过 1/4 的业务源数据需要更新,就应该考虑更改 ETL 的加载方法,由增量抽取改为全量抽取,另外,全量抽取对于数据量较小、更新频率较低的系统也比较适用。

ETL 增量加载在方式上主要包括:

- 系统日志分析方式。
- 触发器方式。
- 时间戳方式。
- 全表比对方式。
- 源系统增量(delta)数据直接或者转换后加载。

7.1.5　ETL 工具

ETL 工具所要完成的工作主要包括三个方面。首先,在数据存储和业务系统之间搭建起一座桥梁,确保新的业务数据能够源源不断地进入数据存储。其次,用户的分析和应用能够反映最新的业务动态,虽然 ETL 在数据仓库架构的三部分中技术含量并不高,但其涉及大量业务逻辑和异构环境,因此在一般的数据存储项目中,ETL 部分往往会消耗最多的精力。最后,从整体角度来看,ETL 的主要作用是为各种基于数据存储的分析和应用提供统一的数据接口,屏蔽复杂的业务逻辑,而这正是构建数据存储最重要的意义所在。ETL 工具的正确选择,可以从多方面考虑,如 ETL 对平台的支持、对数据源的支持、数据转换功能、管理和调度功能、集成和开放性、对元数据管理等。

随着各种应用系统数据量的飞速增长,以及对业务可靠性等要求的不断提高,人们对数据抽取工具的要求也在不断提高,ETL 过程早已不再是一个简单的小程序就可以完成。目前主流的工具都采用多线程、分布式、负载均衡、集中管理等高性能、高可靠性与易管理和扩展的多层体系架构。

专业的 ETL 厂商和主流工具主要有 Sqoop、Flume、OWB(Oracle Warehouse Builder)、ODI(Oracle Data)、Informatic PowerCenter(Infomatica 公司)、AICloudETL、DataStage(Ascential 公司)、Repository Explorer、Beeload、Kettle、DataSpider、ETL Automation(NCR Teradata 公司)、Data Intergrator(Business Objects 公司)和 DecisionStream(Cognos 公司)。

7.2 数据爬虫技术

爬虫是一种获取数据的工具,通过 URL(统一资源定位符,互联网资源存放位置的标准地址)对互联网进行尽可能广泛的遍历。在网络爬虫的系统框架中,主过程由控制器、解析器、资源库三部分组成。控制器的主要工作是负责给多线程中的各个爬虫线程分配工作任务。解析器的主要工作是下载网页,进行页面的处理,主要是将一些 JS 脚本标签、CSS 代码内容、空格字符、HTML 标签等内容处理掉,爬虫的基本工作是由解析器完成的。资源库用来存放下载的网页资源,一般都采用大型的数据库(如 Oracle)存储,并对其建立索引。

在爬虫不断获取新数据的过程中,也会定期更新一部分网页,使得数据尽可能保持时效性。由于互联网数据不仅量大,而且更新频率也较快,然而一般爬虫每天下载的互联网资源有限,这意味着爬虫的设计者必须对爬虫架构进行优化,并且需要对资源下载方式及下载性能进行全面考虑,以保证在最短时间内下载更多的互联网数据信息。除此之外,还需要考虑互联网资源的持续可访问性,并对网页去重、链接去重等一系列问题深入思考。

7.2.1 爬虫流程

1. 发起请求

通过 HTTP 库向目标站点发起请求,即发送一个 Request,请求可以包含额外的 headers 等信息,等待服务器响应。爬虫从已经初始化好的网页链接队列中取出种子链接(如 http://www.csdn.net 等),通过这些种子链接不断地从互联网中获得新的网页数据。

2. 获取响应内容

如果服务器能正常响应,会得到一个 Response,Response 的内容便是所要获取的页面内容,类型可能有 HTML、JSON 字符串、二进制数据(如图片视频)等。通过网页链接下载相应网页数据,通过分析网页数据提取新的链接存储到链接的后续队列中,且将访问过的网页链接进行已访问标记。

3. 解析内容

依次不间断地从队列中获取链接并逐一访问,理论上,链接集合中的所有链接均被访问后,爬虫将停止工作。得到的内容可能是 HTML,可以用正则表达式、网页解析库进行解析。可能是 JSON,可以直接转为 JSON 对象解析,可能是二进制数据,可以做保存或者进一步的处理。

4. 保存数据

保存形式多样，可以存为文本，也可以保存至数据库，或者保存特定格式的文件。

7.2.2　爬虫分类

通常将爬虫分为三类，分别是通用爬虫、主题爬虫和分布式爬虫。

1. 通用爬虫

如图 7.1 所示是一个通用爬虫的流程。首先，采用人工或者机器识别的方式从互联网中选出一部分网站页面，将这些页面的 URL 地址作为 URL 种子集，将 URL 种子集中的 URL 链接依次加入 URL 爬取队列中，爬虫工作从爬取队列中读出页面的 URL 地址，并将网页的 URL 链接地址进行 DNS 域名解析，变为网站服务器 IP 地址，网页下载器根据 IP 地址复制下载页面内容。这些页面内容被存储到页面库中，等待对其建立索引。为了避免抓取到相同的页面，会有一个存放已经抓取过的网页 URL 信息的队列。从被下载的页面中解析出其包含的 URL 链接，根据上文提到的已抓取 URL 队列，判断这些 URL 链接是否爬取过。如果还没有被爬取，则在 URL 爬取队列末尾加入该链接，等待后续爬虫任务抓取该网页内容。直至 URL 爬取队列为空，爬虫过程停止，说明爬虫系统已将能够抓取的网页全部抓取完毕。

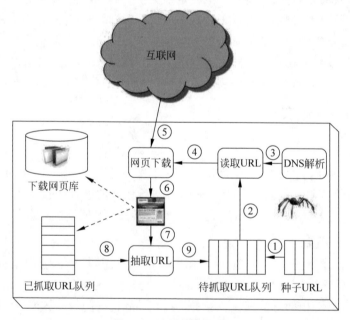

图 7.1　通用爬虫的流程

一个通用爬虫的整体工作流程中，从宏观的角度来看动态爬取网页的过程，考虑到爬虫工作和互联网所有网页之间的关系，大致可以将这些网页划分为以下 5 类。

（1）已下载网页集合：是指爬虫系统已经从互联网下载到本地等待进行索引工作的网页集合。

（2）已过期网页集合：是指考虑到爬虫过程持续时间过长而网页在这个过程中发生了改变，特别是指同一个 URL 链接代表的已经被爬取下载到本地的网页，和实际该 URL 链接在互联网中链向的网页内容不一致的情况。

（3）待下载网页集合：是指处于图 7.1 中 URL 待爬取队列中的 URL 地址指向的网页，爬虫系统网页下载器即将下载这些网页。

（4）可知网页集合：是指那些没有出现在 URL 待爬取队列中也没有被爬虫系统下载的网页，但是通过已被爬取下载的网页或者在 URL 待爬取队列中的网页的链接关系，可以发现这些可知网页，稍后会被爬虫系统抓取并建立索引。

（5）不可知网页集合：是指爬虫无法爬取到的一些网页。不可知网页在实际情况中占据了很高的比例。

2. 主题爬虫

主题爬虫的目的是抓取与事先规定的某个主题范围相关的网页，在主题爬虫过程中，建立初始 URL 集合，集合中的 URL 链接必须紧扣要爬取的主题，这一点与通用网络爬虫不太相同。主题爬虫对要爬取的页面使用某些算法进行主题判断，将主题无关的网页排除，在系统不断爬取网页的过程中，将与主题相关的网页 URL 链接加入 URL 待抓取队列中，然后根据指定的搜索策略选择抓取待抓取队列中网页，如此循环，直到满足爬虫停止条件。主题爬虫需要尽可能多地识别并爬取相关主题的网页，避免下载主题无关的网页。

现阶段，可以分别对主题爬虫的以下 4 个方面来进行研究：一是怎样描述页面主题，通过什么方式进行描述更为准确；二是对待爬取队列中的 URL，按照什么规则进行排序，使得这个排列顺序更符合要与爬取的主题相关性递减，这个规则算法区分了每个主题爬虫，这也使其与通用网络爬虫的深度或广度优先抓取策略不同；三是如何在爬取过程中动态地识别出与主题相关的页面，通过什么方法进行相关性的判断，通常有对网页锚文本相关性进行计算来判断，也可以预下载网页内容进行分析；四是如何将主题相关而没有直接链接关系的网页尽可能全部覆盖抓取，而不是只局限于抓取具有主题相邻的网页。对这 4 个方面的研究与改进，不同的主题爬虫侧重点不尽相同。

3. 分布式爬虫

在面对海量数据时，商业搜索引擎为了在较短的时间内抓取到尽可能多的网页数据，其后台爬虫模式离不开分布式的网络爬虫架构。分布式网络爬虫架构体系使用多层级模式，保证了爬取网页的及时性与覆盖面。一个大型分布式爬虫分为三个层级：分布式数据中心、分布式抓取服务器及分布式爬虫程序。多个爬虫程序运行在一台抓取服务器上，多个抓取服务器构成抓取集群，也就是分布式数据中心。

常见的分布式爬虫系统架构，根据不同机器之间分工协同方式的差异可以分为两种：主从式分布爬虫和对等式分布爬虫。两者各有优势，也各有缺陷。

对于主从式来讲，不同的机器分工明确，有一台 Master 机器是控制结点，负责将 URL 任务分发到其他 Slave 机器、维护 URL 待爬取队列和管理各个 Slave 机器的负载均衡，Slave 机器执行下载网页的工作，Slave 机器与 Slave 机器不能直接通信。主从式分布爬虫模式下，Master 机器容易成为爬虫系统的瓶颈，导致整个爬虫性能的下降。

对于对等式来讲，所有的抓取机器在分工上没有不同，每台机器可以独立完成网页爬取任务。每台抓取器之间的分工有一定的运算逻辑（如哈希取模，hash［域名］%m，m 为抓取机器数量），将运算值发送到对应编号相同的机器上，由运算的结果来决定由哪台服务器做抓取网页的工作。对等分布结构爬虫中，每台服务器都可以单独工作。但是容易出现的问题是：可能会导致某台服务器的任务过重，负载不均衡，倘若其中任何一台服务器出现故障，那么这台服务器对应的链接可能会无法进行抓取。但也有通过一致性环形哈希确定链接对应的爬虫结点，不再通过简单的哈希取模的方式选择服务器，保证在服务器即使出现故障的情况下，也能正常进行数据抓取工作。除此之外，对等分布式爬虫还具备高可扩展性、容错性。但是由于服务器之间的频繁相互通信，会占用部分宽带资源。

7.2.3　大数据爬虫技术

1. 爬虫协议

爬虫协议即 Robots 协议，其全称为"网络爬虫排除协议"，网站通过 Robots 协议告诉网

图 7.2　CSDN 的爬虫协议

站中哪些数据可以被爬取，哪些数据不可以被爬取。当人们使用爬虫时也应当尊重网站的意愿并帮助其保护隐私。若网站没有设置爬虫协议，则默认允许各种爬虫操作。

爬虫协议的内容为一个 robots.txt，在浏览器中输入"https://www.csdn.net/robots.txt"，即可查看 CSDN 论坛的爬虫协议了，如图 7.2 所示。

对 Robots 协议的解析如下。

1）User-agent

代表允许爬虫的名称，在这里 * 代表了"any robot"，即对全部爬虫有效。各大搜索引擎爬虫名称如表 7.1 所示。

表 7.1　主流搜索引擎爬虫

爬 虫 名 称	功　　能
Googlebot	Google 对一般网页的爬虫程序
Googlebot-Mobile	Google 对移动设备例如手机的爬虫程序
Googlebot-Image	Google 专门用来抓取图片的爬虫程序
Baiduspider	百度爬虫
Yahoo! Slurp	雅虎爬虫
YodaoBot	有道爬虫
sougou spider	搜狗爬虫

2）Disallow

在本例中，/scripts 代表不允许爬取当前域名下的/scripts 目录。/css/表示不允许爬取当前域名下的/css/目录下的所有资源，其他同理。

3）Allow

在本例中没有体现，表示允许爬取的位置或者目录。

4）Sitemap

Sitemap 可方便网站管理员通知搜索引擎他们网站上有哪些可供抓取的网页。

2. 链接提取

链接提取可以采用正则表达式的方式。对于一个链接，例如"< a href＝"https://

www. csdn. net/" target＝"_blank">大数据</a>"需要提取两部分内容,一个是"a"标签中链接描述的信息,另一个是"href"中对应的链接。

需要注意的是,如对"https∶//www. csdn. net/nav/bigdata"页面进行分析后抽取出的"a"标签,代码如下。

```
< a href = "a. html" target = "_blank"> Hadoop </a>
< a href = "/b. html" target = "_blank"> MapReduce </a>
< a href = "./c. html" target = "_blank"> Spark </a>
< a href = "../d. html" target = "_blank"> Kafka </a>
```

在上述标签中,提取到的"href"为相对链接,需要将相对链接转换为绝对链接,如表 7.2所示。

表 7.2 相对链接含义及转换为绝对链接

相 对 链 接	含 义	转换为绝对链接
"a. html"	当前页面下的链接	https∥www. csdn. net/nav/bigdata/a. html
"b. html"	Web 站点的根目录下网页	https∥www. csdn. net/b. html
"c. html"	当前目录下链接	https∥www. csdn. net/nav/bigdata/c. html
"../d. html"	上级目录下链接	https∥www. csdn. net/nav/d. html

3. 链接去重

爬虫每次进行页面分析都会获取新的链接,在这些链接集合中难免出现重复,通过链接去重可以提升数据采集的准确率,提高效率。若处理的爬虫数据量不大,可以使用哈希过滤、分布式数据库和磁盘路径方法解决链接去重问题。但是面对现代搜索引擎爬虫产生的大数据,以上三种方法缺点也很明显。哈希过滤占用内存过大,分布式数据库处理数据速度缓慢,磁盘路径方法使得文件碎片化过大。因此,选择使用布隆过滤器,布隆过滤器是一种数据结构,它实际上是一个很长的二进制向量和一系列随机映射函数。布隆过滤器可以用于检索一个元素是否在一个集合中。它的优点是空间效率和查询时间都比一般的算法要好得多,缺点是有一定的误识别率和删除困难。

布隆过滤器的设计思想是:首先当一个网页链接被放置到链接集合后,通过 k 个不同的哈希函数将这个元素拆分为 k 个值,接下来利用映射函数,将 k 个值分别映射成一个Byte[]数组中的 k 个点,然后将所在位置全部设置为 1。当其他链接被查询时,通过相同的 k 个哈希函数和映射函数最终确定在 Byte[]数组上的所有值是否全部为 1 即可。若不全为1 则该 URL 一定不存在。

4. 非网页数据获取

非网页数据主要包括 Excel、TXT、Word、PDF、PPT 以及 RSS 等,除 TXT 文件可以直接进行数据读取之外,其他非网页数据必须借助相应的读取引擎进行内容获取,PDF 的读取引擎是 Apache PDFBox 或者是 Xpdf、Word、Excel、PPT 的读取引擎为 Apache POI。

RSS(Really Simple Syndication,简易信息聚合)是一种基于 XML 标准的信息聚合技术,目的是提供一种更为方便、高效的互联网信息的发布和共享,用更少的时间分享更多的信息。因此,大部分新闻网站都会提供 RSS,使用这种格式的数据具有高效率、高实时、高度准确的特点。RSS 的解析方式和 HTML 相同,且有规范的格式,通过分析 XML 可以精准提取出文档的发布日期、作者、标题、摘要、链接等相关信息。

5. 网页去重

通过链接去重可以解决爬取相同网页的问题，但是难免存在相似的爬虫页面，例如，某篇新闻被转载到另一个新闻网站，但是都会被爬取下来。存储重复性文档及索引重复性文档，对存储空间和 CPU 都会造成额外的不必要的任务消耗。而对于网页相似一般有三种情况：完全相似、内容相似和局部相似。完全相似指不仅内容上一致，在网页布局格式上也一致，此类完全重复一般发生在同一个站点的多个域名下。第二种内容相似，指文档内容相同，页面布局格式不同，这种情况一般发生于转载。第三种局部相似，指对于网页的内容有部分相似，这类情况大多发生于文章段落的引用。

针对这种情况，Simhash 算法被提出，利用赋予文档指纹的概念，来解决大数据爬虫网页去重这个问题，即指纹相似度越高，重复率越高。Simhash 的设计理念是：将一输入作为一个二维集合，集合中包含 N 个字符串及其相对应的权重，输出一个 M 位的二进制签名串。这个过程首先需要对每个字符串进行字符串二进制化，接下来对得到的二进制值进行加权，然后将加权值进行累加，累加顺序按照各自位置进行，最后将累加结果进行降维得出最终的二进制字符串。

在大数据爬虫进行分析处理过程中，为了减少计算量，并不需要将所有正文进行文档指纹签名，在获取到文档正文内容后，先对正文进行关键词权重分析，将正文关键词按权重排序；接下来筛选前 N 个关键词，进行文档指纹签名，得出最终的文档指纹签名；然后将文档指纹签名分为若干份，建立哈希查找表；最后将比较文档的指纹签名进行拆分，通过哈希表按块查找。将对应集合一次比较，判断是否重复。

6. 广告识别

网页中存在大量噪声，包括头部导航栏、侧边栏和广告信息等。导航栏和侧边栏可以通过正文提取时，根据文字分布情况过滤，但是广告信息复杂多变，其存在不仅对信息的读取造成影响而且占用不必要的内存空间。如何有效过滤广告也是人们应该了解的技术。

在实际应用中，可以借鉴 Adblock plus 的思想。Adblock plus 是著名的广告过滤插件，其对于浏览器在对广告鉴别方式上有比较好的借鉴作用：判定页面的元素是不是广告，并不需要通过分析网页结构、机器学习的方式，而是如果大家都浏览过这些页面，而且判定这些页面中某些元素是广告，那么 Adblock plus 则认定这就是广告。

Adblock plus 构建了一套完整的广告过滤规则库，例如，"‖www. csdn. net^ \$ third-party"表示阻挡站点"www. csdn. net"中所有的第三方请求，则第三方请求包括 Flash、图片等全部都会被移除；"♯♯♯div♯ * adv"表示移除所有 div 中 id 包含 adv 的元素。这些例子都给了人们编程的启发。在实际应用中，人们还可以利用转换规则和建立查找表的方式来进行广告过滤拦截，了解即可，这里不做赘述。

7.3　数据预处理技术

实际的数据库极易受噪声、缺失值和不一致数据的侵扰，因为数据库太大，并且多半来自多个异种数据源。低质量的数据将会导致低质量的挖掘结果，因此人们需要使用数据预处理技术。

（1）数据清理：可以用来清除数据中的噪声，纠正不一致。

（2）数据集成：将数据由多个数据源合并成一个一致的数据存储，如数据仓库或数据立方体。

（3）数据变换：（例如，规范化）可以改进涉及距离度量的挖掘算法的精度和有效性，如0.0到1.0。

（4）数据归约：可以通过如聚集、删除冗余特征或聚类等方法来降低数据的规模。

这些技术不是排斥的，可以一起使用。

7.3.1　数据清理

现实世界中的数据一般是不完整的、有噪声的和不一致的。数据清理例程试图填充缺失的值、光滑噪声并识别离群点、纠正数据中的不一致。

1. 缺失值

要处理缺失的属性，实现方法如下。

（1）忽略元组。当缺少类标号时通常这样做（假设挖掘任务设计分类）。除非元组有多个属性缺失值，否则该方法不是很有效。当每个属性缺失值的百分比变化很大时，它的性能特别差。采用忽略元组方法时，不能使用该元组的剩余属性值。这些数据可能对手头的任务是有用的。

（2）人工填写缺失值。一般来说，该方法很费时，并且当数据集很大、缺失很多值时该方法可能行不通。

（3）使用一个全局值填充缺失值。将缺失的属性值用同一个常量（如"Unknow"或−∞）替换。如果缺失的值都使用"Unknow"替换，则挖掘程序可能误认为它们形成了一个有趣的概念，因为它们都具有相同的值——"Unknow"。因此，尽管该方法简单，但是并不十分可靠。

（4）使用属性的中心度量（如均值或中位数）填充缺失值。对于正常的（对称的）数据分布而言，可以使用均值，而倾斜数据分布应该使用中位数。

（5）使用与给定元组属同一类的所有样本的属性均值或中位数。

（6）使用最可靠的值填充缺失值。可以用回归、贝叶斯形式化方法的基于推理的工具或决策树归纳确定。

方法（3）～（6）使数据有偏，可能填入的数据不准确。然而，方法（6）是最流行的策略。与其他方法相比，它使用已有数据的大部分信息来预测缺失值。

需要注意的是，在某些情况下，缺失值并不意味着数据有错误。理想情况下，每个属性都应当有一个或多个空值条件的规则。这些规则可以说明是否允许空值，并且/或者说明这样的空值应该如何处理或转换。如果在业务处理的稍后步骤提供值，字段也可能故意留下空白。因此，尽管在得到数据后可以清理数据，但好的数据库和数据输入设计将有助于在第一现场把缺失值或者错误的数量降至最低。

2. 噪声数据

噪声是被测量的变量的随机误差或方差。可以使用基本的数据统计描述技术（例如，盒图或者散点图）和数据可视化方法来识别可能代表噪声的离群点。

（1）分箱：分箱方法通过考察数据的"近邻"（即周围的值）来光滑有序的数据值。这些有序的值被分布到一些"桶"或箱中。由于分箱方法考察近邻的值，因此它进行局部的光滑。

类似地，还可以使用箱中位数光滑，此时，箱中的每一个值都被替换为该箱的中位数。对于箱边界光滑，给定箱中的最大值和最小值同样被视为箱边界，而箱中的每一个值都被替换为箱边界。一般而言，宽度越大，光滑效果越明显。箱也可以是等宽的，其中每个箱值的区间范围是常量。

（2）回归：可以用一个函数拟合数据来光滑数据。这种技术称为回归。线性回归涉及找出拟合两个属性（或变量）的"最佳"直线，使得一个属性可以用来预测另一个。多元线性回归是线性回归的扩充，其中涉及的属性多于两个，并且数据拟合到一个多维曲面。

（3）离群点分析：可以通过如聚类来检测离群点。聚类将类似的值组织成群或"簇"。直观地，落在簇集合之外的值被视为离群点。

（4）计算机和人工检查结合：可以通过计算机和人工检查结合的办法来识别孤立点。例如，在一种应用中，使用信息理论度量，帮助识别手写体字符数据库中的孤立点。度量值反映被判断的字符与已知的符号相比的"差异"程度。孤立点模式可能是提供信息的（例如，识别有用的数据异常）或者是"垃圾"（例如，错标的字符）。其差异程度大于某个阈值的模式输出到一个表中。人可以审查表中的模式，识别真正的垃圾。这比人工地搜索整个数据库快得多。在其后的数据挖掘应用时，垃圾模式将从数据库中清除掉。

7.3.2　数据集成

数据分析任务多半要涉及数据集成。数据集成将多个数据源中的数据结合起来存放在一个一致的数据存储中。这些数据源可能包括多个数据库、数据立方体或一般文件。

在数据集成时，有许多问题需要考虑。来自多个信息源的现实世界的实体如何才能"匹配"。这涉及实体识别问题。

冗余是另一个重要问题。一个属性，如果能由另一个表（如年薪）"导出"，它是冗余的。属性或维命名的不一致也可能导致数据集中的冗余。

除了属性之间的冗余外，"重复"也应当在元组级进行检测。重复是指对于同一数据，存在两个或多个相同的元组。

数据集成的第三个重要问题是数据值冲突的检测与处理。例如，对于现实世界的同一实体，来自不同数据源的属性值可能不同。这可能是因为表示、比例或者编码不同。例如，重量属性可能在一个系统中以公制单位存放，而在另一个系统中以英制单位存放。不同旅馆的价格不仅可能涉及不同的货币，而且可能涉及不同的服务（如免费早餐）和税收。数据这种语义上的异种性，是数据集成的巨大挑战。

将多个数据源中的数据集成起来，能够减少或避免结果数据集中数据的冗余和不一致性。这有助于提高其后挖掘的精度和速度。

7.3.3　数据变换

数据变换就是将数据转换成适合于挖掘的形式。数据变换可能涉及如下内容。

（1）平滑：去掉数据中的噪声。这种技术包括分型、聚类和回归。

（2）聚集：对数据进行汇总和聚集。例如，可以聚集日销售数据，计算月和年销售额，通常这一步用来为多粒度数据分析构造数据立方体。

（3）数据概化：使用概念分层，用高层次概念替换低层次"原始"数据。例如，分类的属性，如 street，可以概化为较高层的概念，如 city 或 country。类似地，数值属性，如 age，可以映射到较高层概念，如 young、middle-age 和 senior。

（4）属性构造（或特征构造）：可以构造新的属性并添加到属性集中，以帮助挖掘过程。

（5）规范化：将属性数据按比例缩放，使之落入一个小的特定区间，如 $-1.0 \sim 1.0$ 或 $0.0 \sim 1.0$。

对于分类算法，如涉及神经网络的算法或注入最邻近分类和聚类的距离度量分类算法，规范化特别有用。如果使用神经网络后向传播算法进行分类挖掘，对于训练样本属性度量输入值规范化将有助于加快学习阶段的速度。对于基于距离的方法，规范化可以帮助防止具有较大初始值域的属性（例如 income）与具有较小初始值域的属性（例如，二进位属性）相比，权重过大。有许多数据规范化的方法，这里介绍三种：最小-最大规范化、z-score 规范化和按小数定标规范化。

1. 最小-最大规范化

对于原始数据进行线性变换。假定 $\min_A$ 和 $\max_A$ 分别为属性 A 的最小值和最大值。最小-最大规范化通过计算

$$v' = \frac{v - \min_A}{\max_A - \min_A}(\text{new}_{\max_A} - \text{new}_{\min_A}) + \text{new\_min}_A$$

将 A 的值 v 映射到区间 $[\text{new\_min}_A, \text{new\_max}_A]$ 中的 v'。最小-最大规范化保持原始数据值之间的关系。如果今后的输入落在 A 的原数据区之外，该方法将面临"越界"错误。

例 7.1 假定属性 income 的最小值与最大值分别为 15 000 元与 80 000 元，可以映射 income 到区间 $[0.0, 0.1]$。根据最小-最大规范化，income 的值 58 000 元将变换为 $\frac{58\ 000 - 15\ 000}{80\ 000 - 15\ 000}(1.0 - 0.0) = 0.662$。

2. z-score 规范化（或零-均值规范化）

属性 A 的值基于 A 的平均值和标准差规范化。A 的值 v 被规范化为 v'，由下式计算：

$$v' = \frac{v - \overline{A}}{\sigma_A}$$

其中，$\overline{A}$ 和 σ_A 分别为属性 A 的平均值和标准差。当属性 A 的最大值和最小值未知，或孤立点左右了最大-最小规范化时，该方法是有用的。

例 7.2 假定属性 income 的平均值和标准差分别为 46 000 元和 12 000 元。使用 z-score 规范化，值 58 000 元被转换为 $\frac{58\ 000 - 46\ 000}{12\ 000} = 1$。

3. 按小数定标规范化

通过移动属性 A 的小数点位置进行规范化。小数点的移动位数依赖于 A 的最大绝对值。A 的值 v 被规范化为 v'，由下式计算。

$$v' = \frac{v}{10^j}$$

其中，j 是使得 $\max(|v'|)<1$ 的最小整数。

　　例 7.3　假定 A 的值由-996 到 965。A 的最大绝对值为 996。使用小数定标规范化，用 $1000(j=3)$ 除每个值。这样，-996 被规范化为 -0.996。

　　需要注意的是，规范化将原来的数据改变了很多，特别是上述后两种方法。有必要保留规范化参数（如平均值和标准差，如使用 z-score 规范化），以便将来的数据可以用一致的方式规范化。

7.3.4　数据归约

　　在数据清理、集成与变换后，能够得到整合了多数据源同时数据质量完好的数据集。但是，集成与清洗无法改变数据集的规模。人们依然需通过技术手段降低数据规模，这就是数据归约（Data Reduction）。用一句话来说，数据归约就是缩小数据挖掘所需的数据集规模，具体方式有维度规约与数量规约。

　　数据归约的策略如下。

　　（1）数据立方体聚集：聚集操作用于数据立方体中的数据。

　　（2）维度归约：可以检测并删除不相关、弱相关或冗余的属性或维。

　　（3）数据压缩：使用编码机制压缩数据集。

　　（4）数值压缩：用替代的、较小的数据表示替代或估计数据，如用参数模型（只需要存放模型参数，而不是实际数据）或非参数方法，如聚类、选样和使用直方图。

　　（5）离散化和概念分层产生：属性的原始值用区间值或较高层的概念替换。概念分层允许挖掘多个抽象层上的数据。

习　　题

1. 简述什么是 ETL 技术。

2. 简述 ETL 工具的功能。

3. 简述数据转换包含哪些操作。

4. 数据加载分为哪两种加载操作？进行简单描述。

5. 简述爬虫的概念及流程。

6. 数据预处理技术中包含哪几种技术？其作用分别是什么？

7. 简述如何处理缺失值数据。

8. 简述如何处理噪声数据。

第 **8** 章

大数据采集工具

本章主要介绍大数据采集的四种工具：Sqoop、Flume、Kafka 以及 Nutch。Sqoop 主要用来在 Hadoop 和关系数据库之间交换数据，通过 Sqoop 可以方便地将数据从 MySQL、Oracle、PostgreSQL 等关系数据库中导入 Hadoop，或者将数据从 Hadoop 导出到关系数据库。Flume 是一个高可用的、高可靠的、分布式的海量日志采集、聚合和传输的系统。Kafka 是一个高性能、可扩展、高吞吐、容错性强的分布式消息系统，Nutch 是基于 Lucene 实现的搜索引擎，可以通过 Nutch 来实现网络爬虫获取海量数据。

8.1 Sqoop 关系型大数据采集系统

基于传统关系数据库的稳定性，还是有很多企业将数据存储在关系数据库中；早期由于工具的缺乏，Hadoop 与传统数据库之间的数据传输非常困难。基于前两个方面的考虑，需要一个在传统关系数据库和 Hadoop 之间进行数据传输的项目，Sqoop 应运而生。

8.1.1 Sqoop 简介

Sqoop 是一个开源工具，它允许用户将数据从关系数据库抽取到 Hadoop 中，用于进一步地处理。抽取出来的数据可以被 MapReduce 作业使用，也可以被其他类似于 Hive 的工具使用。一旦形成分析结果，Sqoop 便可以将这些结果导回到数据库中，供其他客户端使用。Sqoop 功能图如图 8.1 所示。

Sqoop 数据导入具有以下特点。

(1) 支持文本文件(-as-textfile)、avro(-as-avrodatafile)、SequenceFiles(-as-sequencefile)。

(2) 支持数据追加，通过-apend 指定。

(3) 支持 table 列选取(-column)，支持数据选取(-where)，和-table 一起使用。

(4) 支持数据选取，例如，读入多表 join 后的数据 SELECT a. * , b. * FROM a JOIN b on (a. id==b. id)，不可以和-table 同时使用。

(5) 支持 map 数据定制(-m)。

(6) 支持压缩(-compress)。

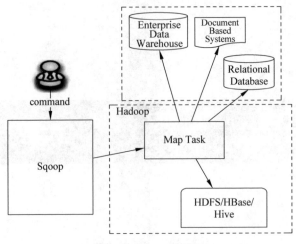

图 8.1　Sqoop 功能图

（7）支持将关系数据库中的数据导入 Hive(-hive-imoort)、HBase(-hbase-table)。

8.1.2　Sqoop 工作原理

1. Sqoop 导入过程

Sqoop 通过 MapReduce 作业进行导入工作，在作业中，会从表中读取一行行记录，然后将其写入 HDFS 中，如图 8.2 所示。

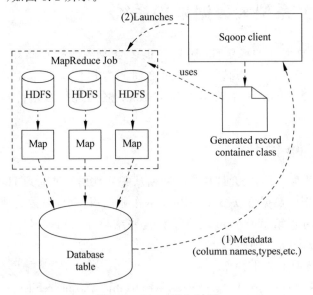

图 8.2　Sqoop 导入过程

Sqoop 导入数据库的步骤如下。

（1）在开始导入之前，Sqoop 会通过 JDBC 来获得所需的数据库元数据。例如，导入表的列名、数据类型等。

（2）根据这些信息，Sqoop 会生成一个与表名同名的类用来完成反序列化工作，保存表中的每一行记录。

（3）Sqoop 启动 MapReduce 作业。

（4）启动的作业在 input 的过程中，会通过 JDBC 读取数据库表中的内容。

（5）使用 Sqoop 生成的类进行反序列化。

（6）最后再将这些记录写到 HDFS 中，在写入 HDFS 的过程中，同样会使用 Sqoop 生成的类进行序列化。

在图 8.2 中，可以看出 Sqoop 的导入作业通常不只是一个 Map 任务完成，也就是说，每个任务会获取表的一部分数据。如果只由一个 Map 任务完成导入的话会获得表的全部数据。如果需要多个 Map 任务来完成，那就必须对表进行水平切分，水平切分的依据通常是表的主键。

为了灵活地接入各种关系数据库，Sqoop 将对关系数据库的连接处抽象为一个个 Connector，从而实现了数据库连接器的插件化。因此，用户可以通过实现自己的 Connector 达到抽取自己的业务数据库数据的目的。同时，Sqoop 本身自带了许多流行关系数据库（如 MySQL、Oracle 等）的连接器，以方便用户的使用。

2. Sqoop 导出过程

与 Sqoop 导入功能相比，Sqoop 导出功能使用频率相对较低，一般都是将 Hive 的分析结果导出到关系数据库以供数据分析师查看、生成报表等。

在了解了导入的过程之后，导出的过程就变得容易理解了。Sqoop 从数据库导出的步骤如下。

（1）Sqoop 根据目标表的结构生成一个 Java 类，该类的作用是序列化和反序列化。

（2）启动一个 MapReduce 作业。

（3）在作业中会用生成的 Java 类从 HDFS 中读取数据。

（4）生成一批 INSERT 语句，每条语句都会向 MySQL 的目标表中插入多条记录，这样读的时候是并行，写的时候也是并行，但是其写入性能会受限于目标数据库的写入性能。

3. Sqoop 操作

下面介绍如何将 MySQL 数据与 Hadoop 数据实现互相抽取。操作中常用到的参数如表 8.1 和表 8.2 所示。

表 8.1　常用参数

参　　数	描　　述
--connect < jdbc-uri >	指定 JDBC 连接字符串
--username	指定连接 MySQL 用户名
--password	指定连接 MySQL 密码

表 8.2　HDFS 参数

参　　数	描　　述
table < table name >	抽取 MYSQL 数据库中的表
--target-dir < path >	指定导入 HDFS 的具体位置。默认生成在\user\< user >\< table_name >\目录下
-m <数值>	执行 Map 任务的个数，默认是 4 个
--direct	可快速转换数据

1）将 MySQL 数据导入 Hadoop 中

（1）数据导入 HDFS。

将 MySQL 数据库中的 Hive 数据库中的 roles 表数据导入 HDFS 中的\user\lyz\111目录下。执行代码如下。

```
sqoop import \
-- connect jdbc:mysql://10.6.6.71:3309/hive \
-- username root \
-- password root123 \
-- table roles \
-- target-dir /user/lyz/111 \
-- fields-terminated-by ',' \
-m 1 \
-- direct
```

备注：-m 参数可以指定 Map 任务的个数，默认是 4 个。如果指定为 1 个 map 任务，最终生成的 part-m-xxxxx 文件个数就为 1。在数据充足的情况下，生成的文件个数与指定 Map 任务的个数是等值的。

（2）数据导入 Hive 中，操作中常用到的参数如表 8.3 所示。

表 8.3 Hive 参数

参　　数	描　　述
--hive-import	将表导入 Hive 中
--hive-table < table name >	指定导入 Hive 的表名
--fields-terminated-by < char >	指定导入到 Hive 中的文件数据格式
-m <数值>	执行 Map 任务的个数，默认是 4 个
--direct	可快速转换数据

将 MySQL 数据库中的 Hive 数据库中的 roles 表数据导入 Hive 数据库中，并生成 roles_test 表。执行代码如下。

```
sqoop import \
-- connect jdbc:mysql://10.6.6.71:3309/hive \
-- username root \
-- password root123 \
-- hive-import \
-- table roles \
-- hive-database default \

-- hive-table roles_test \
-- fields-terminated-by ',' \
-m 1 \
-- direct
```

-m 参数可以指定 Map 任务的个数，默认是 4 个。如果指定为一个 Map 任务的话，最终生成在\apps\hive\warehouse\roles_test 目录下的 part-m-xxxxx 文件个数就为 1。在数据充足的情况下，生成的文件个数与指定 Map 任务的个数是等值的。执行数据导入过程中，会触发 MapReduce 任务。任务执行成功以后，访问 Hive 验证数据是否导入成功。

```
hive > show tables;
OK
```

```
roles_test
hive> select * from roles_test;
OK
1 1545355484 admin admin ?
2 1545355484 public public ?
Time taken: 0.536 seconds, Fetched: 2 row(s)
```

数据导入成功。

（3）数据导入 HBase 中，操作中用到的常用参数如表 8.4 所示。

表 8.4　HBase 参数

参　　　数	描　　　述
--column-family＜family＞	设置导入的目标列族
--hbase-row-key＜col＞	指定要用作行键的输入列；如果没有该参数，默认为 MySQL 表的主键
--hbase-create-table	如果执行，则创建缺少的 HBase 表
--hbase-bulkload	启用批量加载

将 MySQL 数据库中的 hive 数据库中的 roles 表数据导入 HBase 中，并生成 roles_test 表。执行代码如下。

```
sqoop import \
-- connect jdbc:mysql://10.6.6.71:3309/hive \
-- username root \
-- password root123 \
-- table roles \
-- hbase - table roles_test \
-- column - family info \
-- hbase - row - key ROLE_ID \
-- hbase - create - table \
-- hbase - bulkload
```

关于参数--hbase-bulkload 的解释：实现将数据批量导入 HBase 数据库中，BulkLoad 特性能够利用 MR 计算框架将源数据直接生成内部的 HFile 格式，直接将数据快速地加载到 HBase 中。使用 hbase-bulkload 参数会触发 MapReduce 的 Reduce 任务。执行数据导入过程中，会触发 MapReduce 任务。任务执行成功以后，访问 HBase 验证数据是否导入成功。

```
hbase (main) :002:0> list
TABLE
roles_ test
1 row(s) in 0.1030 seconds
=>["roles_ test"]
hbase (main) :003:0> scan "roles_ test"
ROW                          COLUMN + CELL
1                            column = info:CREATE_ TIME,
timestamp = 1548319280991, value = 1545355484
1                            column = info:OWNER_ NAME ,
timestamp = 1548319280991,value = admin .
1                            column = info:ROLE NAME,
timestamp = 1548319280991,value = admin .
2                            column = info:CREATE TIME,
timestamp = 1548319282888, value = 1545355484
2                            column = info:OWNER_ NAME,
```

```
timestamp = 1548319282888, value = public
2                                         column = info:ROLE_NAME,
timestamp = 1548319282888, value = public
2 row(s) in 0.0670 seconds
```

从运行结果中可以看到，roles_test 表的 row_key 是源表的主键 ROLE_ID 值，其余列均放入了 info 这个列族中。

2）将 Hadoop 数据导入 MySQL 中

Sqoop export 工具将一组文件从 HDFS 导出回 MySQL。目标表必须已存在于数据库中。根据用户指定的分隔符读取输入文件并将其解析为一组记录。默认操作是将这些转换为一组 INSERT 将记录注入数据库的语句。在"更新模式"中，Sqoop 将生成 UPDATE 替换数据库中现有记录的语句，并且在"调用模式"下，Sqoop 将为每条记录进行存储过程调用。将 HDFS、Hive、HBase 的数据导出到 MySQL 表中，操作中的常用参数如表 8.5 所示。

表 8.5　MySQL 参数

参　　数	描　　述
--table < table name >	指定要导出的 MySQL 目标表
--export-dir < path >	指定要导出的 HDFS 路径
--input-fields-terminated-by < char >	指定输入字段分隔符
-m <数值>	执行 Map 任务的个数，默认是 4 个

（1）HDFS 数据导出至 MySQL。

首先在 test 数据库中创建 roles_hdfs 数据表。

```
USE test;
CREATE TABLE `roles_ hdfs` (
`ROLE_ ID` bigint (20) NOT NULL ,
`CREATE TIME` int (11) NOT NULL,
`OWNER NAME` varchar (128) DEFAULT NULL ,
`ROLE_ NAME` varchar (128) DEFAULT NULL. ,
PRIMARY KEY (`ROLE ID`)
```

将 HDFS 上的数据导出到 MySQL 的 test 数据库的 roles_hdfs 表中，执行代码如下。

```
sqoop export \
-- connect jdbc:mysql://10.6.6.71:3309/test \
-- username root \
-- password root123 \
-- table roles_ hdfs \
-- export - dir /user/lyz/111 \
-- input - fields - terminated - by ',' \
- m 1
```

执行数据导入过程中，会触发 MapReduce 任务。任务成功之后，前往 MySQL 数据库查看是否导入成功。

（2）Hive 数据导出至 MySQL。

在 test 数据库中创建 roles_hive 数据表。

```
CREATE TABLE`roles_ hive`(
`ROLE_ ID`bigint (20) NOT NULL,
`CREATE_TIME` int (11) NOT NULL,
`OWNER_NAME` varchar (128) DEFAULT NULL,
`ROLE_NAME` varchar (128) DEFAULT NULL,
PRIMARY KEY (`ROLE_ID`)
)
```

由于 Hive 数据存储在 HDFS 上,所以从根本上还是将 HDFS 上的文件导出到 MySQL 的 test 数据库的 roles_hive 表中,执行代码如下。

```
sgoop export \
-- connect jdbe :mysql://10.6.6.71:3309/test \
-- username root \
-- password root123 \
-- table roles_ hive \
-- export - dir /apps/hive/warehouse/roles_ test   - - input - fields -
terminated - by ',' \
- m 1
```

3) HBase 数据导出至 MySQL

目前 Sqoop 不支持从 HBase 直接导出到关系数据库,可以使用 Hive 中转一下。创建的 Hive 外部表如图 8.3 所示。

```
create external table hive_ hbase(id int, CREATE_ TIME string, OWNER_ NAME string, ROLE NAME
string)
stored by 'org. apache. hadoop. hive. hbase. HBaseStorageHandler'
with serdeproperties ("hbase .columns . mapping" =
": key, info:CREATE_TIME, info:OWNER_NAME, info:ROLE_NAME" )
tblproperties ("hbase.table.name" = "roles_ test");
```

```
hive> create external table hive_hbase(id int,CREATE_TIME string,OWNER_NAME string,ROLE_NAME string)
    > stored by 'org.apache.hadoop.hive.hbase.HBaseStorageHandler'
    > with serdeproperties ("hbase.columns.mapping" = ":key,info:CREATE_TIME,info:OWNER_NAME,info:ROLE_NAME")
    > tblproperties("hbase.table.name" = "roles_test");
OK
Time taken: 0.62 seconds
hive> select * from hive_hbase;
OK
1      1545355484      admin   admin
2      1545355484      public  public
```

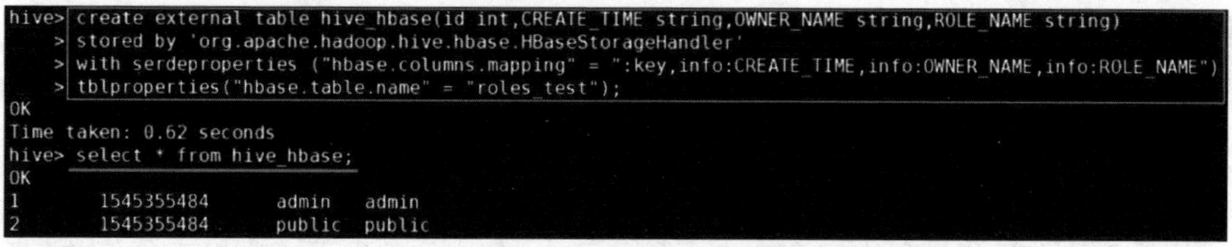

图 8.3　创建 Hive 外部表

创建适配于 Hive 外部表的内部表。

```
create table if not exists hive_ export(id int, CREATE_TIME string, ONNER_NAME string,
ROLE_ NAME string)
row format delimited fields terminated by ',' stored as textfile;
```

hive_hbase 外部表的源是 HBase 表数据,当创建适配于 hive_hbase 外部表的 Hive 内部表时,指定行的格式为','。

将外部表的数据导入内部表中,如图 8.4 所示。

```
insert overwrite table hive_export
select * from hive_hbase;
```

创建 MySQL 表。

```
hive> insert overwrite table hive_export
    > select * from hive_hbase;
Query ID = root_20190129100623_f5a46cce-6fa2-4adc-864d-50f711d1cd9c
Total jobs = 1
Launching Job 1 out of 1
Status: Running (Executing on YARN cluster with App id application_1548078876120_0119)

----------------------------------------------------------------------------------------------
        VERTICES      STATUS  TOTAL  COMPLETED  RUNNING  PENDING  FAILED  KILLED
----------------------------------------------------------------------------------------------
Map 1 ..........    SUCCEEDED      1          1        0        0       0       0
----------------------------------------------------------------------------------------------
VERTICES: 01/01  [==========================>>] 100%  ELAPSED TIME: 10.31 s
----------------------------------------------------------------------------------------------
Loading data to table default.hive_export
Table default.hive_export stats: [numFiles=1, numRows=5, totalSize=115, rawDataSize=110]
OK
Time taken: 18.399 seconds
```

图 8.4　导入数据

```
CREATE TABLE `roles_ hbase` (
`id` bigint (20) NOT NULL,
`create_ time` varchar (128) NOT NULL ,
`owner_ name` varchar (128) DEFAULT NULL ,
`role_ name` varchar (128) DEFAULT NULL,
PRIMARY KEY ( `id` )
)
```

执行 sqoop export。

```
sqoop export \
--connect jdbc:mysql://10.6.6.71:3309/test \
--username root \
--password root123 \
--table roles_ hbase \
--export-dir /apps/hive/warehouse/hive_ export/ \
--input-fields-terminated-by ',' \
-m 1
```

查看 MySQL 中的 roles_hbase 表,数据被成功导入。

8.2 Flume 日志大数据采集系统

软件系统在运行过程中都会产生大量的日志,日志往往隐藏了很多有价值的信息。在没有分析方法之前,这些日志存储一段时间后就会被清理。随着技术的发展和分析能力的提高,日志的价值被重视起来。本节介绍的 Flume 系统,可以将分散在各个软件系统中的日志采集、传输、聚合后保存到 Hadoop 集群中,利于人们从中提取有用的信息。

8.2.1 Flume 简介

1. 什么是 Flume

Flume 是一个分布式日志采集系统,它将海量日志数据从不同的数据源进行采集、聚合,并传输到一个数据中心(如 HDFS、HBase 等)集中存储。Flume 采用 Java 语言实现,具有高可用性,采用系统框架设计,模块分明,既易于开发,也可以轻松与其他系统集成。

事务(Event)是 Flume 数据流的基本单位,针对文本文件,每行数据对应一个 Event,每个 Event 包括 eventheader 和 eventbody 两部分,前者是一些键值对,用于传输标识类信息,后者是一个字节数组,用于存储实际要传输的数据。

代理(Agent)是 Flume 中最小的独立运行单位,它是一个 JVM 进程,运行在日志采集结点之上,包括 Source(源)、Channel(通道)和 Sink(目的地)三个基本组件,将外部数据源产生的数据以 Event 的形式传输到目的地。

Flume 的基本架构如图 8.5 所示,其中,Source 组件从外部数据源读入 Event 并写入 Channel;Channel 组件暂存由 Source 写入的 Event,直到被 Sink 成功消费后被删除;Sink 组件从 Channel 读取 Event,并写入目的地。

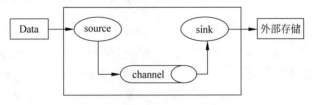

图 8.5　Flume 的基本架构

2. Flume 的优势

(1) Flume 可以将应用产生的数据存储到任何集中存储器中,如 HDFS、HBase 等。

(2) 当收集数据的速度超过将写入数据的时候,也就是当收集信息遇到峰值时,超过了系统的写入数据能力,Flume 会在数据生产者和数据接收容器间做出调整,保证其能够在两者之间提供平稳的数据。

(3) 提供上下文路由特征。

(4) Flume 的管道是基于事务(Event)的,保证了数据在传送和接收时的一致性。

(5) Flume 是可靠的、容错性高的、可升级的、易管理的,并且可定制的。

8.2.2　Flume 工作原理

根据 Flume 运行 Agent 数量的不同,可以将 Flume 架构分为单 Agent 数据流模型和多 Agent 数据流模型;根据 Source、Channel、Sink 组件数量不同,Flume 架构还可以分为多路数据流模型和 Sink 组数据流模型等。下面分别说明各个模型的工作原理。

1. 单 Agent 数据流模型

单 Agent 数据流模型架构如图 8.6 所示。Agent 由单个 Source、Channel 和 Sink 组成,整个数据流向为 Web Server-> Source-> Channel-> Sink-> HDFS。

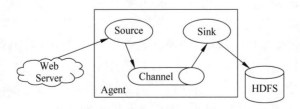

图 8.6　单 Agent 数据流模型架构

2. 多 Agent 串行数据流模型

多 Agent 串行数据流模型架构如图 8.7 所示，多个 Agent 串在一起，将数据从 Agent1 传到 Agent2，再传到目的地。

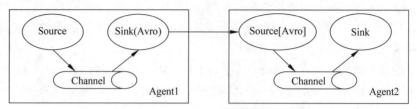

图 8.7　多 Agent 串行传输数据流架构

3. 多 Agent 聚合数据流模型

多 Agent 聚合数据流模型架构如图 8.8 所示，将位于不同服务器的 Agent1、Agent2 和 Agent3 采集到的数据汇聚到一个中心结点 Agent4 上，再写入 HDFS 中，通常 Agent1、Agent2、Agent3 被称为 Flume Agent，而 Agent4 被称为 Flume Collector。

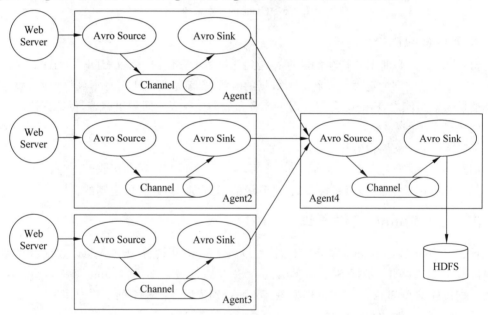

图 8.8　多 Agent 聚合数据流模型架构

4. 单 Agent 多路数据流模型

单 Agent 多路数据流模型架构如图 8.9 所示，一个 Agent 可由一个 Source、多个 Channel、多个 Sink 组成多路数据流。

一个 Source 接收外部 Event，并将 Event 发送到多路 Channel 中，然后不同的 Sink 消费不同 Channel 中的 Event，再将 Event 进行不同的处理。

Source 将 Event 发送到 Channel 有两种不同的策略，分别是 replicating 和 multiplexing。其中，replicating 是 Source 将每个 Event 复制成三份发送到不同的 Channel 中；multiplexing 是 Source 将 Event 分成三部分，分别发送到不同的 Channel 中。

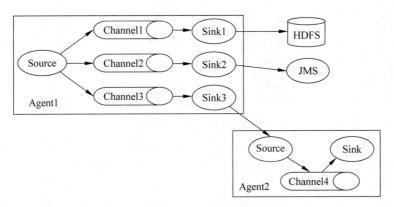

图 8.9　单 Agent 多路数据流模型架构

5．Sink Group 数据流模型

在前面几种架构中，一个数据流经过所有组件，如果中间某个组件出现故障，会导致整个数据流断流。Flume 内部提供了 Sink Group 数据流模型架构，将多个 Sink 组件组合在一起，如图 8.10 所示。

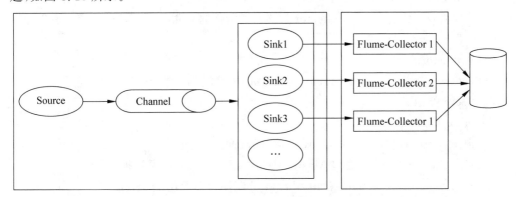

图 8.10　Sink Group 数据流模型架构

Sink Group 数据流模型提供 Failover 和 Load-Balance 两种策略，其中，Failover 策略是将每个 Sink 标识一个优先级，每次都会选择优先级最高的、运行成功的 Sink 消费 Channel 中的 Event。Load-Balance 策略是要保障负载均衡，有 round_robin 和 random 两种不同的机制，round_robin 是轮流询问 Sink Group 中的 Sink 组件，有一个满足条件即可；random 是从 Sink Group 中随机选择一个 Sink 组件。

Flume 采用了分层架构，分别为 Agent、Collector 和 Storage。其中，Agent 和 Collector 均由 Source 和 Sink 两部分组成。

（1）Agent。

Agent 的作用是将数据源的数据发送给 Collector，Flume 自带了很多直接可用的数据源，如下所述。

- text("filename")：将文件 filename 作为数据源，按行发送。
- tail("filename")：探测 filename 新产生的数据，按行发送。
- fsyslogTcp(5140)：监听 TCP 的 5140 端口，并将接收到的数据发送。
- tailDir("dirname"[,fileregex=".*"[,startFromEnd=false[,recurseDepth=

0]]]）：监听目录中的文件末尾，使用正则表达式选定需要监听的文件（不包含目录），recurseDepth 为递归监听其下子目录的深度。

- Flume 同时提供了很多 Sink，console[("format")]，直接将数据显示在 console 上。
- text("txtfile")：将数据写到文件 txtfile 中。
- dfs("dfsfile")：将数据写到 HDFS 上的 dfsfile 文件中。
- syslogTcp("host",port)：将数据通过 TCP 传递给 host 结点。
- agentSink[("machine"[,port])]：等价于 agentE2ESink，如果省略 machine 参数，则默认使用 flume. collector. event. host 与 flume. collector. event. port 作为默认 collector。
- agentDFOSink[("machine"[,port])]：等价于 agentE2ESink，如果省略 machine 参数，则默认使用 flume. collector. event. host 与 flume. collector. event. port 做为默认 collector。
- agentBESink[("machine"[,port])]：不负责的 Agent。如果 Collector 出现故障，将不做任何处理，它发送的数据也将被直接丢弃。
- agentE2EChain：指定多个 Collector，以提高可用性。当向主 Collector 发送 Event 失效后，将转向第二个 Collector 发送；当所有的 Collector 都失效后，它还会再发送一遍。

（2）Collector。

Collector 的作用是将多个 Agent 的数据汇总后，加载到 Storage 中。它的 Source 和 Sink 与 Agent 类似。

Collector 中 Source 如下。

- collectorSource[(port)]：监听端口汇聚数据。
- autoCollectorSource：通过 Master 协调物理结点自动汇聚数据。
- logicalSource：逻辑 Source，由 Master 分配端口并监听 rpcSink。

Collector 中 Sink 如下。

- collectorSink("fsdir","fsfileprefix",rollmillis)：数据通过 Collector 汇聚之后发送到 HDFS，fsdir 是 HDFS 目录，fsfileprefix 为文件前缀码。rollmillis 为 HDFS 文件切换（关闭后新建）的时间。
- customdfs("hdfspath"[,"format"])：自定义格式 DFS。

（3）Storage。

Storage 是存储系统，它可以是一个普通的 File，也可以是 HDFS、Hive、HBase、分布式存储等。

（4）Master。

Master 负责管理、协调 Agent 和 Collector 的配置信息，是 Flume 集群的控制器。

在 Flume 中，最重要的抽象是 Data Flow（数据流）。Data Flow 描述了数据从产生、传输、处理到最终写入目标的一条路径。对于 Agent 数据流配置，就是从哪里得到数据，就把数据发送到哪个 Collector。对于 Collector，就是接收 Agent 发送过来的数据，然后把数据发送到指定的目标机器上。（Flume 框架对 Hadoop 和 ZooKeeper 的依赖只存在于 JAR 包上，并不要求 Flume 启动时必须将 Hadoop 和 ZooKeeper 服务同时启动。）

8.2.3　Flume 的配置与启动

启动 Flume 之前需要编辑用户配置文件,描述 Source、Channel 与 Sink 的具体实现。这里结合一个 Agent 实例进行说明,在运行实例的过程中,系统会读取配置文件的内容,从而采集到数据。Flume 中提供了大量内置的 Source、Channel 和 Sink 类型,它们之间可以灵活组合。

(1) 从整体上描述 Agent 中 Source、Channel、Sink 所涉及的组件。

```
# 首先给 Agent 起一个名字叫 a1,再为 a1 的 Agent 各组件命名
a1.sources = r1
a1.sinks = k1
a1.channels = c1
```

(2) 详细描述 Agent 中每一个 Source、Channel 和 Sink 的具体实现。对于 Source 组件,需要指定其具体是什么类型的,是接收文件的、接收 HTTP 的,还是接收 Thrift 的;对于 Sink 组件,需要指定结果是输出到 HDFS 中,还是 HBase 中,或者是其他位置;对于 Channel 组件,需要指定格式是内存、数据库,还是文件等。

```
# Source 组件属性配置
    a1.sources.r1.type = netcat
    a1.sources.r1.bind = localhost
    a1.sources.r1.port = 44444
# Sink 组件属性配置
    a1.sinks.k1.type = logger
# Channel 组件属性配置
    a1.channels.c1.type = memory
    a1.channels.c1.capacity = 1000
    a1.channels.c1.transactionCapacity = 100
```

(3) 通过 Channel 将 Source 与 Sink 连接起来。

```
# Source 组件和 Sink 组件与 Channel 组件绑定
    a1.sources.r1.channels = c1
    a1.sinks.k1.channel = c1
```

(4) 启动 Agent。

上述配置文件定义了 Agent a1 的 Source 组件监听 localhost 主机的 44444 端口上的数据源,并将接收到的 Event 发送给 Channel 组件;Channel 组件将接收到的 Event 缓存到内存中,其最大存储容量为 1000 个 Event,每次从 Source 接收或发送给 Sink 的 Event 以事务为单位,每个事务中包含 Event 的最大数量为 100;Sink 组件读取 Channel 组件中的 Event,并且随日志信息一起输出到控制台。

在终端输入如下指令,即可启动 Flume。

```
$ flume - ng agent - n a1 - c ./conf - f ./conf/example.conf - Dflume.root.logger =
INFO,console
```

参数说明:

-n:指定 Agent 的名称(与配置文件中代理的名字相同)。

-c:指定 Flume 中配置文件的目录。

-f:指定配置文件。

-Dflume. root. logger＝INFO,console：将 Flume 运行日志展示到 Console 台,此参数为可选项。

8.3　Kafka 消息队列大数据采集系统

8.3.1　Kafka 简介

　　Kafka 是 Apache 软件基金会开发的开源流处理平台,由 Scala 和 Java 编写。它是一个高性能、可扩展、高吞吐、容错性强的分布式消息系统,可利用 ZooKeeper 进行协调。其主要特性包括实时大数据处理、适用于多种需求场景,如基于 Hadoop 的批处理系统、低延迟的实时系统、Storm/Spark 流式处理引擎、Web 服务器和 Nginx 访问日志管理、消息服务等。

　　Kafka 可处理生产者和消费者之间的数据流动。生产者向 Kafka 发送消息,Kafka 能够可靠地将实时消息传递到订阅者端点,适用于离线和在线消息消费。Kafka 支持消息持久化,可将消息保存在磁盘上,并在群集内进行冗余复制以确保数据不丢失。此外,Kafka 还支持多种消息格式,如 JSON、XML 和 Avro 等,以及多种消息处理模式,如实时处理、批处理和流处理,有助于开发人员构建分布式应用程序。Kafka 还提供多种容错机制,包括数据复制和数据恢复,以确保消息的可靠性和高可用性。因此,Kafka 是一个强大的大数据采集工具,用于应对大规模消息处理和数据流管理的挑战。

8.3.2　Kafka 工作原理

　　Kafka 的运行架构如图 8.11 所示。

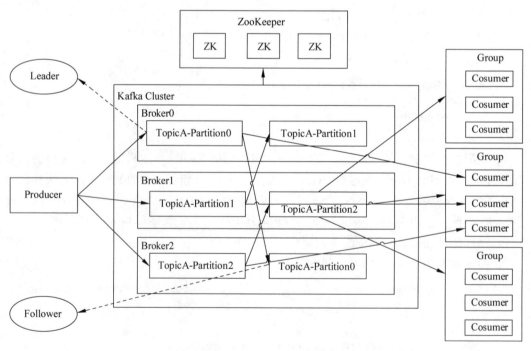

图 8.11　Kafka 运行架构

　　Kafka 的运行架构由三个主要组件组成：Broker、Producer 和 Consumer。Broker 是

Kafka 的核心组件，负责管理和调度消息，并监控消息的发布和消费情况。Producer 是 Kafka 的消息生产者，负责将消息发布到 Kafka 集群。Consumer 是 Kafka 的消息消费者，负责从 Kafka 集群中订阅消息。以下是对主要组件的详细介绍。

1. Producer

Producer 消息生产者创建要发送的消息内容，这些消息可以包含不同的业务数据或信息。生产者将消息封装成 ProducerRecord 对象，该对象包含消息的元数据，例如，目标主题（Topic）、可选的分区（Partition）、消息键（Key）和消息值（Value）等信息。在发送消息之前，Kafka 生产者使用序列化器对消息进行序列化，将其转换为字节流形式，分发到指定 Topic 对应的 Partition。如果写入成功，Kafka 集群会回应生产者一个 Recordmetadata 的消息。如果消息写入失败，根据配置的允许失败次数进行重试，若重试依然失败，生产者将接收到相关的失败通知，并可以采取适当的纠正措施。

2. Broker

一台 Kafka 机器就是一个 Broker。一个集群（Kafka Cluster）由多个 Broker 组成。一个 Broker 可以容纳多个 Topic。在 Kafka 中，Broker 一般有多个，它们组成一个分布式高容错的集群。Broker 的主要职责是接收 Producer 和 Consumer 的请求，并把消息持久化到本地磁盘。Broker 以 Topic 为单位将消息分成不同的分区（Partition），每个分区可以有多个副本，通过数据冗余的方式实现容错。当 Partition 存在多个副本时，其中有一个是 Leader，对外提供读写请求，其他均是 Follower，不对外提供读写服务，只是同步 Leader 中的数据，并在 Leader 出现问题时，通过选举算法将其中的某一个提升为 Leader。

为了实现扩展性，提高并发能力，一个非常大的 Topic 可以分布到多个 Broker 上，一个 Topic 可以分为多个 Partition，同一个 Topic 在不同分区数据是不重复的，每个 Partition 是一个有序的队列，其表现形式就是一个一个的文件夹。

Kafka Broker 能够保证同一 Topic 下同一 Partition 内部的消息是有序的，但无法保证 Partition 之间的消息全局有序，这意味着一个 Consumer 读取某个 Topic 下多个分区的消息时，可能得到与写入顺序不一致的消息序列。但在实际应用中，合理利用分区内部有序这一特征即可完成时序相关的需求。

Kafka Broker 以追加的方式将消息写到磁盘文件中，且每个分区中的消息被赋予了唯一整数标识，称为偏移量（Offset）。Offset 是 Consumer 消费的位置信息，监控数据消费到什么位置，当 Consumer 挂掉再重新恢复的时候，可以从消费位置继续消费。Broker 仅提供基于 Offset 的读取方式，不会维护各个 Consumer 当前已消费消息的 Offset 值，而是由 Consumer 各自维护当前读取的进度。Consumer 读取数据时告诉 Broker 请求消息的起始 Offset 值，Broker 将之后的消息流式发送过去。

Broker 中保存的数据是有有效期的，如 7 天，一旦超过了有效期，对应的数据将被移除以释放磁盘空间。只要数据在有效期内，Consumer 可以重复读取而不受限制。

3. Consumer

Consumer 消息消费者是从 Kafka Broker 取消息的客户端。Kafka 支持持久化，Producer 退出后，未消费的消息仍可被消费。

Consumer 采用 Pull 的模式从 Broker 中读取数据。Push 模式很难适应消费速率不同的消费者,因为消息发送速率是由 Broker 决定的。它的目标是尽可能以最快的速度传递消息,但是这样容易造成 Consumer 来不及处理消息,典型的表现就是拒绝服务以及网络拥塞。而 Pull 模式可以根据 Consumer 的消费能力以适当的速率消费消息。

Pull 模式的不足之处是,如果 Kafka 没有数据,Consumer 可能会陷入循环中,一直返回空数据。针对这一点,Kafka 的消费者在消费数据时会传入一个时长参数 Timeout,如果当前没有数据可消费,Consumer 会等待一段时间后再返回。

Consumer Group 又称消费者组,消费者组内的每个 Consumer 负责消费不同分区的数据。一个分区只能由组内一个 Consumer 消费,消费者组之间互不影响。所有的 Consumer 都属于某个消费者组,即消费者组是逻辑上的一个订阅者。一个 Consumer Group 中有多个 Consumer,一个 Topic 有多个 Partition,所以必然会涉及 Partition 的分配问题,即确定哪个 Partition 由哪个 Consumer 来消费。Kafka 提供了三种消费者分区分配策略: Rangeassignor、Roundrobinassignor、Stickyassignor。

Partitionassignor 接口用于用户定义实现分区分配算法,以实现 Consumer 之间的分区分配。消费者组的成员订阅它们感兴趣的 Topic 并将这种订阅关系传递给作为订阅组协调者的 Broker。协调者选择其中的一个 Consumer 来执行这个消费组的分区分配并将分配结果转发给消费者组内所有的 Consumer。Kafka 默认采用 Rangeassignor 的分配算法。

Rangeassignor 对每个 Topic 进行独立的分区分配。对于每一个 Topic,首先对分区按照分区 Id 进行排序,然后订阅这个 Topic 的消费者组的 Consumer 再进行排序,之后尽量均衡地将分区分配给 Consumer。这里只能是尽量均衡,因为分区数可能无法被 Consumer 数量整除,那么有一些 Consumer 就会多分配到一些分区。

Roundrobinassignor 的分配策略是将消费者组内订阅的所有 Topic 的分区及所有 Consumer 进行排序后尽量均衡地分配(Rangeassignor 是针对单个 Topic 的分区进行排序分配的)。如果消费者组内,Consumer 订阅的 Topic 列表是相同的(每个 Consumer 都订阅了相同的 Topic),那么分配结果是尽量均衡的(Consumer 之间分配到的分区数的差值不会超过 1)。如果订阅的 Topic 列表是不同的,那么分配结果是不保证"尽量均衡"的,因为某些 Consumer 不参与一些 Topic 的分配。

Stickyassignor 分区分配算法,目的是在执行一次新的分配时,能在上一次分配的结果的基础上,尽量少地调整分区分配的变动,节省因分区分配变化带来的开销。Sticky 是"黏性的",可以理解为分配结果是带"黏性的",每一次分配变更相对上一次分配做最少的变动。

8.3.3 Kafka 的配置与启动

1. 安装 Kafka

直接去官网下载并解压。

```
$ wget http://mirrors.shu.edu.cn/apache/kafka/2.0.0/kafka_2.11-2.0.0.tgz
$ tar -zxvf kafka_2.11-2.0.0.tgz
```

2. 配置启动

1) 启动 ZooKeeper

```
# 启动 ZooKeeper 指定 ZooKeeper 配置文件
```

```
./bin/zookeeper - server - start.sh ./config/zookeeper.properties
```

2）启动 Kafka

```
# 打开 Kafka 配置文件，开启监听端口
$ vim server.properties
listeners = PLAINTEXT://localhost:9092
```

3）启动 Kafka 服务

```
$ ./bin/kafka - server - start.sh ./config/server.properties
```

注意：Kafka 基于 ZooKeeper，必须先启动 ZooKeeper，再启动 Kafka。

4）启动消费者

```
$ ./bin/kafka - console - consumer.sh -- bootstrap - server localhost:9092 -- topic test --
from - beginning
```

5）启动生产者

```
$ ./bin/kafka - console - producer.sh -- broker - list localhost:9092 -- topic test
```

8.4 Nutch 分布式大数据爬虫系统

8.4.1 Nutch 简介

Nutch 是一个开源 Java 实现的搜索引擎，它提供了运行搜索引擎所需的全部工具。通常包括以下几部分。

1. 网页数据库

这个数据库监控网络爬虫要抓取的所有网页和它们的状态，如上一次访问的时间、它的抓取状态信息、刷新间隔、内容校验和，等等。用 Nutch 的术语来说，这个数据库称为 CrawlDb。

2. 爬取网页清单

网络爬虫定期刷新其 Web 视图信息，然后下载新的网页（以前没有抓取的）或刷新它们认为已经过期的网页。这些准备爬取的候选网页清单，Nutch 称其为 fetchlist。

3. 原始网页数据

网页内容从远程网站下载，以原始的未解释的格式在本地存储成字节数组。Nutch 称这种数据为 page content。

4. 解析的网页数据

网页内容用适合的解析器进行解析，Nutch 为各种常见格式的文档提供了解析器，如 HTML、PDF、Open Office 和 Microsoft Office、RSS 等。

5. 链接图数据库

对于计算基于链接的网页排序值来说，如 PageRank，这个数据库是必需的。对于 Nutch 记录的每一个 URL，它会包含一串指向它的其他的 URL 值以及这些 URL 关联的锚

文本（在 HTML 文件的< a href＝"…">锚文本</a >元素中得到）。这个数据库称为 LinkDb。

6. 全文检索索引

这是一个传统的倒排索引，基于搜集到的所有网页元数据与抽取到的纯文本内容而建立。它是使用性能优越的 Lucene 库来实现的。

8.4.2　Nutch 工作原理

在 Nutch 系统中，"分段"（segment）指的是爬取和解析一组 URL。图 8.12 解释了分段的创建和处理过程。一个分段（对应文件系统里的一个目录）包含以下几个部分。

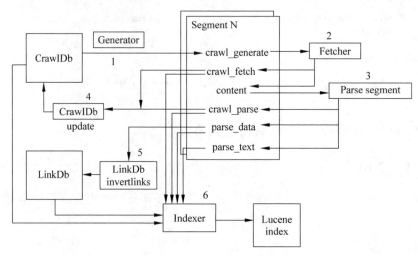

图 8.12　Nutch 系统结构图

1. content

content 包含下载页面的原始数据，存储为 map 文件，格式是< URL，Content >。为了展示缓存页的视图，这里使用 map 文件存储数据从而支持 Nutch 对文件的快速随机访问。

2. crawl_generate

它包含将要爬取的 URL 列表以及从 Crawl DB 取到的这些 URL 页相关的页面状态信息，对应的顺序文件格式是< URL，CrawlDatum >。这个数据采用顺序文件存储，原因有两点。第一，这些数据是按顺序逐个处理的；第二，无法满足 map 文件排序键值的不变性要求。另外，需要尽量分散属于同一台主机的 URL，从而减少每个目标主机的负载，从而记录信息基本上是随机的。

3. crawl_fetch

它包含数据爬取的状态信息，即爬取是否成功、响应码类别，等等。这个数据以< URL，CrawlDatum >格式存储在 map 文件里。

4. crawl_parse

每个成功爬取并被解析的页面的出链接列表都保存在这里，因此 Nutch 通过学习新的 URL 可以扩展它的爬取前端页范围。

5. parse_data

解析过程中收集的元数据,其中还有页面的出链接(outlinks)列表。这些信息对于建立反向图(入链接,inlink 方向图)是相当关键的。

6. parse_text

页面的纯文本内容适合用 Lucene 进行索引。这些纯文本存储成 map 文件,格式是 < URL,ParseText >。因此要展示搜索结果列表的概要信息的时候,Nutch 可以快速地访问这些文件。

分段数据用来创建 Lucene 索引(主要是 parse_text 和 parse_data 部分的数据,图 8.12 中编号 6),但是它也提供一种数据存储机制来支持对纯文本数据和原始内容数据的快速检索。当 Nutch 产生摘要信息的时候(和查询最匹配的文档文本片段),需要纯文本数据;原始数据提供了展现页面的缓存视图的能力。这两种用例下,不论是要求产生摘要信息或者要求展现缓存页面,都是直接从 map 文件获取数据。实际上,即使是针对大规模数据,直接从 map 文件访问数据的效率已经足够满足性能方面的要求。

可以将 Nutch 爬虫工作流程简要概括为以下几步,如图 8.13 所示。

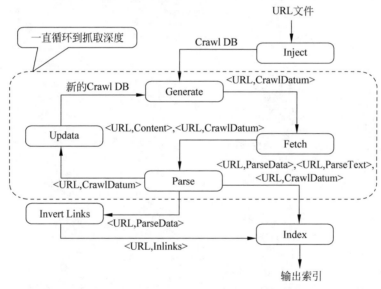

图 8.13　Nutch 工作流程图

(1) 建立初始种子 URL 集。

(2) Inject 注入操作将初始 URL 种子集中的 URL 链接依次注入 Crawl DB 数据库。

(3) Generate 操作根据 Crawl DB 数据库生成抓取列表。

(4) Fetch 抓取操作执行抓取工作,获取网页源信息,同时建立索引。

(5) Update 操作用 Fetch 抓取到的网页信息来更新 Crawl DB 数据库,包括已存在网页 URL 信息的更新和将新的 URL 网页信息加入 Crawl DB 数据库。

(6) 生成抓取队列、抓取网页信息、更新 Crawl DB 这三个操作重复进行,直到爬取深度达到了事先设定的数值,这个过程被称为循环抓取过程。

(7) 根据循环抓取工作完成后存放网页的 Segment 目录里的相应文件,Invert Links 建立并输出索引。

习　题

1. 简述 Sqoop 的功能。
2. 简述 Sqoop 导入数据库的步骤。
3. 简述 Sqoop 从数据库导出的步骤。
4. 简述 Flume 的功能和架构。
5. 简述 Kafka 的功能和架构。
6. 简述 Nutch 的功能。
7. 简述 Nutch 的工作流程。
8. Nutch 中"分段"包含哪几个部分？其作用是什么？

第4篇

大数据分析与挖掘

大数据的核心是预测,这就需要给出大数据分析、计算和挖掘的方法和技术。本篇着重介绍了大数据计算模式,大数据 MapReduce 计算模型,大数据 Spark 计算模型,大数据 Flink 计算模型,以及大数据 MapReduce 基础算法和挖掘算法,旨在帮助读者全面理解大数据分析与挖掘的核心思想与编程技术。

本篇包括第 9~14 章。

第 9 章主要介绍了 5 种大数据计算模式的基本概念和常见计算组件。5 种大数据计算模式包括大数据批处理、大数据查询分析计算、大数据流计算、大数据迭代计算、大数据图计算。

第 10 章主要介绍了大数据 MapReduce 计算模型,包括 MapReduce 的由来、主要功能、技术特征,MapReduce 的模型框架和数据处理过程,MapReduce 程序执行过程,以及 MapReduce 主要编程接口及 WordCount 实例分析。

第 11 章主要介绍了大数据 Spark 计算模型,包括 Spark 的产生、技术特征,Spark 的工作流程与运行模式,以及 Spark 主要访问接口,并对比了三种 WordCount 编程实现。

第 12 章主要介绍了大数据 Flink 计算模型,包括 Flink 的产生、核心特性,Flink 的体系结构与计算框架,以及 Flink 主要访问接口,并对比了两种 WordCount 编程实现。

第 13 章主要介绍了大数据 MapReduce 基础算法,包括关系代数运算的 MapReduce 设计与实现,矩阵乘法的 MapReduce 设计与实现。

第 14 章主要介绍了大数据 MapReduce 挖掘算法,包括大数据关联规则 Apriori 算法的 MapReduce 设计与实现,大数据 KNN 分类算法的 MapReduce 设计与实现,大数据 K-Means 聚类算法的 MapReduce 设计与实现,大数据多元回归算法的 MapReduce 设计与实现。

大数据计算模式

本章主要介绍大数据中的 5 种计算模式,包括大数据批处理、大数据查询分析计算、大数据流计算、大数据迭代计算和大数据图计算。

批处理计算主要解决针对大规模数据的批量处理;查询分析计算针对超大规模数据的存储管理和查询分析能够提供实时的响应;流计算可以实时处理来自不同数据源的、连续到达的流数据,经过实时分析处理,给出有价值的分析结果;迭代计算应用于机器学习过程中需要处理全量数据并进行大量的迭代计算;图计算用于解决大规模图数据的处理。

9.1 大数据批处理

9.1.1 大数据批处理概述

大数据批处理在大数据世界有着悠久的历史。大数据批处理主要操作大容量静态数据集,并在计算过程完成后返回结果。大数据批处理模式中使用的数据集通常符合下列特征。

(1) 有界:批处理数据集代表数据的有限集合。

(2) 持久:数据通常始终存储在某种类型的持久存储位置中。

(3) 大量:批处理操作通常是处理极为海量数据集的方法。

大数据批处理非常适合需要访问全套记录才能完成的计算工作。例如,在计算总数和平均数时,必须将数据集作为一个整体加以处理,而不能将其视作多条记录的集合。这些操作要求在计算过程中数据维持自己的状态。

需要处理大量数据的任务通常适合用批处理操作进行处理。无论是直接从持久存储设备处理数据集,或是先将数据集载入内存,批处理系统在设计过程中就充分考虑了数据的量,可提供充足的处理资源。由于批处理在应对大量持久数据方面的表现极为出色,因此经常被用于对历史数据进行分析。

批处理计算以“静态数据”为对象,可以在很充裕的时间内对海量数据进行批量处理,计算得到有价值的信息。Hadoop 就是典型的批处理模型,由 HDFS 和 HBase 存放大量的静态数据,由 MapReduce 负责对海量数据执行批量计算。大数据的批处理一般来讲需要满足两项原则:分布计算原理和“分而治之”的策略。分布式计算原理作为大数据的关键技术之一需要满足:海量的数据能够分片存储在各个计算机结点上,同时各个计算机结点都能以某种方式访问共享数据,最终分布式计算后的结果能够被持久化存储和输出。"分而治之"的策略则是将大量的数据做并行化处理,各组数据之间能够进行独立的计算处理且互不影响。相对于单批处理而言,并行处理大大加快了运算速度,实现了对大数据的高效处理。分布式计算主要强调一个"分",而"分而治之"策略则强调一个"并"。

9.1.2　大数据批处理常用组件

1. MapReduce

MapReduce 被誉为最适合完成大数据批处理的计算模式。MapReduce 以函数方式提供了 Map 和 Reduce 来进行分布式的批处理计算。MapReduce 很好地体现了"分而治之"的策略,Map 相对独立且并行运行,对存储系统中的文件进行处理,并产生键值对(Key/Value)。Reduce 以 Map 的输出作为输入,将相同的 Key 汇聚到同一个 Reduce,通过处理得出最终结果。可以将其理解为:将原始杂乱无章的数据按照某种特征归纳起来,然后通过特征提取处理得出有规律的结果。

2. Spark

磁盘由于其物理特性的限制,导致速度的提升非常困难,远远跟不上内存和 CPU 的发展速度。往往内存速度是磁盘的上百倍。而 MapReduce 基于磁盘的存储方式,且启动方式过于缓慢导致了其只能处理大规模离线数据。

作为大数据计算平台的后起之秀,Spark 的出现打破了 MapReduce 大数据计算垄断的地位。Spark 立足于内存计算,从多迭代批量处理出发,同时还可以完成流处理和图计算,是一个全能的计算框架,从批处理角度来说,执行速度快是 Spark 的一大优势。为了实现内存中的大数据批处理计算,Spark 使用了 RDD(Resilient Distributed Dataset,弹性分布式数据集)模型来处理数据。这是一种代表数据集,只位于内存中,永恒不变的结构。针对 RDD 执行的操作可生成新的 RDD。每个 RDD 可通过世系(Lineage)回溯至父级 RDD,并最终回溯至磁盘上的数据。Spark 可通过 RDD 在无须将每个操作的结果写回磁盘的前提下实现容错。并且 Spark 使用了先进的 DAG(Directed Acyclic Graph)执行引擎,基于内存的执行速度比 MapReduce 快上百倍,基于磁盘的执行速度也能快十倍。

9.2　大数据查询分析计算

针对超大规模数据的存储管理和查询分析,需要提供实时或准实时的响应,才能很好地满足用户管理需求。

9.2.1　大数据查询分析计算概述

随着大数据时代的来临,面对海量数据,传统的关系数据库已经无法承受如此大规模的数据,因此基于关系数据库的查询分析计算方法已经不再适用。

大数据查询分析计算是针对于大规模数据,采用分布式数据存储管理和并行化计算方法提供了实时或准实时的数据查询分析能力,从而满足企业经营管理的需求。例如,Google公司的 Dremel 就是适用于大数据环境下的一款可扩展的交互式的实时查询系统,它能做到在 2～3s 内完成拍字节(PB)级别的数据查询。

为了支持大规模数据的查询分析,可利用抽象思维,在 HDFS 上构建一个多维数据模型,可以将这种模型看作数据立方体的形式,可以以多维对数据进行建模和观察。分布式思想是处理大规模数据的重要思想之一,对于多维数据的模型,可以将它划分为多维数据模型的集合,即将其拆分成很多个更小的模块,然后对这些子立方体求和,即可得到整体的数据。

在这个多维数据模型上的概念和可以进行的操作如下。

维(Dimension):是人们观察数据的特定角度,是考虑问题时的一类属性,属性集合构成一个维(时间维、地理维等)。

维的层次(Level):人们观察数据的某个特定角度(即某个维)还可以存在细节程度不同的各个描述方面(时间维:日期、月份、季度、年)。

维的成员(Member):维的一个取值,是数据项在某维中位置的描述("某年某月某日"是在时间维上位置的描述)。

度量(Measure):多维数组的取值。(例如:2019 年 7 月,上海,笔记本电脑,5000。)

钻取:是改变维的层次,变换分析的粒度。它包括向下钻取(Drill-down)和向上钻取(Drill-up)/上卷(Roll-up)。下钻是在某一维上将低层次的细节数据概括到高层次的汇总数据,或者减少维数;而上卷则相反,它从汇总数据深入到细节数据进行观察或增加新维。

切片和切块:是在一部分维上选定值后,关心度量数据在剩余维上的分布。如果剩余的维只有两个,则是切片;如果有三个或以上,则是切块。

转轴(Pivot):又称旋转,是变换维的方向,即在表格中重新安排维的放置(例如,行列互换)。

通过构建多维数据模型的方式,并且可对其建立索引从而实现对大数据的高效查询和分析。具体实现也可以采用预计算这种模式。预计算可以大幅度降低响应时间,提高大数据查询分析计算性能。

9.2.2 大数据查询分析计算组件

1. Hive

Hive 是建立在 Hadoop 上的开源数据仓库基础架构,用于支持大数据查询分析计算组件,用于存储和处理海量结构化数据。作为一种可以存储、查询和分析存储在 Hadoop 中的大规模数据的机制,它提供了一系列的工具用来进行数据提取、转换加载(ETL),定义了简单的类 SQL 查询语言(HQL),允许熟悉 SQL 的用户方便地使用 Hive 查询数据。Hive 可以将结构化的数据文件映射为一张数据库表,并通过 HQL 语句快速实现简单的 MapReduce 统计,最终生成一系列基于 Hadoop 的 Map/Reduce 任务,通过执行这些任务完成数据处理。

2. SparkSQL

SparkSQL 采用了内存列存储技术,无论在空间占用量和读取吞吐率上都占有很大优势。比 Hive 要快 10～100 倍。Spark SQL 允许开发人员直接处理 RDD,同时也可查询 Hive、HBase 等外部数据源。Spark SQL 的一个重要特点是其能够统一处理关系表和 RDD,使得开发人员不需要自己编写 Spark 应用程序,开发人员可以轻松地使用 SQL 命令进行查询,并进行更复杂的数据分析。

3. Impala

Impala 是 Cloudera 公司推出的,提供对 HDFS、HBase 数据的高性能、低延迟的交互式 SQL 查询功能。Impala 没有再使用缓慢的 Hive＋MapReduce 批处理,而是通过使用与商用并行关系数据库中类似的分布式查询引擎(由 Query Planner、Query Coordinator 和 Query Exec Engine 三部分组成),可以直接从 HDFS 或 HBase 中用 SELECT、JOIN 和统计函数查询数据进行大数据的查询分析,从而大大降低了延迟。

9.3 大数据流计算

流计算即针对流数据的实时计算,传统的 MapReduce 计算框架采用离线批处理的计算方式,主要针对静态数据的批量计算,并不适合用于动态的流数据的处理。随着 SparkStreaming、Storm、Flink 等流处理框架的出现,更好地处理大规模流数据变得可行。

9.3.1 大数据流计算概述

大数据流计算是一种高实时性的计算模式,例如,随着 5G 时代的来临,更快的网络传输速度使无人驾驶技术成为可能,人们需要一种实时的传感检测系统将路况信息的检测数据源源不断地传输到自动驾驶系统中,系统会对回传数据进行实时的分析,预判路况的变化。这就是一种大数据流计算的应用场景。

从概念上来说,流数据可被看成在时间分布和数量上无限的一系列动态数据集合体,而数据记录是流数据的最小组成单元。但是流数据并不适合采用批量计算,因为流数据来源众多,格式复杂,对流数据进行处理后,只有一部分能够进入数据库成为静态数据,而其他部分则被直接丢弃。

大数据流计算被应用在动态实时的计算环境当中,其快速持续到达的特性,可被认为其潜在的大小是无穷尽的。因此,提出了对流数据采用时间窗口的连接方法,需要对一定时间窗口内应用系统产生的新数据完成实时的计算处理,从而避免数据堆积和数据丢失。流计算必须采用实时计算,为了及时处理流数据,需要选择一种延迟低、扩展性高、可靠性强的处理引擎。

对于一个合格的大数据流计算系统,应该具有以下性能。

(1) 数据处理实时性强,处理数据速度快,延迟尽量控制在毫秒级别或以下。

(2) 能够处理大数据,支持拍字节(PB)级别的数据规模,每秒可以处理几十万条以上的数据。

(3) 支持分布式架构,使数据能够平滑扩展。

(4) 处理的数据结果准确性高,可靠性强。

以上 4 点针对不同的场景具体的要求也不尽相同。例如,无人驾驶技术对第 4 点得到的数据结果的可靠性要求就会更高一些,而一些电子商务网站可能对(2)能够处理大量数据要求更高些。

9.3.2　大数据流计算组件

1. Storm

Storm 是 Twitter 开源的一个分布式流处理框架，Storm 的开发者认为，Storm 对于实时计算的意义类似于 Hadoop 对于批处理的意义，Storm 可以简单高效地处理流数据，并且支持多种编程语言。在 Storm 对数据流 Streams 的抽象描述中，流数据是由无限的 Tuple 序列组成，也是 Storm 中一次消息传递的基本单元（Tuple 即元组，以 key-value 键值对的形式存储）。由于这点性质，使得 Storm 时延非常低，可以达到毫秒级。

Twitter 是全球最著名的社交网站之一，Twitter 开发 Storm 流处理框架也是为了应对其每天大量的实时流数据，Twitter 采用了实时系统和批处理系统的分层架构来进行数据的处理。Hadoop 负责数据的批处理，而 Storm 负责数据流的实时处理，并且二者的数据分别存储在不同数据库中。在查询计算时，系统会同时搜索批处理系统和实时处理的数据库，二者相结合来得到最终的数据。

2. Spark Streaming

Spark Streaming 是构建在 Spark 上的实时计算框架，它很好地扩展了 Spark 处理大规模流式数据的能力。Spark Streaming 可接收多种数据源，例如 Kafka、Flume、HDFS，甚至普通的套接字。Spark Streaming 的原理实际上是将实时输入的流式数据分解成一系列更小的批处理作业。这里的批处理引擎是 Spark，把数据以时间片（秒级）为单位分成一段段的数据，即 DStream（Discretized Stream，离散化数据流），表示连续不断的数据流。其中每一段数据都会被转换为 Spark 中的 RDD（Resilient Distributed Dataset，弹性分布式数据集），之后将 RDD 经过操作变成中间结果保存在内存中。整个流式计算根据业务的需求可以对中间结果进行叠加，或者存储到外部设备中。

与 Storm 相比，Spark Streaming 无法实现毫秒级的流计算，而 Storm 则可以（Storm 的基本处理单位为 Tuple，延迟低），因此 Spark Streaming 难以满足实时性要求非常高的场景。但是 Spark Streaming 由于构建在 Spark 上，因此具有延迟低、容错性强的优点。

9.4　大数据迭代计算

9.4.1　大数据迭代计算概述

迭代计算是用计算机处理问题的一种基本方法。它利用计算机运算速度快、适合做重复性操作的特点，让计算机对一组指令（或一定步骤）进行重复执行，在每次执行这组指令时，都可以从变量的原值推出它的新值。

利用迭代算法处理问题，需要做好以下三个方面工作。

1. 确定迭代变量

在能够用迭代算法处理的问题中，至少具有一个间接或间接地不断由旧值推出新值的变量，这个变量就是迭代变量。

2. 迭代关系式

建立迭代关系式。迭代关系式，指如何从变量的前一个值推出其下一个值的公式（或关系）。迭代关系式的建立是处理迭代问题的关键，通常能够使用递推或倒推的方法来完成。

3. 对迭代过程进行控制

在什么时候结束迭代过程？这是编写迭代程序必须考虑的问题。不能让迭代过程无休止地重复执行下去。迭代过程的控制通常可分为两种情况：一种是所需的迭代次数是个确定的值，能够计算出来；另一种是所需的迭代次数无法确定。对于前一种情况，能够建立一个固定次数的循环来实现对迭代过程的控制；对于后一种情况，需要进一步分析出用来结束迭代过程的条件。

在数据挖掘中，会使用到大数据的迭代计算。例如，K-Means算法中通过迭代计算不断确定聚类中心。在机器学习中，算法的参数学习过程也都是迭代计算的，即本次计算的结果要作为下一次迭代的输入，不断循环这个过程。在大数据上进行机器学习，需要处理全量数据并进行大量的迭代计算，这要求机器学习平台具备强大的处理能力。如果使用MapReduce只能够将中间结果放入磁盘中，然后下一次计算的时候再重新读取，这样实在是太慢了。Spark立足于内存计算，天然地适应于迭代式计算。相对而言，使用Spark将中间数据存放在内存中，对于迭代运算而言，效率更高。并且，Spark提供了一个基于海量数据的机器学习库，它提供了常用机器学习算法的分布式实现，开发者只需要有Spark基础并且了解机器学习算法的原理，以及方法相关参数的含义，就可以轻松地通过调用相应的API来实现基于海量数据的机器学习过程。而实现大数据迭代计算需要结合反馈机制，即每一次迭代需要及时反馈中间的变量或者参数作为中间结果将其保存，用于下一次迭代过程的使用。

9.4.2　迭代计算组件

1. Mahout

Mahout是Apache Software Foundation(ASF)旗下的一个开源项目，提供一些可扩展的机器学习领域经典算法的实现，可以帮助开发人员更加方便快捷地创建智能应用程序。Mahout包含许多实现，包括聚类、分类、推荐过滤、频繁子项挖掘，其中大量用到了迭代的方法和思想。Mahout的主要功能如下。

（1）推荐引擎。

服务商或网站会根据用户过去的行为向用户推荐相关产品。

（2）聚类。

今日头条使用聚类技术通过标题把新闻文章进行分组，从而按照逻辑线索来显示新闻，而并非给出所有新闻的原始列表。在聚类中会大量使用到大数据的迭代计算。

（3）分类。

腾讯邮箱基于用户以前对正常邮件和垃圾邮件的报告，以及电子邮件自身的特征，来判别收到的消息是否是垃圾邮件。

2. MLlib

MLlib是Spark中提供机器学习函数的库，它提供了常用机器学习算法的实现，包括聚类、分类、回归、协同过滤等。在机器学习中的参数学习过程中，参数的不断传递需要用到大数据的迭代计算。MLlib中包含许多机器学习算法，可以在Spark支持的所有编程语言中使用。MLlib 的设计理念非常简单：把数据以 RDD(弹性分布式数据集)的形式表示,然后在分布式数据集上调用各种算法。MLlib 引入了一些数据类型(如点和向量),不过归根结底,MLlib 就是 RDD 上一系列可供调用的函数的集合。例如,如果要用 MLlib 来完成文本分类的任务(例如识别垃圾邮件),只需按如下步骤操作。

(1) 首先用字符串 RDD 来表示信息。

(2) 运行 MLlib 中的一个特征提取算法来把文本数据转换为数值特征(适合机器学习算法处理);该操作会返回一个向量 RDD。

(3) 对向量 RDD 调用分类算法(如逻辑回归)。这一步会返回一个模型对象,可以使用该对象对新的数据点进行分类。

(4) 使用 MLlib 的评估函数在测试数据集上评估模型。

需要注意的是,MLlib 中只包含能够在集群上运行良好的并行算法。有些经典的机器学习算法没有包含其中,就是因为它们不能并行执行。

9.5　大数据图计算

在大数据时代,许多大数据都是以大规模图或网络的形式呈现,如社交网络、Web 连接关系图等。此外,许多非图结构的大数据,也常常会被转换为图模型后再进行分析处理。图的规模越来越大,有的甚至有数十亿的顶点和上万亿的边,如何高效地处理图数据是人们要面临的挑战。单一的计算机难以处理大规模图数据,需要一个分布式的计算环境来处理大量的数据和复杂的数据关系。本节详细介绍 Pregel 和 GraphX 大数据图计算框架。

9.5.1　大数据图计算概述

在实际应用中,存在许多图计算问题,如最短路径、集群、网页排名、最小切割、连通分支等。图计算算法的性能直接关系到应用问题解决的高效性,尤其是对于大型图(如社交网络和网络图)而言,更是如此。

在很长一段时间内,都缺少一个扩展的通用系统来解决大型图的计算问题。很多传统的图计算算法都存在以下几个典型问题：常常表现出比较差的内存访问局限性;针对单个顶点的处理工作过少;计算过程中伴随着并行度的改变。大规模的图数据需要使用分布式的存储方式,但是由于图结构具有很强的数据关系,因此对于分布式存储而言,如何对图进行划分是一个重要问题。图划分可以使用两种方法："边切分"和"点切分"。基于图划分的方法,在分布式环境下大规模的图数据被存储在不同的结点上,同时每个结点对本地子图进行并行化处理,从而实现了对大规模图数据的高效处理。

针对大型图的计算,目前通用的图处理软件主要包括两种：第一种主要是基于遍历算法的、实时的图数据库,如 Neo4j、DEX 等;第二种则是以图顶点为中心的、基于消息传递批处理的并行引擎,如 Pregel、GraphX 等。

第二种图处理软件主要是基于 BSP(Bulk Synchronous Parallel,整体同步并行)模型实现的并行图处理系统。9.5.2 节要介绍的 Pregel、GraphX 图计算组件都是基于 BSP 模式。BSP 是由哈佛大学的 Viliant 和牛津大学的 Bill Mc Coll 提出的并行计算模型,全称为"整体同步并行计算模型"(Bulk Synchronous Parallel Computing Model,BSP 模型),又名"大同步模型"。创始人希望 BSP 模型像冯·诺依曼体系结构那样,架起计算机程序语言和体系结构间的桥梁,故又称为"桥模型"。一个 BSP 模型由大量通过网络相互连接的处理器组成,每个处理器都有快速的本地内存和不同的计算线程,一次 BSP 计算过程包括一系列全局超步(超步就是指计算中的一次迭代),每个超步主要包括以下三个组件。

(1) 局部计算。每个参与的处理器都有自身的计算任务,它们只读取存储在本地内存中的值,不同处理器的计算任务都是异步并且独立的。

(2) 通信。处理器群相互交换数据,交换的形式是,由乙方发起推送(Put)和获取(Get)操作。

(3) 栅栏同步(Barrier Synchronization)。当一个处理器遇到"路障"(或栅栏),会等其他所有处理器完成它们的计算步骤;每一次同步也是一个超步的完成和下一个超步的开始。

9.5.2　图计算组件

1. Pregel

Pregel 是一种基于 BSP 模型实现的并行图处理系统,通常运行在多态普通服务器构成的集群上。一个图计算任务会被分解到多态机器上同时执行,在任务执行过程中产生的临时文件会被保存到本地磁盘,而持久化的数据则会被保存到分布式文件系统或者数据库中。Pregel 搭建了一套可扩展的、有容错机制的平台,该平台提供了一套非常灵活的 API,可以描述各种各样的图计算。Pregel 作为分布式图计算的计算框架,主要用于图片、最短路径、PageRank 计算等。

在 Pregel 计算框架中,一个大规模图会被划分为许多分区,一般用 N 表示,每个顶点都有一个顶点标识符用 ID 表示。Pregel 的计算过程是由一系列被称为"超步"的迭代组成的。在每个超步中,每个顶点上面都会并行执行用户自定义的函数,该函数描述了一个顶点 V 在一个超步 S 中需要执行的操作。该函数可以读取前一个超步中其他顶点发送给顶点 V 的消息,执行相应计算后,修改顶点 V 及其出射边的状态,然后沿着顶点 V 的出射边发送消息给其他顶点,而且一个消息可能经过多条边的传递后被发送到任意已知 ID 的目标顶点上去。这些消息将会在下一个超步(S+1)中被目标顶点接收,然后像上述过程一样开始下一个超步(S+1)的迭代过程。当所有的顶点状态 ID 都被标识为"非活跃"状态时,整个计算过程就会结束。

2. GraphX

GraphX 是一个分布式图处理框架,它是基于 Spark 平台提供对图计算和图挖掘简洁易用的而丰富的接口,极大地方便了对分布式图处理的需求。GraphX 扩展了 Spark 的 RDD API,能用来创建一个顶点和边都包含任意属性的有向图。GraphX 还支持针对图的各种操作,以及一些常用图算法。

GraphX 的特点是离线计算,批量处理,基于同步的 BSP 模型,这样的优势在于可以提升数据处理的吞吐量和规模,但在速度上会稍逊一筹。与 GraphX 可以组合使用的分布式图数据库 Neo4J,是一个高性能的、非关系、具有完全事务特性的、鲁棒的图数据库。另一个数据库是 Titan,Titan 是一个分布式的图形数据库,特别为存储和处理大数据图形而优化,它们都可以作为 GraphX 的持久层,存储大规模图数据。

GraphX 的核心抽象是弹性分布式属性图,一种点和边都带有属性的有向多重图。它同时拥有 Table 和 Graph 两种视图,而只需一种物理存储,这两种操作符都有自己独有的操作符,从而获得灵活的操作和较高的执行效率。

GraphX 的整体架构可以分为三个部分。

1)存储层和原语层

Graph 类是图计算的核心类,内部含有 VertexRDD、EdgeRDD 和 RDD[EdgeTriplet] 引用。GraphImpl 是 Graph 类的子类,实现了图操作。

2)接口层

在底层 RDD 的基础之上实现 Pragel 模型,BSP 模式的计算接口。

3)算法层

基于 Pregel 接口实现了常用的图算法,包括 PageRank、SVDPlusPlus、TriangleCount、ConnectedComponents、StronglyConnectedConponents 等算法。

当边在集群中分布式存储的时候,在有些场景中需要使用顶点的属性,因此,需要点的属性连接到边,那么如何将顶点在集群中传播移动呢? GraphX 内部维持了一个路由表,这样当需要广播点的边的所在区时就可以通过路由表映射,将需要的点属性传输到指定的边分区。使用点分割,好处在于边上没有冗余的数据,而且对于某个点与它的邻居的交互操作,只要满足交换律和结合律即可。不过点分割这样做的代价是有的顶点的属性可能要冗余存储多份,更新点数据时要有数据同步开销。

Spark GraphX 可以无缝与 Spark SQL、MLLib 等结合,方便且高效地完成图计算整套流水作业。

习　题

1. 简述大数据批处理计算的概念及原理。
2. 简述大数据批处理计算有哪些组件。
3. 简述大数据查询分析计算的概念及原理。
4. 简述大数据查询分析计算有哪些组件。
5. 简述大数据流计算的概念及原理。
6. 简述大数据流计算有哪些组件。
7. 简述大数据迭代计算的概念及原理。
8. 简述大数据迭代计算有哪些组件。
9. 简述大数据图计算的概念及原理。
10. 简述大数据图计算有哪些组件。

第 10 章

大数据MapReduce计算模型

MapReduce 是面向大数据并行处理的计算模型、框架和平台。本章主要介绍 MapReduce 计算模型,具体包括 MapReduce 的基本概念、模型框架、数据处理过程、程序执行过程和编程接口,以及 WordCount 编程实例。

10.1 MapReduce 概述

10.1.1 MapReduce 简介

MapReduce 是一个基于集群的高性能并行计算平台。它可以被部署在廉价的包含数十、数百至数千个结点的分布和并行计算集群。

MapReduce 是一个分布式并行计算的软件框架。它可以自动划分计算数据和计算任务,并能完成计算任务的并行化处理,提供了一个庞大但设计精良的并行计算软件框架,隐藏系统底层的复杂细节事务的处理。

MapReduce 提供了一个可用于分布式并行计算的程序设计简易方法。通过 Map 和 Reduce 两个函数编程来实现大规模数据并行处理的计算任务。

MapReduce 的核心思想是将任务分解成 Map 和 Reduce 两个部分,下面介绍 MapReduce 分成的两个部分。

(1) Map:对集合里的每个目标应用同一个操作。即如果要把表单里每个单元格乘以 2,那么把这个函数单独地应用在每个单元格上的操作就属于 Map。

(2) Reduce:遍历集合中的元素来返回一个综合的结果。即输出表单里一列数字的和,这个任务属于 Reduce。向 MapReduce 框架提交一个计算作业时,它会首先把计算作业拆分成若干个 Map 任务,然后分配到不同的结点上去执行,每一个 Map 任务处理输入数据中的一部分,当 Map 任务完成后,它会生成一些中间文件,这些中间文件将会作为 Reduce 任务的输入数据。Reduce 任务的主要目标就是把前面若干个 Map 的输出汇总到一起并输出。

MapReduce 的意义就在于编程人员在不会分布式并行编程的情况下,将自己的程序运行在分布式系统上。

为什么要使用 MapReduce?

（1）海量数据在单机上处理因为硬件资源限制而无法胜任。

（2）一旦将单机版程序扩展到集群来分布式运行，将极大增加程序的复杂度和开发难度。

（3）引入 MapReduce 框架后，开发人员可以将绝大部分工作集中在业务逻辑的开发上，而将分布式计算中的复杂性交由框架来处理。

10.1.2 MapReduce 由来

MapReduce 源自 Google 公司提出的一种面向大规模数据处理的并行计算模型和方法。2004 年，Google 公司发表了一篇关于 MapReduce 的论文，公布了 Google 的 MapReduce 的基本原理和主要设计思想，它将复杂运行于大规模计算的过程抽象到两个函数：Map 和 Reduce 函数。2005 年，Nutch（搜索引擎）的创始人 Doug Cutting 开源实现了 MapReduce，基于 Java 设计开发了一个称为 Hadoop 的开源 MapReduce 并行计算框架和系统。

MapReduce 的推出很快得到了全球学术界和工业界的普遍关注，并得到推广和广泛应用。MapReduce 是到目前为止最为成功、最广为接受和最易于使用的大数据并行处理技术，它已经迅速发展成为大数据时代最具影响力的开源分布式计算框架，并成为事实上的大数据处理标准。

10.1.3 MapReduce 主要功能

MapReduce 提供了以下主要功能。

（1）数据划分。MapReduce 自动将一个作业待处理的大数据划分为很多个数据块，所有数据块都可以并行处理，每个数据块对应一个计算任务。

（2）计算任务调度与优化。MapReduce 可以为作业分配和调度计算结点（Map 结点或 Reduce 结点），用于执行计算任务，同时采用就近计算的原则，将任务向数据迁移，计算结点尽可能处理本地磁盘上所分布存储的数据，以减少数据通信，Map 处理后的中间结果数据在进入 Reduce 结点前也会进行一定的合并处理，此外，提供系统通信、负载平衡、计算性能优化处理。

（3）统一的计算模型框架。实现自动并行化计算，为程序员隐藏系统层细节，处理系统结点出错检测和失效恢复。

10.1.4 MapReduce 技术特征

MapReduce 设计具有以下主要的技术特征。

1. 可扩展性强

MapReduce 集群的构建选用廉价的、易于扩展的计算机集群，当集群资源不能满足计算需求时。可以通过增加结点的方式达到线性扩展集群的目的。

2. 容错性强

MapReduce 并行计算软件框架使用了多种有效的错误检测和恢复机制，如结点自动重启技术，使集群和计算框架具有对付结点失效的健壮性，能有效处理失效结点的检测和恢复。对于结点故障导致的作业失败，MapReduce 的其他结点要能够无缝接管失效结点的计算任务；当故障结点恢复后能自动无缝加入集群，而不需要管理员人工进行系统配置，这些对于用户来说都是透明的。

3. 本地化数据处理

为了减少大规模数据并行计算系统中的数据通信开销，MapReduce 将处理向数据靠拢和迁移，即计算结点将首先尽量负责计算其本地存储的数据，以发挥数据本地化特点，MapReduce 框架会将 Map 程序就近地在 HDFS 数据所在的结点运行，即将计算结点和存储结点放在一起运行，从而减少了结点间的数据移动开销。

4. 易于编程开发

MapReduce 提供了一种抽象机制将程序员与系统层细节隔离开来，程序员仅需描述需要计算什么，可以不用考虑进程间通信、套接字编程，无需非常高深的技巧，只需要实现一些非常简单的逻辑，而具体怎么去计算就交由 MapReduce 计算框架去完成，这样程序员可从系统层细节中解放出来，而致力于其应用本身计算问题的算法设计。

10.2　MapReduce 模型框架

MapReduce 是一种编程模型，用于大规模数据集的并行运算。MapReduce 采用"分而治之"的思想，把对大规模数据集的操作，分发给一个主结点管理下的各个分结点共同完成，然后通过整合各个结点的中间结果，得到最终结果。简单地说，MapReduce 就是"任务的分解与结果的汇总"。

10.2.1　MapReduce 设计思想

面向大规模数据处理，MapReduce 有以下三个层面上的基本设计思想。

1. 大数据划分

一个大数据若可以分为具有同样计算过程的数据块，并且这些数据块之间不存在数据依赖关系，则提高处理速度的最好办法就是采用"分而治之"的策略进行并行化计算。MapReduce 采用了这种"分而治之"的设计思想，对相互间不具有或者有较少数据依赖关系的大数据，用一定的数据划分方法对数据分片，然后将每个数据分片交由一个结点去处理，最后汇总处理结果。

2. MapReduce 任务划分

MapReduce 用 Map 和 Reduce 两个函数提供了高层的并行编程抽象模型和接口，程序员只要实现这两个基本接口即可快速完成并行化程序的设计。Map 函数主要负责对一组数据记录进行某种映射处理，而 Reduce 函数主要负责对 Map 的中间结果进行某种进一步的结果整理和输出。

3. 统一计算框架

MapReduce 提供了统一的计算框架，为程序员隐藏了绝大多数系统层面的处理细节，程序员只需要集中于应用问题和算法本身，而不需要关注其他系统层的处理细节，大大减轻了程序员开发程序的负担。

10.2.2 MapReduce 模型架构

MapReduce 1.0 架构如图 10.1 所示。

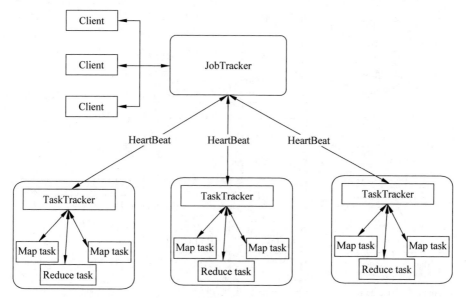

图 10.1 MapReduce 1.0 架构图

MapReduce 包含 4 个组成部分,分别为 Client、JobTracker、TaskTracker 和 Task,下面详细介绍这 4 个组成部分。

1. Client

Client 是用户编写的 MapReduce 程序与 JobTracker 交互的桥梁。每一个 Job 都会在用户端通过 Client 类将应用程序以及配置参数 Configuration 打包成 Jar 文件存储在 HDFS,并把路径提交到 JobTracker 的 Master 服务,然后由 Master 创建每一个 Task(即 MapTask 和 ReduceTask)将它们分发到各个 TaskTracker 服务中去执行。

2. JobTracker

JobTracker 负责资源监控和作业调度。JobTracker 监控所有 TaskTracker 与 Job 的执行状况,如果发现有故障,JobTracker 就会将相应的任务转分配给其他结点去完成。同时,JobTracker 会跟踪任务的执行进度、资源使用量等信息,并将这些信息告诉任务调度器,而调度器会在资源出现空闲时,选择合适的任务使用这些资源。

3. TaskTracker

TaskTracker 会周期性地通过 HeartBeat 将本结点上资源的使用情况和任务的运行进度汇报给 JobTracker,同时接收 JobTracker 发送过来的命令并执行相应的操作(如启动新任务、关闭任务等)。

4. Task

Task 分为 Map Task 和 Reduce Task 两种,均由 TaskTracker 启动。HDFS 存储数据的基本单位是 Block,对于 MapReduce 而言,其处理单位是 Split。Split 是一个逻辑概念,它

只包含一些元数据信息，如数据的起始位置、长度和所属结点等。它的划分方法完全由用户自己决定。但需要注意的是，Split 的多少决定了 MapTask 的数目，因为每个 Split 只会交给一个 MapTask 处理。

MapReduce 2.0 架构如图 10.2 所示。

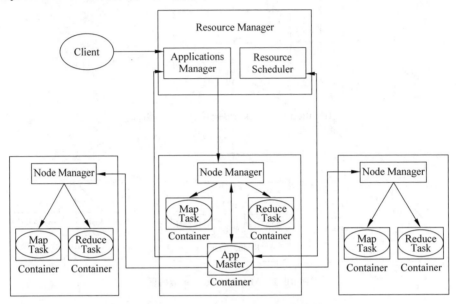

图 10.2　MapReduce 2.0 架构图

MapReduce 2.0 组成部分包括 Resource Manager、Node Manager、App Master 和 Container。

（1）Resource Manager。

它包含两个主要的组件：资源调度器（Resource Scheduler）以及应用管理器（Application Manager）。资源调度器是指根据容量、队列等限制条件，将系统中的资源分配给各个正在运行的应用。它主要负责向应用程序分配资源，它不做监控以及应用程序的状态跟踪，并且它不保证会重启由于应用程序本身或硬件出错而执行失败的应用程序。应用管理器主要负责接收作业。

（2）Node Manager。

Node Manager 是每个结点上的框架代理，主要负责启动应用所需的容器，监控资源（内存、CPU、磁盘、网络等）的使用情况并将之汇报给调度器。

（3）App Master。

App Master 负责从资源调度器申请资源，以及跟踪这些资源的使用情况以及任务进度的监控。

（4）Container。

Container 是资源的抽象，它将内存、CPU、磁盘、网络等资源封装在一起。App Master、Map Task 和 Reduce Task 可在 Container 中执行。

10.3　MapReduce 数据处理过程

MapReduce 将复杂的、运行于大规模集群上的并行计算过程高度地抽象到了两个函数：Map 函数和 Reduce 函数。通过 Map 函数将数据映射到不同的区块再分配到计算机集群上进行分布式计算。再通过 Reduce 函数将计算结果汇总最终得到结果。

10.3.1　MapReduce 运行原理

MapReduce 运行原理如图 10.3 所示。

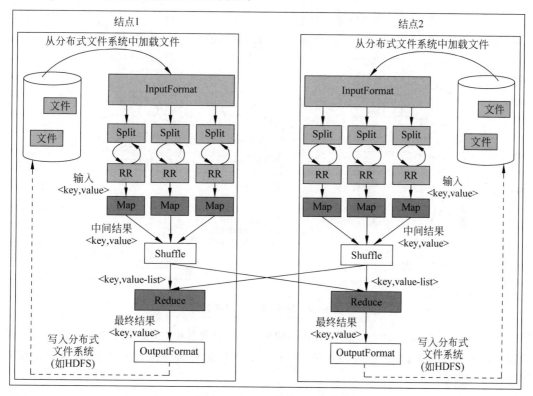

图 10.3　MapReduce 运行原理

图 10.3 展示了 MapReduce 所涉及的组件以及运行原理。每个 TaskTracker 结点将从 HDFS 分布式文件中读取所要处理的数据。MapReduce 框架提供了一个 InputFormat 对象负责具体以什么样的输入格式读取数据，然后数据会被分为很多个分片，也就是 Split，每个分片交由一个 Map 对象去处理。以下是一个 MapReduce 每个结点的执行过程。

（1）JobTracker 在分布式环境中负责客户端对任务的建立和提交，InputFormat 模块主要为 Map 做预处理。

（2）在进入 Map 之前，需要通过 RecordReader 对象逐个从数据分片中读出数据记录，并转换为一系列的<key,value>键值对，逐个输入 Map 中处理。

（3）Shuffle 和 Partitioner 这两部分的功能主要是负责对输出的结果进行排序、分割和配置。为了让 Reduce 可以并行处理 Map 的结果，需要对 Map 的输出进行一定的分区、排序、合并和归并等操作，然后再交给对应的 Reduce。Partitioner 为 Map 的结果配置相应的 Reduce，当 Reduce 很多的时候比较实用，因为它会分配 Map 的结果给某个 Reduce 进行处理，然后输出其单独的文件。

（4）Reduce 将一系列以<key,value>形式的数据作为输入，执行用户定义的逻辑，并将输出结果传递给 OutputFormat。

（5）OutputFormat 用于测试是否已有输出目录，以及测试输出结果的类型是否满足 Config 中配置的类型，如果满足，就输出 Reduce 的结果到分布式文件系统中。

10.3.2 数据输入输出流程

MapReduce 数据输入输出流程如图 10.4 所示。

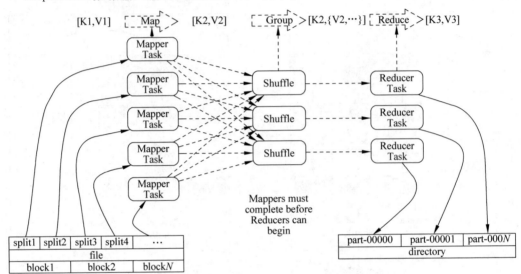

图 10.4　数据输入输出流程图

MapReduce 框架运转在<key,value>键值对上，也就是说，框架把作业的输入看作一组<key,value>键值对，同样也产出一组<key,value>键值对作为作业的输出，这两组键值对的类型可能不同。

框架需要对 key 和 value 的类进行序列化操作，因此，这些类需要实现 Writable 接口。另外，为了方便框架执行排序操作，key 类必须实现 WritableComparable 接口。

一个 Map/Reduce 作业的输入和输出类型如下：

(Input)<k1，v1>→Map→<k2，v2>→Combine→<k2，v2>→Reduce→<k3，v3>(Output)。

下面具体讲解数据输入输出流程，按照时间顺序包括输入分片（Input Split）、Map 阶段、Combiner 阶段、Shuffle 阶段和 Reduce 阶段。

1. 输入分片（Input Split）

在进行 Map 计算之前，MapReduce 会根据输入文件计算输入分片（Input Split），每个输入分片（Input Split）针对一个 Map 任务，输入分片（Input Split）存储的并非数据本身，而是一个分片长度和一个记录数据的位置的数组，输入分片（Input Split）往往和 HDFS 的 Block(块)关系很密切，假如设定 HDFS 的块的大小是 64MB，如果输入有三个文件，大小分别是 3MB、65MB 和 127MB，那么 MapReduce 会把 3MB 文件分为一个输入分片（Input Split），65MB 则是两个输入分片（Input Split），而 127MB 也是两个输入分片（Input Split）。如果在 Map 计算前做输入分片调整，如合并小文件，那么就会有 5 个 Map 任务将执行，而且每个 Map 执行的数据大小不均,这个也是 MapReduce 优化计算的一个关键点。

2. Map 阶段

Mappper 任务将< k1,v1 >进行处理,生成< k2,v2 >列表。经过 Shuffle 处理后汇总得到< k2,[v2]>。而且一般 Map 操作都是本地化操作也就是在数据存储结点上进行。

3. Combiner 阶段

Combiner 阶段是程序员可以选择的,Combiner 其实也是一种 Reduce 操作,因此 WordCount 类里是用 Reduce 进行加载的。Combiner 是一个本地化的 Reduce 操作,它是 Map 运算的后续操作,主要是在 Map 计算出中间文件前做一个简单的合并重复 key 值的操作。例如,对文件里的单词频率做统计,Map 计算时如果碰到一个 Hadoop 的单词就会记录为 1,但是 Hadoop 可能会出现 n 次,那么 Map 输出文件冗余就会很多,因此在 Reduce 计算前对相同的 key 做一个合并操作,那么文件会变小,这样就提高了宽带的传输效率,毕竟 Hadoop 计算力宽带资源往往是计算的瓶颈,也是最为宝贵的资源。但是 Combiner 操作是有风险的,使用它的原则是 Combiner 的输入不会影响到 Reduce 计算的最终输入,例如,如果计算只是求总数、最大值、最小值,可以使用 Combiner,但是做平均值计算使用 Combiner 的话,最终的 Reduce 计算结果就会出错。

4. Shuffle 阶段

将 Map 的输出作为 Reduce 的输入过程就是 Shuffle 了,这个是 MapReduce 优化的重点。

Map 端的 Shuffle 过程如下:Map 的输出结果不是立即写入磁盘,而是首先写入缓存,在缓存中积累一定数量的 Map 输出结果以后,就会启动溢写操作,每次溢写操作都会在磁盘中生成一个新的溢写文件,将数据写入磁盘的溢写文件中,随着 Map 任务的执行,磁盘中的溢写文件数量会越来越多,最后,系统会对所有溢写文件中的数据进行归并(Merge),生成一个大的磁盘文件,然后将这个文件发送给 Reduce 任务端。

Reduce 端的 Shuffle 过程如下:这个过程相比于 Map 端的 Shuffle 过程较为简单,Reduce 端只需从 Map 端读取 Map 的输出结果,然后执行归并操作,最后发送给 Reduce 任务进行处理,输出最终结果并保存到分布式文件系统中。

5. Reduce 阶段

Reduce 整理 Map 的输出结果最后以[< k3,v3 >]的形式输出。

10.4　MapReduce 程序执行过程

MapReduce 程序执行过程如图 10.5 所示,具体包含以下 5 个部分。

(1) 客户端,提交 MapReduce 作业。

(2) Yarn 资源管理器(Yarn ResourceManager),负责协调集群上计算机资源的分配。

(3) Yarn 结点管理器(Yarn NodeManager),负责启动和监视集群中机器上的计算容器(Container)。

(4) MRAppMaster(MapReduce Application Master),负责协调 MapReduce 作业的任务(Tasks)的运行。MRAppMaster 和 MapReduce 任务运行在容器中,该容器由资源管理

器进行调度(Schedule)且由结点管理器进行管理。

(5)分布式文件系统(通常是 HDFS),用来在其他实体间共享作业文件。

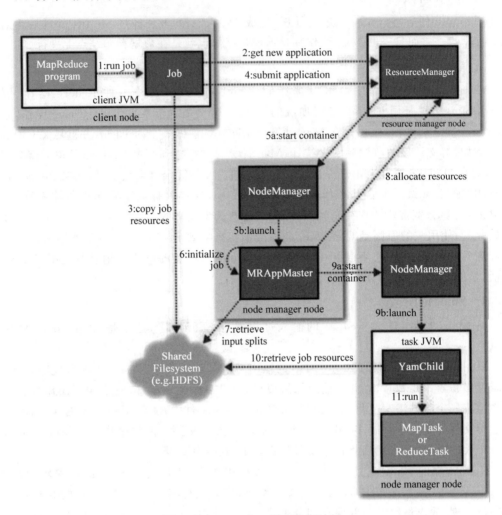

图 10.5　MapReduce 程序执行过程

10.4.1　作业提交

首先,用户程序客户端通过作业客户端接口程序 JobClient 提交一个用户程序。在 Job 对象上面调用 submit()方法,在内部创建一个 JobSubmitter 实例,然后调用该实例的 submitJobInternal()方法。如果使用 waitForCompletion()方法来提交作业,该方法每隔 1s 询问作业的进度,如果进度有所变化,将该进度报告给控制台(Console)。当作业成功完成,作业计数器被显示出来;否则,导致作业失败的错误会被记录到控制台。

作业的提交过程由 JobSubmitter 实现,执行如下任务。

(1)向资源管理器请求一个 ID,该 ID 被用作 MapReduce 作业的 ID。

(2)检查作业指定的输出(Output)目录。例如,如果该输出目录没有被指定或者已经存在,作业不会被提交且一个错误被抛出给 MapReduce 程序。

（3）为作业计算输入分片（Input Splits）。如果分片不能被计算（可能因为输入路径（Input Paths）不存在），该作业不会被提交且一个错误被抛出给 MapReduce 程序。复制作业运行必备的资源，包括作业 Jar 文件、配置文件以及计算的输入分片，到一个以作业 ID 命名的共享文件系统目录中。作业 Jar 文件以一个高副本因子进行复制（由 MapReduce.client.submit.file.replication 属性控制，默认值为 10），所以在作业任务运行时，在集群中有很多的作业 Jar 副本供结点管理器访问。

（4）通过在资源管理器上调用 submitApplication 来提交作业。

10.4.2　作业初始化

当资源管理器接收到 submitApplication( )方法的调用，它把请求递交给 Yarn 调度器（Scheduler）。调度器分配了一个容器（Container），资源管理器在该容器中启动 Application Master 进程，该进程被结点管理器管理。

MapReduce 作业的 Application Master 是一个 Java 应用，它的主类是 MRAppMaster。它通过创建一定数量的簿记对象（Bookkeeping Object）跟踪作业进度来初始化作业，该簿记对象接收任务报告的进度和完成情况。

接下来，Application Master 从共享文件系统中获取客户端计算的输入分片。然后它为每个分片创建一个 Map 任务，同样创建由 MapReduce.job.Reduces 属性控制的多个 Reduce 任务对象（或者在 Job 对象上通过 setNumReduceTasks( )方法设置）。任务在此时给定 ID。

Application Master 必须决定如何运行组成 MapReduce 作业的任务。如果作业比较小，Application Master 可能选择在和它自身运行的 JVM 上运行这些任务。这种情况发生的前提是，Application Master 判断分配和运行任务在一个新的容器上的开销超过并行运行这些任务所带来的回报，据此和顺序地在同一个结点上运行这些任务进行比较。这样的作业被称为 uberized，或者作为一个 uber 任务运行。

最后，在任何任务运行之前，Application Master 调用 OutputCommiter 的 SetupJob( )方法。系统默认是使用 FileOutputCommiter，它为作业创建最终的输出目录和任务输出创建临时工作空间。

10.4.3　作业分配

如果要处理的作业量比较大，那么 Application Master 为作业中的 Map 任务和 Reduce 任务向资源管理器请求容器。首先要为 Map 任务发送请求，该请求优先级高于 Reduce 任务的请求，因为所有的 Map 任务必须在 Reduce 的排序阶段（Sort Phase）能够启动之前完成。Reduce 任务的请求至少有 5% 的 Map 任务已经完成才会发出。

Reduce 任务可以运行在集群中的任何地方，但是 Map 任务的请求有数据本地约束（Data Locality Constraint），调度器尽力遵守该约束。在最佳的情况下，任务的输入是本地的数据，也就是任务运行在分片驻留的结点上。或者，任务可能是机架本地的，也就是和分片在同一个机架上，而不是同一个结点上。有一些任务既不是本地的数据也不是本地的机架，该任务从不同机架上面获取数据而不是任务本身运行的结点上。对于特定的作业，可以通过查看作业计数器来确定任务的位置级别（Locality Level）。

请求也为任务指定内存需求和 CPU 数量。默认每个 Map 和 Reduce 任务被分配 1024MB 的内存和一个虚拟的核。这些值可以通过如下属性（MapReduce. Map. memory. mb、MapReduce. Reduce. memory. mb、MapReduce. Map. cpu. vcores、MapReduce. Reduce. cpu. vcores）在每个作业基础上进行配置（遵守 Memory settings in Yarn and MapReduce 中描述的最小最大值）。

10.4.4　任务执行

一旦资源调度器在一个特定的结点上为一个任务分配一个容器所需的资源，Application Master 通过连接结点管理器来启动这个容器。任务通过一个主类为 YarnChild 的 Java 应用程序来执行。在它运行任务之前，它会本地化这个任务所需的资源，包括作业配置、Jar 文件以及一些在分布式缓存中的文件。最后，它运行 Map 或者 Reduce 任务。

这个 YarnChild 在一个专用的 JVM 中运行，所以任何用户自定义的 Map 和 Reduce 函数的 bugs（或者甚至在 YarnChild）都不会影响到结点管理器，如造成结点管理的宕机或者挂起。

每个任务能够执行计划（Setup）和提交（Commit）动作，它们运行在和任务本身相同的 JVM 当中，由作业的 OutputCommitter 来确定。对于基于文件的作业，提交动作把任务的输出从临时位置移动到最终位置。提交协议确保当推测执行可用时，在复制的任务中只有一个被提交，其他的都被取消掉。

10.4.5　过程和状态更新

MapReduce 作业是长时间运行的批处理作业（Long-Running Batch Jobs），运行时间从几十秒到几小时。由于可能运行时间很长，所以用户得到该作业的处理进度反馈是很重要的。

作业和任务都含有一个状态，包括运行状态、Map 和 Reduce 的处理进度，作业计数器的值，以及一个状态消息或描述（可在用户代码中设置）。这些状态会在作业的过程中改变。那么它是如何与客户端进行通信的呢？

当一个任务运行，它会保持进度的跟踪（就是任务完成的比例）。对于 Map 任务，就是被处理的输入的比例。对于 Reduce 任务，稍微复杂一点，但是系统仍然能够估算已处理的 Reduce 输入的比例。通过把整个过程分为三个部分，对应于 Shuffle 的三个阶段。例如，如果一个任务运行 Reduce 完成了一半的输入，该任务的进度就是 5/6，因为它已经完成了 copy 和 sort 阶段（1/3 each）以及 Reduce 阶段完成了一半（1/6）。

10.4.6　作业完成

当 Application Master 接收到最后一个任务完成的通知，它改变该作业的状态为"successful"。当 Job 对象轮询状态，它知道作业已经成功完成，所以它打印一条消息告诉用户以及从 waitForCompletion()方法返回。此时，作业的统计信息和计数器被打印到控制台。

Application Master 也可以发送一条 HTTP 作业通知，如果配置了的话。当客户端想要接收回调时,可以通过 MapReduce. job. end-notification. url 属性进行配置。

最后,当作业完成,Application Master 和作业容器清理它们的工作状态(所以中间输入会被删除),然后 OutputCommiter 的 commitJob()方法被调用。作业的信息被 Job History Server 归档,以便用户后续查看。

10.5 MapReduce 编程接口

MapReduce 应用广泛的原因之一就是其易用性,提供了一个高度抽象化而变得非常简单的编程模型,它是在总结大量应用的共同特点的基础上抽象出来的分布式计算框架,在其编程模型中,任务可以被分解成相互独立的子问题。

在用 MapReduce 进行编程时,需要用到 Hadoop 内置的数据类型,当然用户也可以自定义数据类型,这里就先介绍一下它内置的数据类型。

BooleanWritable:标准布尔型数值。

ByteWritable:单字节数值。

DoubleWritable:双字节数。

FloatWritable:浮点数。

IntWritable:整型数。

LongWritable:长整型数。

Text:使用 UTF-8 格式存储的文本。

NullWritable:当(key,value)中的 key 或 value 为空时使用。

MapReduce 编程接口主要包括数据输入格式类、数据输出格式类、Mapper 类、Reducer 类、Partitioner 等。

10.5.1 数据读入

1. 数据输入格式 InputFormat

InputFormat 是一个抽象类,是 MapReduce 框架中的基础类之一,位于 org. apache. hadoop. MapReduce. InputFormat<K,V>,定义了数据文件如何分割和读取。将输入数据分割为若干 InputSplits,其中每个 InputSplit 将单独作为一个 Mapper 的输入。提供 RecordReader,用来将每个 InputSplit 转换为若干输入记录。

InputFormat 主要用于描述输入数据的格式,提供数据切分功能,按照某种方式将输入数据分成若干个 Split,确定 MapTask 的个数,以及为 Mapper 提供输入数据,给定某个 Split,让其解析成一个个 key/value 对。

getSplits()方法将被 JobClient 调用,返回一个 InputSplit 列表,主要完成对数据文件分片操作,会尝试着将输入数据分成 numSplits 个进行存储。InputSplit 中只记录了分片的元数据信息,如起始位置、长度以及所在的结点列表。createRecordReader()方法被 TaskTracker 在初始化 Mapper 时调用,返回一个 RecordReader 用于读取记录。

在 Hadoop 中对象的序列化主要用在进程间通信以及数据的永久存储。Client 端会调用 Job 中的 InputFormat 中的 getSplits()函数,当作业提交到 JobTracker 端对作业初始化时,可以直接读取该文件,解析出所有 InputSplit,并创建对应的 MapTask。

FileInputFormat 是最常用的 InputFormat,所有的输入格式类都从这个类继承它的功能以及特性。当启动一个 Hadoop 任务的时候,一个输入文件所在的目录被输入到 FileInputFormat 对象中。FileInputFormat 从这个目录中读取所有文件。然后 FileInputFormat 将这些文件分割为一个或者多个 InputSplits。TextInputFormat 是 FileInputFormat 的子类,用于读取文本文件的行,键 K 为当前行的偏移位置,值 V 是当前行内容。对于一个 FileInputFormat,需要一个对应的数据记录输入 RecordReader,负责读取数据记录并转换为键值对的形式。

对于 FileInputFormat,这是一个采用统一的方法对各种输入文件进行切分的 InputFormat,也是如 TextInputFormat、KeyValueInputFormat 等类的基类。其中最重要的是 getSplits()函数,最核心的两个算法就是文件切分算法以及 Host 选择算法。文件切分算法主要用于确定 InputSplit 的个数以及每个 InputSplit 对应的数据段。

在 InputSplit 切分方案完成后,就需要确定每个 InputSplit 的元数据信息(File,Start,Length,Host),表示 InputSplit 所在文件、起始位置、长度以及所在的 Host 结点列表,其中,Host 结点列表是最难确定的。

Host 列表选择策略直接影响到运行过程中的任务本地性。Hadoop 中 HDFS 文件是以 Block 为单位存储的,一个大文件对应的 Block 可能会遍布整个集群,InputSplit 的划分算法可能导致一个 InputSplit 对应的多个 Block 位于不同的结点上。

虽然 InputSplit 对应的 Block 可能位于多个结点上,但考虑到任务调度的效率,通常不会将所有结点放到 InputSplit 的 Host 列表中,而是选择数据总量最大的前几个结点,作为任务调度时判断任务是否具有本地性的主要凭据。

对于 FileInputFormat 设计了一个简单有效的启发式算法:按照 Rack 包含的数据量对 Rack 进行排序,在 Rack 内部按照每个结点包含的数据量对结点排序,取前 N 个结点的 Host 作为 InputSplit 的 Host 列表(N 为 Block 的副本数,默认为 3)。

当 InputSplit 的尺寸大于 Block 的尺寸时,MapTask 不能实现完全的数据本地性,总有一部分数据需要从远程结点中获取,因此当使用基于 FileInputFormat 实现 InputFormat 时,为了提高 MapTask 的数据本地性,应该尽量使得 InputSplit 大小与 Block 大小相同。虽然理论上是这么说,但是这会导致过多的 MapTask,使得任务初始时占用的资源很大。

FileInputFormat 的 addInputPath()方法可以添加一个输入文件的路径,setInputPaths()方法可设置多个输入文件路径,setMinSplitSize()方法指定数据分块的最小大小,setMaxInputSplitSize()方法可以设定一个数据分块的最大大小。

2. 数据记录读入 RecordReader

RecordReader 从 InputSplit 读取 < key,value > 对。通常,RecordReader 转换由 InputSplit 提供的输入面向字节的视图,并向 Mapper 实现提供面向记录的视图以进行处理。因此,RecordReader 承担处理记录边界的责任,并使用键和值显示任务。RecordReader 即为负责从数据分块中读取数据记录并转换为键值对的类。

和 InputSplit 类一样,用户并不能自由地选择 RecordReader 的类型,而是在选择某个 InputFormat 时就决定了对应的 RecordReader。特定的 InputFormat 类重载地 create RecordReader()方法,它的返回值就是特定的 RecordReader 类。RecordReader 类提供 nextKeyValue()方法读取下一个键值对,返回是否成功。getCurrentKey()和 getCurrentValue() 方法分别返回键和值。

10.5.2　Mapper 类和 Reducer 类

1. Mapper 类

Hadoop 提供了一个抽象的 Mapper 基类,可以继承这个基类,并实现其中的相关接口函数,位于 org. apache. hadoop. mapreduce. Reducer < KEYIN, VALUEIN, KEYOUT, VALUEOUT >。Mapper 类提供 Map()方法,可将输入的键值对进行处理,并以另一种键值对的形式输出。

Map()方法的输出,可用参数 OutputCollector 收集输出结果,用参数 Reporter 来获得环境参数以及设置当前执行的状态。或者用一个 Context 参数直接获取上下文输出。

Mapper 的过程主要包括初始化、Map 操作执行和清理三部分。

(1) 初始化,Mapper 中的 Configure 方法允许通过 JobConf 参数对 Mapper 进行初始化工作。

(2) Map 操作,通过前面介绍的 InputFormat 中的 RecordReader 从 InputSplit 获取一个 key/value 对,交给实际的 Map 函数进行处理。

(3) 通过继承 Closable 接口,获得 close 方法,实现对 Mapper 的清理。

Mapper 类中有以下 4 个方法。setup(Context context)方法,Mapper 类实例化时做一些初始化工作(如定义全局数据结构);map()方法,用于完成具体的 Map 任务;cleanup (Context context)方法,完成关闭文件等收尾工作;run(Context context)方法,相当于 Map 任务的驱动,它首先调用 setup(),然后利用 RecordReader 逐行读入站点分片数据,针对每个 context. nextKeyValue()获取的 key-value 作为 map()输入,调用 map()方法处理,最后调用 clean up()方法结束。

2. Reducer 类

Hadoop 提供了一个抽象的 Reducer 基类,程序员需要继承这个基类,并实现其中的相关接口函数。Reducer 类提供 4 个抽象方法:setup(Context context)方法,做一些初始化工作;reduce()方法,用于完成具体的 Reduce 任务。cleanup(Context context)方法,完成关闭文件等收尾工作;run(Context context)方法,相当于 Reduce 任务的驱动,它首先调用 setup(),然后对每个 context. nextKey()获取的 key-value,调用 reduce()方法处理,最后调用 clean up()方法结束。

10.5.3　数据处理

1. Partitioner

Partitoner 的作用是对 Mapper 产生的中间结果进行分片,将同一分组的数据交给一个 Reducer 来处理,直接影响这个 Reducer 阶段的负载均衡。

Partitoner 中最重要的方法就是 getPartition(),包含三个参数:key,value,以及 Reducer 的个数 numPartions。

MapReduce 提供两个 Partitioner 实现:HashPartitoner 和 TotalOrderPartitioner。

HashPartitioner 是默认实现,基于哈希值进行分片;TotalOrderPartitoner 提供了一种基于区间分片的方法,通常用在数据的全排序中。例如归并排序,如果 MapTask 进行局部排序后 Reducer 端进行全局排序，那么 Reducer 端只能设置成 1 个，这会成为性能瓶颈，为了提高全局排序的性能和扩展性，并保证一个区间中的所有数据都大于前一个区间的数据，就会用到 TotalOrderPartitioner。

2. 输入数据分块 InputSplit

数据分块 InputSplit 是 Hadoop MapReduce 框架中的基础类之一。InputSplit 定义了输入到单个 Map 任务的输入数据，一个 InputSplit 将单独作为一个 Mapper 的输入，即作业的 Mapper 数量是由 InputSplit 的个数决定的。

一个 MapReduce 程序被统称为一个 Job，可能由上百个任务构成。InputSplit 将文件分为 64MB 的大小，配置文件 hadoop-site. xml 中的 Mapred. min. split. size 参数控制这个大小，Mapred. tasktracker. Map. taks. maximum 用来控制某一个结点上所有 Map 任务的最大数目。

getLength()方法返回该分块的大小，getLocations()方法返回一个列表，其中列表的每一项为该分块的数据所在的结点。

3. Sort

Sort 是 Map 过程所产生的中间数据在送给 Reduce 进行处理之前所要经过的一个过程，它的作用是把传输到每一个结点上的所有< key, value >对进行排序（即 Map 生成的结果传送到某一个结点，在进行 Reduce 之前，会被 Hadoop 自动排序）。

默认情况下，排序输出的大小次序是按 Key 升序。例如，默认 IntWritable 按由小到大顺序，使用者也可以自定义一个 Comparator 类，使输出结果按降序顺序，即 Class IntDecComparator extends IntWritable. Comparator。在 Sort 过程中，由 Map 过程所输出的中间文件会被复制到本地，然后生成一个或者几个 Segment 类的实例 segment。与此同时，系统还会启动两个 merge 线程，一个是针对内存中的 segment 进行归并，一个是针对硬盘中的 segment 进行归并。merge 过程实际上就是调用了 Merge 类的 merge()方法。

10.5.4 数据输出

1. 数据输出格式 OutputFormat

OutputFormat 是一个抽象类，位于 org. apache. hadoop. MapReduce. OutputFormat < K, V >，为文件输出格式提供作业结果数据输出的功能。

OutputFormat 主要用于描述输出数据的格式，能够将用户提供的 key/value 对写入特定格式的文件中。其中与 InputFormat 类似，OutputFormat 接口中有一个重要的方法就是 getRecordWriter()，返回的 RecordWriter 接收一个 key/value 对，并将之写入文件。Task 执行过程中，MapReduce 框架会将 Map 或 Reduce 函数产生的结果传入 write()方法。

FileOutputFormat 是最常用的 OutputFormat，所有的写入到 HDFS 的 OutputFormat 类都继承这个类的功能以及特性。TextOutputFormat 是 FileInputFormat 的子类，用于将每条记录写出文本行。对于一个 FileOutputFormat，需要一个对应的数据记录输出 RecordWriter，以便系统明确输出结果写入到文件中的具体格式。TextOutputFormat 实现了默认的 LineRecordWriter,以"key\value"形式输出一行结果。

Hadoop 中所有基于文件的 OutputFormat 都是从 FileOutputFormat 中派生的,总结发现,FileOutputFormat 实现的主要功能有两点。

(1) 为防止用户配置的输出目录数据被意外覆盖,实现 checkOutputSpecs 接口,在输出目录存在时抛出异常。

(2) 处理 side-effect file。Hadoop 可能会在一个作业执行过程中加入一些推测式任务,因此,Hadoop 中 Reduce 端执行的任务并不会真正写入输出目录,而是会为每一个 Task 的数据建立一个 side-effect file,将产生的数据临时写入该文件,待 Task 完成后,再移动到最终输出目录。

默认情况下,当作业成功完成后,会在最终结果目录下生成空文件_SUCCESS,该文件主要为高层应用提供作业运行完成的标识,如 oozie 工作流就可以根据这个判断任务是否执行成功。

FileOutputFormat 中的 setOutputPath()方法设置 MapReduce 任务输出目录的路径,getRecordWriter()方法获得当前给定任务的 RecordWriter 类型,提供 setOutputName()方法设置输出文件名称。

2. 数据记录输出 RecordWriter

RecordWriter 是一个抽象类,位于 org. apache. hadoop. MapReduce. RecordWriter ＜K,V＞。RecordWriter 用于将 Reduce 对象的输出结果导入数据接收器中。对于一个文件输出格式,都需要有一个对应的数据记录输出 RecordWriter,以便系统明确输出结果写入文件中的具体格式。close()方法负责关闭操作,而 write()方法则实现 key/value 键值对的写入。这两个抽象方法如下。

(1) public abstract void close(TaskAttemptContext context)

(2) public abstract void write(K key,V value)

第一个方法是关闭 RecordWriter,继承 Closable 接口,第二个方法是写一个 key/value 键值对。

10.6　MapReduce 实例分析

MapReduce 编程模型给出了分布式编程方法的 5 个步骤。

(1) 迭代,遍历输入数据,将其解析成 key/value 对。

(2) 将输入 key/value 对映射成另外一些 key/value 对。

(3) 根据 key 对中间结果进行分组。

(4) 以组为单位对数据进行归约。

(5) 迭代,将最终产生的 key/value 对保存到输出文件中。

WordCount 是一个能够统计文本中单词个数的 MapReduce 入门程序。其输入是一个包含大量单词的文本文件,输出是文件中每个单词及其出现次数(频数),并按照单词字母顺序排序,每个单词和其频数占一行,单词和频数之间有间隔。表 10.1 给出一个 WordCount 的输入输出实例。

表 10.1　一个 WordCount 的输入输出实例

输　　入	输　　出
Hello World Bye World	Bye 3
Hello Hadoop Bye Hadoop	Hadoop 4
Bye Hadoop Hello Hadoop	Hello 3
	World 2

采用 MapReduce 大数据计算模型，利用多个 Map/Reduce 任务可以将单词个数的统计工作划分到多个机器上分布并行执行，最后再汇总统计结果。

10.6.1　WordCount MapReduce 设计

最简单的 MapReduce 应用程序至少包含三个部分：一个 Map 函数、一个 Reduce 函数和一个 main()函数。在运行一个 MapReduce 计算任务时候，任务过程被分为两个阶段：Map 阶段和 Reduce 阶段，每个阶段都是用键值对（key/value）作为输入（Input）和输出（Output）。main()函数将作业控制和文件输入/输出结合起来。

MapReduce 核心功能是将用户编写的业务逻辑代码和自带默认组件整合成一个完整的分布式运算程序，并发运行在一个 Hadoop 集群上。一个完整的 MapReduce 程序在分布式运行时有以下三类实例进程。

（1）MRAppMaster：负责整个程序的过程调度及状态协调。

（2）MapTask：负责 Map 阶段的整个数据处理流程。

（3）ReduceTask：负责 Reduce 阶段的整个数据处理流程。

结合表 10.1 中的实例，其 Map/Reduce 任务的执行过程如图 10.6 所示。

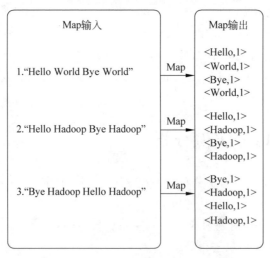

图 10.6　WordCount 程序 Map 执行过程

一个有三行文本的文件进行 MapReduce 操作。

（1）读取第一行 Hello World Bye World，分隔单词形成 Map。

<Hello,1><World,1><Bye,1><World,1>

（2）读取第二行 Hello Hadoop Bye Hadoop，分隔单词形成 Map。

< Hello,1 > < Hadoop,1 > < Bye,1 > < Hadoop,1 >

（3）读取第三行 Bye Hadoop Hello Hadoop，分隔单词形成 Map。

< Bye,1 > < Hadoop,1 > < Hello,1 > < Hadoop,1 >

Reduce 操作是对 Map 的结果进行排序，合并，最终得出词频，如图 10.7 所示。

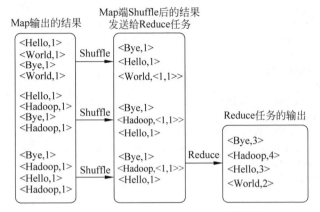

图 10.7　WordCount 程序 Reduce 执行过程

经过进一步处理（Combiner），将形成的 Map 根据相同的 key 组合成 value 数组：

< Bye,1,1,1 > < Hadoop,1,1,1,1 > < Hello,1,1,1 > < World,1,1 >

循环执行 Reduce(K,V[])，分别统计每个单词出现的次数：

< Bye,3 > < Hadoop,4 > < Hello,3 > < World,2 >

下面给出文字叙述简易流程。

（1）首先查看待处理的数据信息，根据自己的参数配置，形成一个任务分配规划。

（2）根据任务分配规划（job. split，job. xml，wc. jar）和待处理的文件提交给 Yarn。

（3）Yarn 会查看哪些机器比较空闲，找一个最空闲的机器把 mrAppMaster 启动起来。

（4）mrAppMaster 启动后根据本次 Job 的描述信息，计算出所需的且好的 MapTask 实例数量，然后向集群申请启动相应数量的 MapTask 进程，MapTask 启动后，根据给定的数据切片范围进行数据处理。

（5）根据 MapTask 读取一行数据，先是通过 InputFormat 读取一行数据返回自己定义的 WordcountMapper. class，并且通过收集器中 OutputCollector 输出到本地是已经排好序且分区的。

（6）待全部收集完毕后，这时 mrAppMaster 通知 ReduceTask 读取分区且排好序的文件，一组一组读进去，通过自定义的 WordcountReducer. class 写出去，再经过 OutputFormat 组件生成 part-r-00000 这样的文件。

10.6.2　WordCount 编程实现

本书 WordCount 编程实例是在 IDEA 上基于 Maven 实现的，下面分别给出所需要的 pom 文件和实现代码。

1. 所需要的 pom 文件

```
<?xml version = "1.0" encoding = "UTF - 8"?>
< project xmlns = "http://Maven. apache. org/POM/4.0.0"
xmlns:xsi = "http://www. w3. org/2001/XMLSchema - instance"
xsi:schemaLocation = "http://Maven. apache. org/POM/4.0.0
http://Maven. apache. org/xsd/Maven - 4.0.0. xsd">
< modelVersion > 4.0.0 </modelVersion >
< groupId > com. itstaredu </groupId >
< artifactId > MapReduce </artifactId >
< version > 1.0 - SNAPSHOT </version >
< dependencies >
<!-- https://mvnrepository.com/artifact/org.apache.hadoop/hadoop - common -->
        < dependency >
            < groupId > org. apache. hadoop </groupId >
            < artifactId > hadoop - client </artifactId >
            < version > 2.7.3 </version >
        </dependency >
    </dependencies >
</project >
```

2. WordCountMapper 类

```
import org. apache. hadoop. io. IntWritable;
import org. apache. hadoop. io. LongWritable;
import org. apache. hadoop. io. Text;
import org. apache. hadoop. MapReduce. Mapper;
import java. io. IOException;
/**
 *
 * 数据的输入与输出以 key - value 进行传输
 * keyIN:LongWritable(Long) 数据的起始偏移量
 * valueIN:具体数据 Text
 * Mapper 需要把数据传递到 Reducer 阶段
 */
public class WordCountMapper extends Mapper < LongWritable, Text,Text, IntWritable > {
    //对数据进行打散
    @Override
    protected void Map(LongWritable key, Text value, Context context) throws IOException,
InterruptedException {
        //1.接入数据
        String line = value.toString();
        //2.对数据进行切分
        String[] words = line.split(" ");
        //3.以< key,value >形式写出
        for(String w:words){
            //写到 Reducer 端
            context.write(new Text(w),new IntWritable(1));
        }
    }
}
```

3．WordCountReducer 类

```java
import org.apache.hadoop.io.IntWritable;
import org.apache.hadoop.io.Text;
import org.apache.hadoop.MapReduce.Reducer;
import java.io.IOException;
/**
  *
  * Reducer 阶段接收的是 Mapper 输出的数据
  * Mapper 的输出是 Reducer 输入
  * keyIn:Mapper 输出的 key 的类型
  * valueIn:Mapper 输出 value 的类型
  *
  */
public class WordCountReducer extends Reducer < Text, IntWritable, Text, IntWritable > {
    //key 是单词, values 是次数
    @Override
    protected void Reduce(Text key, Iterable < IntWritable > values, Context context) throws
IOException, InterruptedException {
        //1.记录出现次数
        int sum = 0;
        for(IntWritable v:values){
            sum += v.get();
        }
        //2.累加求和输出
        context.write(key, new IntWritable(sum));
    }
}
```

4．WordCountDriver 类

```java
import org.apache.hadoop.conf.Configuration;
import org.apache.hadoop.fs.Path;
import org.apache.hadoop.io.IntWritable;
import org.apache.hadoop.io.Text;
import org.apache.hadoop.MapReduce.Job;
import org.apache.hadoop.MapReduce.lib.input.FileInputFormat;
importorg.apache.hadoop.MapReduce.lib.output.FileOutputFormat;
import java.io.IOException;
public class WordCountDriver {
    public static void main (String[ ] args) throws IOException, ClassNotFoundException,
InterruptedException {
        //1.创建 Job 任务
        Configuration conf = new Configuration();
        Job job = Job.getInstance(conf);
        //2.指定 Jar 包位置
        job.setJarByClass(WordCountDriver.class);
        //3.关联使用的 Mapper 类
        job.setMapperClass(WordCountMapper.class);
        //4.关联使用的 Reducer 类
        job.setReducerClass(WordCountReducer.class);
        //5.设置 Mapper 阶段输出的数据类型
        job.setMapOutputKeyClass(Text.class);
        job.setMapOutputValueClass(IntWritable.class);
```

```
//6.设置 Reducer 阶段输出的数据类型
job.setOutputKeyClass(Text.class);
job.setOutputValueClass(IntWritable.class);
//7.设置数据输入的路径
FileInputFormat.setInputPaths(job,new Path(args[0]));
//8.设置数据输出的路径
FileOutputFormat.setOutputPath(job,new Path(args[1]));
//9.提交任务
boolean rs = job.waitForCompletion(true);
System.exit(rs?0:1);
    }
}
```

习　　题

1. 简述 MapReduce 的原理。
2. 简述 MapReduce 中 combiner、partition 的作用。
3. 简述 MapReduce 的运行原理。
4. 简述 MapReduce 中 Map()函数和 Reduce()函数的原理。
5. 写出 MapReduce 的数据处理过程。
6. 写出 MapReduce 的程序执行过程。

第11章

大数据Spark计算模型

Spark 是一个基于内存计算的大数据计算平台,广泛支持批处理、内存计算、流式计算、迭代计算、图数据计算等众多计算模式。由于其基于内存的计算框架,运算速度比 MapReduce 快上百倍。本章将介绍 Spark 的相关概念、工作原理、编程接口以及 Spark 下的 WorkCount 实例分析。

11.1 Spark 概述

Spark 是一个通用的并行计算框架,由加州伯克利大学(UC Berkeley)的 AMP 实验室于 2009 年开发,并于 2010 年开源,2013 年成长为 Apache 旗下在大数据领域最活跃的开源项目之一。

Spark 本质上也是一个基于 MapReduce 编程模型实现的分布式计算框架,Spark 不仅拥有 Hadoop、MapReduce 的能力和优点,还解决了 Hadoop、MapReduce 中的诸多性能缺陷。

11.1.1 Spark 产生

早期的 Hadoop MapReduce 采用的是 MRv1 版本的 MapReduce 编程模型。MRv1 的 Map 和 Reduce 都是通过接口实现的。

1. MRv1 主要部件

(1) 运行时环境(JobTracker 和 TaskTracker)。

(2) 编程模型(MapReduce)。

(3) 数据处理引擎(Map 任务和 Reduce 任务)。

2. MRv1 存在的问题

MRv1 将集群管理功能和数据处理能力紧耦合在一起,这种紧耦合的设计会导致以下问题。

(1) 可扩展性差:在运行时,JobTracker 既负责资源管理,又负责任务调度,当集群繁忙时,JobTracker 很容易成为瓶颈,最终导致它的可扩展性问题。

(2) 可用性差:采用了单结点的 Master,没有备用 Master 供选择,这导致一旦 Master

出现故障,整个集群将不可用。

（3）资源利用率低：TaskTracker 使用 slot 等量划分本结点上的资源量。slot 代表计算资源（CPU、内存等）。任务需要获取到 slot 后才能运行,Hadoop 调度器负责将各个 TaskTracker 上的空闲 slot 分配给 Task 使用。即使一些 Task 不能充分利用 slot 所代表的资源,其他 Task 也无法使用这些空闲的资源。在 MRv1 中,slot 分为 Map slot 和 Reduce slot 两种,分别供 MapTask 和 ReduceTask 使用。有时会出现因为作业刚刚启动等原因导致 MapTask 很多,而 ReduceTask 任务还没有调度的情况,这时 Reduce slot 就会被闲置。

（4）无法支持多种 MapReduce 框架：无法通过可插拔方式将自身的 MapReduce 框架替换为其他实现,如 Spark、Storm 等。

3. Spark 对 MRv1 做出的改进

Spark 针对 MRv1 的问题,对 MapReduce 做了大量的改进和优化,主要包括以下 5 个方面。

（1）Spark 运算中间结果缓存在内存中,可减少磁盘 I/O。随着实时大数据应用越来越多,Hadoop 作为离线的高吞吐、低响应框架已不能满足这类需求。Hadoop、MapReduce 的 map 端将中间输出和结果存储在磁盘中,reduce 端又需要从磁盘读写中间结果,从而造成磁盘 I/O 成为瓶颈。Spark 则允许将 map 端的中间输出和结果缓存在内存中,从而使得 reduce 端在拉取中间结果时避免了大量的磁盘 I/O。

应用程序上传的资源文件缓存在本地文件的内存中：Hadoop Yarn 中的 Application Master 申请到 Container 后,具体任务需要利用 Node Manager 从 HDFS 的不同结点下载任务所需的资源（如 Jar 包）,增加了磁盘 I/O。Spark 则将应用程序上传的资源文件缓存在本地文件的内存中,当 Executor 执行任务时直接从本地文件的内存中读取,从而节省了大量的磁盘 I/O。

（2）增加任务并行度。对 Hadoop 而言,将中间结果写到磁盘与从磁盘读取中间结果属于不同的环节,Hadoop 将它们简单地通过串行执行衔接起来。而 Spark 则把不同的环节抽象为 Stage,允许多个 Stage 既可以串行执行,又可以并行执行。

（3）避免重新计算。当 Stage 中某个分区的 Task 执行失败后,会重新对此 Stage 调度,但在重新调度的时候会过滤已经执行成功的分区任务,所以不会造成重复计算和资源浪费。

（4）可选的 Shuffle 排序。Hadoop MapReduce 在 Shuffle 之前会将中间结果按 key 的 hash 值和 key 值大小进行两层排序,确保分区内部的有序性。而 Spark 则可以根据不同场景选择在 map 端排序还是 reduce 端排序。

（5）灵活的内存管理策略。Spark 将内存分为堆上的存储内存、堆外的存储内存、堆上的执行内存、堆外的执行内存 4 个部分。Spark 既提供了执行内存和存储内存之间固定边界的实现,又提供了执行内存和存储内存之间"软"边界的实现。Spark 默认使用"软"边界的实现,执行内存或存储内存中的任意一方在资源不足时都可以借用另一方的内存,最大限度地提高资源的利用率,减少对资源的浪费。Spark 由于对内存使用的偏好,内存资源的多寡和使用率就尤为重要,为此 Spark 实现了一种与操作系统的内存 Page 非常相似的数据结构,用于直接操作操作系统内存,节省了创建的 Java 对象在堆中占用的内存,使得 Spark 对内存的使用效率更加接近硬件。Spark 会给每个 Task 分配一个配套的任务内存管理器,对 Task 粒度的内存进行管理。Task 的内存可以被多个内部的消费者消费,任务内存管理器对每个消费者进行 Task 内存的分配与管理,因此 Spark 对内存有着更细粒度的管理。

由此可见,Spark 是一个能够在内存中进行计算,即使依赖磁盘进行复杂的运算,依然比 MapReduce 更加高效的工具。Spark 是 MapReduce 的替代方案,而且兼容 HDFS、Hive,可融入 Hadoop 的生态系统,以弥补 MapReduce 的不足。

11.1.2　Spark 的相关概念及其组件

1. Spark 的相关概念

RDD(Resilient Distributed Datasets,弹性分布式数据集):RDD 是一个只读的有属性的数据集。属性用来描述当前数据集的状态,数据集是由数据的分区(partition)组成。

RDD 内部的数据集合在逻辑上和物理上被划分成多个小子集合,这样的每一个子集合被称为分区。分区的个数会决定并行计算的粒度,而每一个分区数值的计算都是在一个单独的任务中进行,因此并行任务的个数,也是由 RDD 分区的个数决定的。

Shark 和 Spark SQL:Shark 是在 Spark 框架基础上提供和 Hive 一样的 HiveQL 的命令接口,其底层依赖于 Hive 引擎。Spark 执行 Hive 查询比 Hive 快百倍。而正是由于 Shark 太过依赖于 Hive 了,导致执行任务的时候不能灵活地添加新的优化策略。于是 Spark 团队停止了 Shark 作为单独项目的开发,决定从头开发一套完全脱离 Hive,基于 Spark 平台的数据仓库框架,Spark SQL 由此诞生。Spark SQL 包含 Shark 的所有特性,并且减少了对 Hive 的依赖。

SparkStreaming 是构建在 Spark 上的实时流处理计算框架。它将流数据以秒为单位分成一段段的时间片,根据时间间隔以批次为单位进行处理流式数据,具有低延时、可扩展和容错性等诸多优点,可以实现实时流数据处理。

Scala:Spark 使用 Scala 语言实现,为 Scala 和 Java 提供了 API,用户还可以使用 Scala 命令行查询大数据集。RDD 就表现为一个 Scala 对象。

DAG(Directed Acyclic Graph):有向无环图。在图论中,如果一个有向图无法从某个顶点出发经过若干条边回到该点,则这个图是一个有向无环图。Spark 使用 DAG 来反映各 RDD 之间的依赖或血缘关系。

Job:用户提交的作业。当 RDD 及其 DAG 被提交给 DAGScheduler 调度后,DAGScheduler 会将所有 RDD 中的转换及动作视为一个 Job。一个 Job 由一到多个 Task 组成。

Stage:Job 的执行阶段。DAGScheduler 对 RDD 的 DAG 进行 Stage 划分。一个 Job 可能被划分为一到多个 Stage。Stage 分为 ShuffleMapStage 和 ResultStage 两种。

Task:具体执行任务。一个 Job 在每个 Stage 内都会按照 RDD 的 Partition 数量,创建多个 Task。Task 分为 ShuffleMapTask 和 ResultTask 两种。ShuffleMapStage 中的 Task 为 ShuffleMapTask,而 ResultStage 中的 Task 为 ResultTask。ShuffleMapTask 和 ResultTask 类似于 Hadoop 中的 Map 任务和 Reduce 任务。

Shuffle:Shuffle 是所有 MapReduce 计算框架的核心执行阶段,Shuffle 用于打通 Map 任务(在 Spark 中就是 ShuffleMapTask)的输出与 Reduce 任务(在 Spark 中就是 ResultTask)的输入,Map 任务的中间输出结果按照指定的分区策略(例如,按照 key 值哈希)分配给处理某一个分区的 Reduce 任务。

2. Spark 的组件

Apache Spark 由 Spark Core、Spark SQL、Spark Streaming、GraphX、MLlib 等模块组

成,如图 11.1 所示。其中,Spark Core 是 Apache Spark 的核心,是其他扩展模块的基础运行时环境。下面将介绍各个模块的功能。

1) Spark Core

主要提供 Spark 应用的运行时环境,包括以下功能。

图 11.1　Spark 基本模块

(1) Spark Conf:用于管理 Spark 应用程序的各种配置信息。

(2) 内置的基于 Netty 的 RPC 框架:包括同步和异步的多种实现。RCP 框架是 Spark 各组件间通信的基础。

(3) 事件总线:Spark Context 内部各组件间使用事件-监听器模式异步调用。

(4) 度量系统:由 Spark 中的多种度量源(Source)和多种度量输出(Sink)构成,完成对整个 Spark 集群中各组件运行期状态的监控。

(5) Spark Context:通常而言,用户开发的 Spark 应用程序的提交与执行都离不开 Spark Context 的支持。在正式提交应用程序之前,首先需要初始化 Spark Context。Spark Context 隐藏了网络通信、分布式部署、消息通信、存储体系、计算引擎、度量系统、文件服务、Web UI 等内容,应用程序开发者只需要使用 Spark Context 提供的 API 完成功能开发。

(6) Spark Env:Spark 执行环境 Spark Env 是 Spark 中的 Task 运行所必需的组件。Spark Env 内部封装了 RPC 环境(RpcEnv)、序列化管理器、广播管理器(Broadcast Manager)、Map 任务输出跟踪器(MapOutputTracker)、存储体系、度量系统(Metrics System)、输出提交协调器(OutputCommitCoordinator)等 Task 运行所需的各种组件。

(7) 存储体系:Spark 优先考虑使用各结点的内存作为存储,当内存不足时才会考虑使用磁盘,这极大地减少了磁盘 I/O,提升了任务执行的效率,使得 Spark 适用于实时计算、迭代计算、流式计算等场景。在实际场景中,有些 Task 是存储密集型的,有些则是计算密集型的,所以有时候会造成存储空间很空闲,而计算空间的资源又很紧张。Spark 的内存存储空间与执行存储空间之间的边界可以是“软”边界,因此资源紧张的一方可以借用另一方的空间,这既可以有效利用资源,又可以提高 Task 的执行效率。此外,Spark 的内存空间还提供了 Tungsten 的实现,直接操作操作系统的内存。由于 Tungsten 省去了在堆内分配 Java 对象,因此能更加有效地利用系统的内存资源,并且因为直接操作系统内存,空间的分配和释放也更迅速。

(8) 调度系统:调度系统主要由 DAGScheduler 和 TaskScheduler 组成,它们都内置在 Spark Context 中。DAGScheduler 负责创建 Job、将 DAG 中的 RDD 划分到不同的 Stage、给 Stage 创建对应的 Task、批量提交 Task 等功能。TaskScheduler 负责按照 FIFO(先进先出)或者 FAIR(公平调度算法)等调度算法对批量 Task 进行调度;为 Task 分配资源;将 Task 发送到集群管理器的当前应用的 Executor 上,由 Executor 负责执行等工作。

(9) 计算引擎:计算引擎由内存管理器(MemoryManager)、Tungsten、任务内存管理器(TaskMemory-Manager)、Task、外部排序器(ExternalSorter)、Shuffle 管理器(ShuffleManager)等组成。

- MemoryManager 除了对存储体系中的存储内存提供支持和管理外,还为计算引擎中的执行内存提供支持和管理。
- Tungsten 除用于存储外,也可以用于计算或执行。
- TaskMemoryManager 对分配给单个 Task 的内存资源进行更细粒度的管理和控制。
- ExternalSorter 用于在 Map 端或 Reduce 端对 ShuffleMapTask 计算得到的中间结果进行排序、聚合等操作。
- ShuffleManager 用于将各个分区对应的 ShuffleMapTask 产生的中间结果持久化到磁盘,并在 Reduce 端按照分区远程拉取 ShuffleMapTask 产生的中间结果。

2) Spark SQL

由于 SQL 具有普及率高、学习成本低等特点,为了扩大 Spark 的应用面,还增加了对 SQL 及 Hive 的支持。Spark SQL 的过程可以总结为:首先使用 SQL 语句解析器 (SqlParser)将 SQL 转换为语法树(Tree),并且使用规则执行器(RuleExecutor)将一系列规则(Rule)应用到语法树,最终生成物理执行计划并执行的过程。其中,规则包括语法分析器 (Analyzer)和优化器(Optimizer)。

3) Spark Streaming

Spark Streaming 与 Apache Storm 类似,也用于流式计算。Spark Streaming 支持 Kafka、Flume、Kinesis 和简单的 TCP 套接字等多种数据输入源。输入流接收器(Receiver) 负责接入数据,是接入数据流的接口规范。Dstream 是 Spark Streaming 中所有数据流的抽象,Dstream 可以被组织为 DStream Graph。Dstream 本质上由一系列连续的 RDD 组成。

4) GraphX

GraphX 是 Spark 提供的分布式图计算框架。GraphX 主要遵循整体同步并行计算模式下的 Pregel 模型实现。GraphX 提供了对图 Graph 的抽象,Graph 由顶点(Vertex)、边 (Edge)及继承了 Edge 的 EdgeTriplet(添加了 srcAttr 和 dstAttr,用来保存源顶点和目的顶点的属性)三种结构组成。GraphX 目前已经封装了最短路径、网页排名、连接组件、三角关系统计等算法的实现,用户可以选择使用。

5) MLlib

MLlib 是 Spark 提供的机器学习框架。机器学习是一门涉及概率论、统计学、逼近论、凸分析、算法复杂度理论等多领域的交叉学科。MLlib 目前已经提供了基础统计、分类、回归、决策树、随机森林、朴素贝叶斯、保序回归、协同过滤、聚类、维数缩减、特征提取与转型、频繁模式挖掘、预言模型标记语言、管道等多种数理统计、概率论、数据挖掘方面的数学算法。

11.1.3　Spark 特性

Spark 具有以下特性。

(1) 检查点支持。Spark 的 RDD 之间维护了血缘关系(lineage),一旦某个 RDD 失败了,则可以由父 RDD 重建。虽然 lineage 可用于错误后 RDD 的恢复,但对于很长的 lineage 来说,恢复过程非常耗时。如果应用启用了检查点,那么在 Stage 中的 Task 都执行成功后,Spark Context 将把 RDD 计算的结果保存到检查点,这样当某个 RDD 执行失败后,再由父

RDD 重建时就不需要重新计算，而直接从检查点恢复数据。

（2）高效性。Apache Spark 使用最先进的 DAG 调度程序，查询优化程序和物理执行引擎，实现批量和流式数据的高性能。运行速度提高 100 倍。

（3）易于使用。Spark 现在支持 Java、Scala、Python 和 R 等语言编写应用程序，大大降低了使用者的门槛。除此之外，还自带了 80 多个高等级操作符，允许在 Scala、Python、R 的 Shell 中进行交互式查询。

（4）支持交互式。Spark 使用 Scala 开发，并借助于 Scala 类库中的 Iloop 实现交互式 Shell，提供对 REPL(Read-Eval-Print-Loop)的实现。

（5）支持 SQL 查询。在数据查询方面，Spark 支持 SQL 及 Hive SQL，这极大地方便了传统 SQL 开发和数据仓库的使用者。

（6）支持流式计算。与 MapReduce 只能处理离线数据相比，Spark 还支持实时的流计算。Spark 依赖 Spark Streaming 对数据进行实时的处理，其流式处理能力还要强于 Storm。

（7）高可用。Spark 自身实现了 Standalone 部署模式，此模式下的 Master 可以有多个，解决了单点故障问题。Spark 也完全支持使用外部的部署模式，如 Yarn、Mesos、EC2 等。

（8）丰富的数据源支持。Spark 除了可以访问操作系统自身的文件系统和 HDFS 之外，还可以访问 Kafka、Socket、Cassandra、HBase、Hive、Alluxio(Tachyon) 及任何 Hadoop 的数据源。

（9）丰富的文件格式支持。Spark 支持文本文件格式、CSV 文件格式、JSON 文件格式、ORC 文件格式、Parquet 文件格式、Libsvm 文件格式，有利于 Spark 与其他数据处理平台的对接。

11.2　Spark 工作原理

11.2.1　RDD 原理

1. RDD 概念

RDD 是 Spark 的基本抽象，是一个弹性分布式数据集，代表着不可变的、分区 (Partition)的集合，能够进行并行计算。RDD 是 Spark 的核心概念。

目前现有的分布式处理计算系统都是基于非循环式的数据流模型，这就意味着每一次计算都要包含从存储中读取数据和将计算结果写入存储的过程，这样的模型使得那些需要重复使用一个特定数据集的迭代算法无法高效地运行，RDD 就是为解决这一问题而诞生的。

RDD 允许用户将一部分数据缓存在内存中，这大大地加速了对这部分数据之后的查询和计算过程。

RDD 是一系列的分片，如 128MB 一片，类似于 Hadoop 的 Split。在每个分片上都有一个函数去执行/迭代/计算它。

一个 RDD 的数据可以划分为多个 Partition(数据分区)。对于一个 Key-Value 形式的

RDD,可以指定一个 Partitioner(分区计算器),告诉它如何分片,常用的有 hash、range。并可选择指定分区最佳计算位置。

RDD 使用一种高度限制(只读,只能从稳定的存储或者已有的 RDD 创建)的共享内存,这些限制也使得自动容错的开支变得很低。RDD 采用一种称为"血缘"的容错机制,每一个 RDD 都包含关于它是如何从其他 RDD 变换过来的以及如何重建一块数据的信息。

Spark 应用程序通过使用 Spark 的转换 API,可以将 RDD 封装为一系列具有血缘关系的 RDD,也就是 DAG。只有通过 Spark 的动作 API 才会将 RDD 及其 DAG 提交到 DAGScheduler。RDD 的祖先一定是一个跟数据源相关的 RDD,负责从数据源迭代读取数据。

RDD 可以具有依赖关系,如果 RDD 的每个分区最多只能被一个子 RDD 的一个分区使用,则称为 narrow dependency;若多个子 RDD 分区都可以依赖,则称为 wide dependency。不同的操作由于其特性,可能会产生不同的依赖。如 Map 操作会产生 narrow dependency,而 Join 操作则产生 wide dependency,wide dependency 中子 RDD 对父 RDD 各个 Partition 的依赖将取决于分区计算器(Partitioner)的算法。

Spark 采用 RDD 以后能够实现高效计算的主要原因如下。

(1) 高效的容错性。现有的分布式共享内存、键值存储、内存数据库等,为了实现容错,必须在集群结点之间进行数据复制或者记录日志,也就是在结点之间会发生大量的数据传输,这对于数据密集型应用而言会带来很大的开销。在 RDD 的设计中,数据只读,不可修改,如果需要修改数据,必须从父 RDD 转换到子 RDD,由此在不同 RDD 之间建立了血缘关系。所以,RDD 是一种天生具有容错机制的特殊集合,不需要通过数据冗余的方式(如检查点)实现容错,而只需通过 RDD 父子依赖(血缘)关系重新计算得到丢失的分区来实现容错,无须回滚整个系统,这样就避免了数据复制的高开销,而且重算过程可以在不同结点之间并行进行,实现了高效的容错。此外,RDD 提供的转换操作都是一些粗粒度的操作(如 map、filter 和 join),RDD 依赖关系只需要记录这种粗粒度的转换操作,而不需要记录具体的数据和各种细粒度操作的日志(如对哪个数据项进行了修改),这就大大降低了数据密集型应用中的容错开销。

(2) 中间结果持久化到内存。数据在内存中的多个 RDD 操作之间进行传递,不需要保存到磁盘上,避免了不必要的读写磁盘开销。

(3) 存放的数据可以是 Java 对象,避免了不必要的对象序列化和反序列化开销。

2. RDD 工作原理

在了解了 RDD 的概念和特性之后,下面主要介绍 RDD 的工作原理。

RDD 包含以下三种基本操作。

1) Transformation

从原有的一个 RDD 进行操作创建一个新的 RDD,通常是一个 lazy 过程,例如 map、filter、groupBy、join,Spark 只是记录下"Transformation"操作应用的一些基础数据集以及 RDD 生成的轨迹,即相互之间的依赖关系,而不会触发真正的计算,直到有 Action 算子执行的时候。

2) Action

返回给驱动程序一个值,或者将计算出来的结果集导出到存储系统中,例如 count 或

reduce。

RDD 的转换(Transformation)和动作(Action)操作的过程如图 11.2 所示,从输入中逻辑上生成 A 和 C 两个 RDD,经过一系列"转换"操作,逻辑上生成了 F(也是一个 RDD),之所以说是逻辑上,是因为这时候计算并没有发生,Spark 只是记录了 RDD 之间的生成和依赖关系。当 F 要进行输出时,也就是当 F 进行"行动"操作的时候,Spark 才会根据 RDD 的依赖关系生成 DAG,并从起点开始真正的计算。

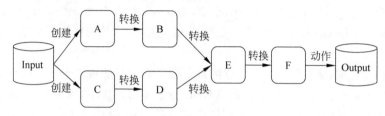

图 11.2 RDD 执行过程的一个实例

3) Persist

数据一般存储在内存中,当内存不足时可以存储在硬盘中。存储方式有 cache、persist、unpersist。

合理使用 persist 和 cache 持久化操作能大大提高 spark 性能,但是其调用是有原则的,必须在 transformation 或者 textFile 后面直接调用 persist 或 cache。

RDD 在 Spark 架构中的运行过程,如图 11.3 所示。

(1) 创建 RDD 对象。

(2) SparkContext 负责计算 RDD 之间的依赖关系,构建 DAG。

(3) DAGScheduler 负责把 DAG 图分解成多个阶段,每个阶段中包含多个任务,每个任务会被任务调度器分发给各个工作结点(Worker Node)上的 Executor 去执行。

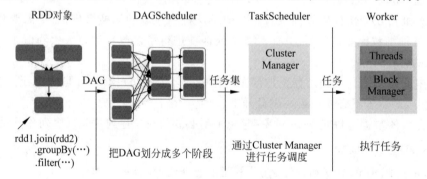

图 11.3 RDD 运行过程

11.2.2 Spark 工作流程

1. Spark 工作流程

Spark 工作流程如图 11.4 所示。

(1) 当一个 Spark 应用被提交时,首先需要为这个应用构建起基本的运行环境,即由任务控制结点(Driver)创建一个 Spark Context,由 Spark Context 负责和资源管理器(Cluster

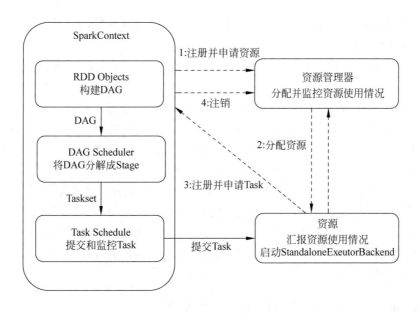

图 11.4 Spark 工作流程

Manager)的通信以及进行资源的申请、任务的分配和监控等。Spark Context 会向资源管理器注册并申请运行 Executor 的资源。

（2）资源管理器为 Executor 分配资源，并启动 Executor 进程，Executor 运行情况将随着"心跳"发送到资源管理器上。

（3）Spark Context 根据 RDD 的依赖关系构建 DAG，DAG 提交给 DAG 调度器（DAGScheduler）进行解析，将 DAG 分解成多个 Stage（每个 Stage 都是一个 Taskset（任务集）），并且计算出各个阶段之间的依赖关系，然后把一个个 Taskset 提交给底层的任务调度器（Task Scheduler）进行处理；Executor 向 Spark Context 申请任务，任务调度器将任务分发给 Executor 运行，同时，Spark Context 将应用程序代码发放给 Executor。

（4）任务在 Executor 上运行，把执行结果反馈给任务调度器，然后反馈给 DAG 调度器，运行完毕后写入数据并释放所有资源，完成注销。

DAGScheduler 把一个 Spark 作业转换成 Stage 的 DAG，根据 RDD 和 Stage 之间的关系找出开销最小的调度方法，然后把 Stage 以 TaskSet 的形式提交给 TaskScheduler。

DAGScheduler 决定了运行 Task 的理想位置，并把这些信息传递给下层的 TaskScheduler。此外，DAGScheduler 还处理由于 Shuffle 数据丢失导致的失败，这有可能需要重新提交运行之前的 Stage（非 Shuffle 数据丢失导致的 Task 失败由 TaskScheduler 处理）。

TaskScheduler 维护所有 TaskSet，当 Executor 向 Driver 发送心跳时，TaskScheduler 会根据其资源剩余情况分配相应的 Task。另外，TaskScheduler 还维护着所有 Task 的运行状态，重试失败的 Task。

2. Spark 运行架构的特点

Spark 运行架构具有以下特点。

（1）每个应用都有自己专属的 Executor 进程，并且该进程在应用运行期间一直驻留。

Executor 进程以多线程的方式运行任务，减少了多进程任务频繁的启动开销，使得任务执行变得非常高效和可靠。

（2）Spark 运行过程与资源管理器无关，只要能够获取 Executor 进程并保持通信即可。

（3）Executor 上有一个 BlockManager 存储模块，类似于键值存储系统（把内存和磁盘共同作为存储设备），在处理迭代计算任务时，不需要把中间结果写入 HDFS 等文件系统，而是直接放在这个存储系统上，后续有需要时就可以直接读取；在交互式查询场景下，也可以把表提前缓存到这个存储系统上，提高读写 IO 性能。

（4）任务采用了数据本地性和推测执行等优化机制。数据本地性是尽量将计算移到数据所在的结点上进行，即"计算向数据靠拢"，因为移动计算比移动数据所占的网络资源要少得多。而且，Spark 采用了延时调度机制，可以在更大的程度上实现执行过程优化。例如，如果经过预测发现当前结点结束当前任务的时间比移动数据的时间还要少，那么，调度就会等待，直到当前结点可用。

11.2.3　Spark 集群架构及运行模式

1. Spark 的集群架构

从集群部署的角度看，Spark 集群由集群管理器（Cluster Manager）、工作结点（Worker）、执行器（Executor）、驱动器（Driver）、应用程序（Application）等部分组成，如图 11.5 所示。

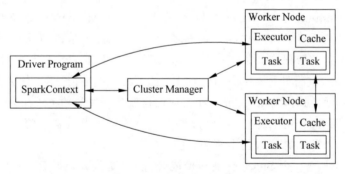

图 11.5　Spark 集群架构

（1）Cluster Manager：Spark 的集群管理器，主要负责对整个集群资源的分配与管理。Cluster Manager 在 Yarn 部署模式下为 Resource Manager；在 Mesos 部署模式下为 Mesos Master；在 Standalone 部署模式下为 Master。Cluster Manager 分配的资源属于一级分配，它将各个 Worker 上的内存、CPU 等资源分配给 Application，但是并不负责对 Executor 的资源分配。Standalone 部署模式下的 Master 会直接给 Application 分配内存、CPU 及 Executor 等资源。目前，Standalone、Yarn、Mesos、EC2 等都可以作为 Spark 的集群管理器。

（2）Worker：Spark 的工作结点。在 Yarn 部署模式下实际由 Node Manager 替代。Worker 结点主要负责以下工作：将自己的内存、CPU 等资源通过注册机制告知 Cluster Manager；创建 Executor；将资源和任务进一步分配给 Executor；同步资源信息、Executor 状态信息给 Cluster Manager 等。在 Standalone 部署模式下，Master 将 Worker 上的内存、CPU 及 Executor 等资源分配给 Application 后，将命令 Worker 启动 CoarseGrainedExecutorBackend 进程（此进程会创建 Executor 实例）。

（3）Executor：主要负责任务的执行及与 Worker、Driver 的信息同步。

（4）Driver：Application 的驱动程序，Application 通过 Driver 与 Cluster Manager、Executor 进行通信。Driver 可以运行在 Application 中，也可以由 Application 提交给 Cluster Manager 并由 Cluster Manager 安排 Worker 运行。

（5）Application：用户使用 Spark 提供的 API 编写的应用程序，Application 通过 Spark API 将进行 RDD 的转换和 DAG 的构建，并通过 Driver 将 Application 注册到 Cluster Manager。Cluster Manager 将会根据 Application 的资源需求，通过一级分配将 Executor、内存、CPU 等资源分配给 Application。Driver 通过二级分配将 Executor 等资源分配给每一个任务，Application 最后通过 Driver 告诉 Executor 运行任务。

2. Spark 的运行模式

Spark 注重建立良好的生态系统，它不仅支持多种外部文件存储系统，提供了多种多样的集群运行模式。部署在单台机器上时，既可以用本地（Local）模式运行，也可以使用伪分布式模式来运行；当以分布式集群部署的时候，可以根据自己集群的实际情况选择 Standalone 模式（Spark 自带的模式）、Yarn- Client 模式或者 Yarn-Cluster 模式。Spark 的各种运行模式虽然在启动方式、运行位置、调度策略上各有不同，但它们的目的基本都是一致的，就是在合适的位置安全可靠地根据用户的配置和 Job 的需要运行和管理 Task。

1）Local 模式

这种模式主要是用来简单地逻辑验证类的，也可以对 Spark 应用进行 debug。实际生产中，可以用 Client 模式进行验证性测试。使用方法很简单，只需要指定 Master 为 local 即可，此时要强调的是 local[n]，这个 n 代表线程数，也即它决定了本地模式的并发度（能并行几个 task），local 内部不指定默认线程数为 1，local[*] 代表当前 CPU 的核心数个线程。

运行命令为：./bin/run-example org. apache. spark. examples. SparkPi local。

2）Standalone 模式

Standalone 模式是 Spark 实现的资源调度框架，其主要的结点有 Client 结点、Master 结点和 Worker 结点。其中，Driver 既可以运行在 Master 结点上中，也可以运行在本地 Client 端。当用 spark-shell 交互式工具提交 Spark 的 Job 时，Driver 在 Master 结点上运行；当使用 spark-submit 工具提交 Job 或者在 IDEA 等开发平台上使用"new SparkConf. setManager("spark://master:7077")"方式运行 Spark 任务时，Driver 是运行在本地 Client 端上的。

其运行过程如下。

（1）Spark Context 连接到 Master，向 Master 注册并申请资源（CPU Core 和 Memory）。

（2）Master 根据 Spark Context 的资源申请要求和 Worker 心跳周期内报告的信息决定在哪个 Worker 上分配资源，然后在该 Worker 上获取资源，然后启动 StandaloneExecutorBackend。

（3）StandaloneExecutorBackend 向 Spark Context 注册。

（4）Spark Context 将 Application 代码发送给 StandaloneExecutorBackend；并且 Spark Context 解析 Application 代码，构建 DAG，并提交给 DAG Scheduler 分解成 Stage（当碰到 Action 操作时，就会催生 Job；每个 Job 中含有 1 个或多个 Stage，Stage 一般在获取外部数据和 Shuffle 之前产生），然后以 Stage（或者称为 TaskSet）提交给 Task Scheduler，Task Scheduler 负责将 Task 分配到相应的 Worker，最后提交给 StandaloneExecutorBackend 执行。

（5）StandaloneExecutorBackend 会建立 Executor 线程池，开始执行 Task，并向 Spark Context 报告，直至 Task 完成。

（6）所有 Task 完成后，Spark Context 向 Master 注销，释放资源。

3）Spark on Yarn 模式

Yarn 是一种统一资源管理机制，在其上面可以运行多套计算框架。目前的大数据技术世界，大多数公司除了使用 Spark 来进行数据计算，由于历史原因或者单方面业务处理的性能考虑而使用了其他的计算框架，如 MapReduce、Storm 等计算框架。Spark 基于此种情况开发了 Spark on Yarn 的运行模式，由于借助了 Yarn 良好的弹性资源管理机制，不仅部署 Application 更加方便，而且用户在 Yarn 集群中运行的服务和 Application 的资源也完全隔离，更具实践应用价值的是 Yarn 可以通过队列的方式，管理同时运行在集群中的多个服务。

Spark on Yarn 模式根据 Driver 在集群中的位置分为两种模式：一种是 Yarn-Client 模式，另一种是 Yarn-Cluster。

（1）Yarn 框架。

任何框架与 Yarn 的结合，都必须遵循 Yarn 的开发模式。Yarn 框架的基本运行流程如图 11.6 所示。

其中，Resource Manager 负责将集群的资源分配给各个应用使用，而资源分配和调度的基本单位是 Container，其中封装了机器资源，如内存、CPU、磁盘和网络等，每个任务会被分配一个 Container，该任务只能在该 Container 中执行，并使用该 Container 封装的资源。Node Manager 是一个个的计算结点，主要负责启动 Application 所需的 Container，监控资源（内存、CPU、磁盘和网络等）的使用情况并将之汇报给 Resource Manager。Resource Manager 与 Node Managers 共同组成整个数据计算框架，Application Master 与具体的 Application 相关，主要负责同 Resource Manager 协商以获取合适的 Container，并跟踪这些 Container 的状态和监控其进度。

（2）Yarn-Client。

Yarn-Client 模式中，Driver 在客户端本地运行，这种模式可以使得 Spark Application 和客户端进行交互，因为 Driver 在客户端，所以可以通过 WebUI 访问 Driver 的状态，默认是 http://hadoop1:4040 访问，而 Yarn 通过 http:// hadoop1:8088 访问。

Yarn-client 的工作流程步骤如下。

① Spark Yarn Client 向 Yarn 中提交应用程序，包括 Application Master 程序、启动 Application Master 的命令、需要在 Executor 中运行的程序等。

② Resource Manager 收到请求后，在集群中选择一个 Node Manager，为该应用程序分配第一个 Container，要求它在这个 Container 中启动应用程序的 Application Master，其中，

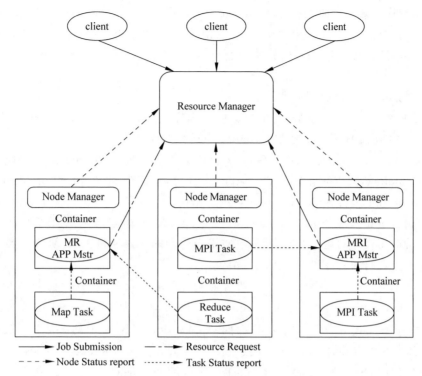

图 11.6 Yarn 框架的基本运行流程

Application Master 进行 Spark Context 等的初始化。

③ Application Master 向 Resource Manager 注册,这样用户可以直接通过 Resource Manage 查看应用程序的运行状态,然后它将采用轮询的方式通过 RPC 协议为各个任务申请资源,并监控它们的运行状态直到运行结束。

④ 一旦 Application Master 申请到资源(也就是 Container)后,便与对应的 Node Manager 通信,要求它在获得的 Container 中启动 CoarseGrainedExecutorBackend,CoarseGrainedExecutorBackend 启动后会向 Application Master 中的 Spark Context 注册并申请 Task。这一点和 Standalone 模式一样,只不过 Spark Context 在 Spark Application 中初始化时,使用 CoarseGrainedSchedulerBackend 配合 YarnClusterScheduler 进行任务的调度,其中,YarnClusterScheduler 只是对 TaskSchedulerImpl 的一个简单包装,增加了对 Executor 的等待逻辑等。

⑤ Application Master 中的 Spark Context 分配 Task 给 CoarseGrainedExecutorBackend 执行,CoarseGrainedExecutorBackend 运行 Task 并向 Application Master 汇报运行的状态和进度,以让 Application Master 随时掌握各个任务的运行状态,从而可以在任务失败时重新启动任务。

⑥ 应用程序运行完成后,Client 的 Spark Context 向 Resource Manager 申请注销并关闭自己。

(3) Yarn-Cluster。

在 Yarn-Cluster 模式中,当用户向 Yarn 中提交一个应用程序后,Yarn 将分两个阶段运行该应用程序：第一个阶段是把 Spark 的 Driver 作为一个 Application Master 在 Yarn 集群中先启动；第二个阶段是由 Application Master 创建应用程序，然后为它向 Resource Manager 申请资源，并启动 Executor 来运行 Task，同时监控它的整个运行过程，直到运行完成。

Yarn-Cluster 的工作流程分为以下步骤。

① Spark Yarn Client 向 Yarn 中提交应用程序，包括 Application Master 程序，启动 Application Master 的命令，需要在 Executor 中运行的程序等。

② Resource Manager 收到请求后，在集群中选择一个 Node Manager，为该应用程序分配第一个 Container，要求它在这个 Container 中启动应用程序的 Application Master，其中，Application Master 进行 Spark Context 等的初始化。

③ Application Master 向 Resource Manager 注册，这样用户可以直接通过 Resource Manage 查看应用程序的运行状态，然后它将采用轮询的方式通过 RPC 协议为各个任务申请资源，并监控它们的运行状态直到运行结束。

④ 一旦 Application Master 申请到资源（也就是 Container）后，便与对应的 Node Manager 通信，要求它在获得的 Container 中启动 CoarseGrainedExecutorBackend，CoarseGrainedExecutorBackend 启动后会向 Application Master 中的 Spark Context 注册并申请 Task。这一点和 Standalone 模式一样，只不过 Spark Context 在 Spark Application 中初始化时，使用 CoarseGrainedSchedulerBackend 配合 YarnClusterScheduler 进行任务的调度，其中，YarnClusterScheduler 只是对 TaskSchedulerImpl 的一个简单包装，增加了对 Executor 的等待逻辑等。

⑤ Application Master 中的 Spark Context 分配 Task 给 CoarseGrainedExecutorBackend 执行，CoarseGrainedExecutorBackend 运行 Task 并向 Application Master 汇报运行的状态和进度，以让 Application Master 随时掌握各个任务的运行状态，从而可以在任务失败时重新启动任务。

⑥ 应用程序运行完成后，Application Master 向 Resource Manager 申请注销并关闭自己。

（4）Yarn-Client 和 Yarn-Cluster 的区别。

理解 Yarn-Client 和 Yarn-Cluster 深层次的区别之前先清楚一个概念：Application Master。在 Yarn 中，每个 Application 实例都有一个 Application Master 进程，它是 Application 启动的第一个容器。它负责和 Resource Manager 打交道并请求资源，获取资源之后告诉 Node Manager 为其启动 Container。从深层次的含义讲，Yarn-Cluster 和 Yarn-Client 模式的区别其实就是 Application Master 进程的区别。

Yarn-Cluster 模式下，Driver 运行在 AM（Application Master）中，它负责向 Yarn 申请资源，并监督作业的运行状况。当用户提交了作业之后，就可以关掉 Client，作业会继续在 Yarn 上运行，因而 Yarn-Cluster 模式不适合运行交互类型的作业。

Yarn-Client 模式下，Application Master 仅向 Yarn 请求 Executor，Client 会和请求的 Container 通信来调度它们工作，也就是说 Client 不能离开。

11.2.4　Spark Streaming 工作原理

Spark Streaming 是 Spark 核心 API 的一个扩展,可以实现高吞吐量的、具备容错机制的实时流数据的处理。支持从多种数据源获取数据,包括 Kafk、Flume、Twitter、ZeroMQ、Kinesis 以及 TCP sockets,从数据源获取数据之后,可以使用诸如 map、reduce、join 等高级函数进行复杂算法的处理。最后还可以将处理结果存储到文件系统、数据库和现场仪表盘。在"One stack rule them all"的基础上,还可以使用 Spark 的其他子框架,如集群学习、图计算等,对流数据进行处理。

Spark Streaming 在内部的处理机制是,接收实时流的数据,并根据一定的时间间隔拆分成一批批的数据,然后通过 Spark Engine 处理这些批数据,最终得到处理后的一批批结果数据。对应的批数据,在 Spark 内核对应一个 RDD 实例,因此,对应流数据的 DStream 可以看成是一组 RDDs,即 RDD 的一个序列。通俗点理解,在流数据分成一批一批后,通过一个先进先出的队列,然后 Spark Engine 从该队列中依次取出一个个批数据,把批数据封装成一个 RDD,然后进行处理,这是一个典型的生产者消费者模型,对应的就有生产者消费者模型的问题,即如何协调生产速率和消费速率。

1. Spark Streaming 的相关概念

离散流(Discretized Stream)或 DStream:这是 Spark Streaming 对内部持续的实时数据流的抽象描述,即处理的一个实时数据流,在 Spark Streaming 中对应于一个 DStream 实例。

批数据(Batch Bata):这是化整为零的第一步,将实时流数据以时间片为单位进行分批,将流处理转换为时间片数据的批处理。随着持续时间的推移,这些处理结果就形成了对应的结果数据流了。

时间片或批处理时间间隔(Batch Interval):这是人为地对流数据进行定量的标准,以时间片作为拆分流数据的依据。一个时间片的数据对应一个 RDD 实例。

窗口长度(Window Length):一个窗口覆盖的流数据的时间长度。必须是批处理时间间隔的倍数。

滑动时间间隔:前一个窗口到后一个窗口所经过的时间长度。必须是批处理时间间隔的倍数。

Input DStream:一个 Input DStream 是一个特殊的 DStream,将 Spark Streaming 连接到一个外部数据源来读取数据。

2. Spark Streaming 的运行原理

Spark Streaming 是将流式计算分解成一系列短小的批处理作业。这里的批处理引擎是 Spark Core,也就是把 Spark Streaming 的输入数据按照 Batch Size(如 1s)分成一段一段的数据(Discretized Stream),每一段数据都转换成 Spark 中的 RDD(Resilient Distributed Dataset),然后将 Spark Streaming 中对 DStream 的 Transformation 操作变为针对 Spark 中对 RDD 的 Transformation 操作,将 RDD 经过操作变成中间结果保存在内存中。整个流式计算根据业务的需求可以对中间的结果进行叠加或者存储到外部设备。图 11.7 显示了 Spark Streaming 的整个流程。

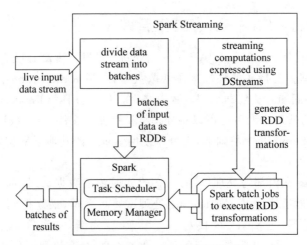

图 11.7　Spark Streaming 的运行流程

11.3　Spark 访问接口

11.3.1　Spark 访问接口概述

Spark 提供多种访问接口，下面分别介绍 Spark Shell 和 Spark Java、Scala 的 API。

对于 Spark 的使用来说，Spark Shell 是一个特别适合快速开发 Spark 程序的工具。Spark 的 Shell 作为一个强大的交互式数据分析工具，提供了一个简单的方式学习 API。它可以使用 Scala（在 Java 虚拟机上运行现有的 Java 库的一个很好方式）或 Python，在 Spark 目录里使用下面的方式开始运行。即使对 Scala 不熟悉，仍然可以使用这个工具快速应用 Scala 操作 Spark。

Spark Shell 使得用户可以和 Spark 集群交互，提交查询，这便于调试，也便于初学者使用 Spark。

应用可以通过使用 Spark 提供的库获得 Spark 集群的计算能力，这些库都是 Scala 编写的，但是 Spark 提供了面向各种语言的 API，例如 Scala、Python、Java 等，所以可以使用以上语言进行 Spark 应用开发。各种语言编写的 Spark 程序，其实现过程都是一致的，不过对它们数据的存储方式和特有的机制是不同的，如 Java 程序要导入的包更多。

Spark 的 API 主要由两个抽象部件组成：SparkContext 和 RDD，应用程序通过这两个部件和 Spark 进行交互，连接到 Spark 集群并使用相关资源。

11.3.2　SparkContext 访问接口

SparkContext 是位于 org. apache. spark 包下的 org. apache. spark. SparkContext 对象。SparkContext 在 Spark 应用程序的执行过程中起着主导作用，它负责与程序和 Spark 集群进行交互，包括申请集群资源、创建 RDD、累加器（Accumulators）及广播变量等。

SparkContext 是 Spark 的入口，相当于应用程序的 main 函数。目前在一个 JVM 进程中可以创建多个 SparkContext，但是只能有一个 active 级别的。如果需要创建一个新的 SparkContext 实例，必须先调用 stop()方法停掉当前 active 级别的 SparkContext 实例。

在创建 SparkContext 之前,要先创建一个 SparkConf,它包含一些应用程序的信息(key-value 对),如 ApplicationName、core、memory。

下面通过三种方法创建 SparkContext。

(1) Spark Shell 在开启时就初始化了 SparkContext,定义为变量 sc。

(2) Scala 创建 SparkConf 使用如下语句。

```
val conf = new SparkConf()
conf.setAppName("APPName")        //设置应用程序的名称
conf.setMaster("local")           //设置 Spark 的集群
val sc = new SparkContext(conf)
```

(3) Java 创建 SparkContext 使用如下语句。

```
SparkConf sparkConf = new SparkConf()
        .setAppName("APPName")
        .setMaster("local");
JavaSparkContext sc = new JavaSparkContext(sparkConf);
```

SparkContext 的 API 如下。

textFile(Path):将 Path 里的所有文件内容读出,以文件中的每一行作为一条记录的方式。

11.3.3　RDD 访问接口

RDD 有两种类型的操作,分别是 Transformation(返回一个新的 RDD)和 Action(返回 values)。这里介绍一些其中常用的函数。其中,Spark Shell、Scala、Java 的 Transformation 和 Action 函数基本相同,就不分别介绍。具体内容可参考 11.4 节的实例代码部分和官方网址。

```
Scala API: http://spark.apache.org/docs/latest/api/scala/index.html # org.apache.spark.
package.
Java API:http://spark.apache.org/docs/latest/api/java/index.html.
```

1. 创建 RDD

1) Spark Shell 创建 RDD

RDD 可以从普通数组创建出来,也可以从文件系统或者 HDFS 中的文件创建出来。

举例:从普通数组创建 RDD,里面包含 1~9 这 9 个数字,它们分别在三个分区中。

```
scala> val a = sc.parallelize(1 to 9, 3)
```

举例:读取文件 README.md 来创建 RDD,文件中的每一行就是 RDD 中的一个元素。

```
scala> val b = sc.textFile("README.md")
```

2) Scala 创建 RDD

```
val lines = sc.textFile("D://in//input.txt", 1)
```

3) Java 创建 RDD

```
JavaRDD<String> lines = sc.textFile("D://in//input.txt");
```

2. Transformation

Transformation 的 API 如下。

（1）map（func）：对调用 map 的 RDD 数据集中的每个元素都使用 func，然后返回一个新的 RDD，这个返回的数据集是分布式的数据集。

（2）filter（func）：对调用 filter 的 RDD 数据集中的每个元素都使用 func，然后返回一个包含使 func 为 true 的元素构成的 RDD。

（3）flatMap（func）：类似于 map，但是每一个输入元素可以被映射为 0 个或多个输出元素（所以 func 应该返回一个序列，而不是单一元素）。

（4）reduceByKey（func，[numTasks]）：就是用一个给定的 reduce func 再作用在 groupByKey 产生的（K，Seq[V]），如求和、求平均数。

3. Action

Action 的 API 如下。

（1）reduce（func）：reduce 将 RDD 中元素前两个传给输入函数，产生一个新的 return 值，新产生的 return 值与 RDD 中下一个元素（第三个元素）组成两个元素，再被传给输入函数，直到最后只有一个值为止。

（2）collect（）：在足够小的结果的时候，用 collect 封装返回一个数组。

（3）count（）：返回的是 RDD 中的元素的个数。

（4）foreach（func）：在数据集的每一个元素上都使用 func。

11.4　Spark 实例分析

与 MapReduce 相比，使用 Spark 编程实现 WordCount 比较简单，可以使用 Shell、Scala 和 Java 三种方式实现。

11.4.1　Spark Shell WordCount 编程实现

Spark Shell 的使用非常简单，这里基于 Hadoop＋Spark 环境，用 Spark Shell 编程实现 WordCount。

读入文件为本地 w.txt 文件。

（1）执行以下命令。

```
hadoop fs － mkdir － p /Hadoop/Input(在 HDFS 创建目录)
hadoop fs － put w.txt /Hadoop/Input(将 w.txt 文件上传到 HDFS)
hadoop fs － ls /Hadoop/Input (查看上传的文件)
hadoop fs － text /Hadoop/Input/word.txt (查看文件内容)
```

（2）启动 spark-shell。

```
spark － shell
```

（3）直接输入 Scala 语句。

```
val file = sc.textFile("word.txt")
val rdd = file.flatMap(line => line.split(" ")).map(word => (word,1)).
reduceByKey(_ + _)rdd.collect()
```

```
rdd.foreach(println)
```

（4）执行完毕。

11.4.2 Scala WordCount 编程实现

准备工作。

（1）准备数据。

在本地创建 input.txt 文件，并添加一些语句。

（2）安装 Idea 工具。

（3）安装 Scala 插件。

下载界面：http://plugins.jetbrains.com/plugin/1347-scala。

（4）本地安装 JDK 1.8。

（5）本地安装 Scala SDK（一定要注意，Scala 的版本需要与 Spark 的版本匹配，当 Spark 版本为 2.4.0 时，Scala 版本为 2.11，不能太高也不能低，一定要注意，否则创建 Scala project 会报错）。

下载地址：https://www.scala-lang.org/download/2.11.12.html。

创建项目及代码实现。

（1）创建 maven 项目，命名为 Spark-wordcount。

（2）添加 maven 依赖，即修改 pom 文件的内容。

添加 Spark 核心依赖：

```xml
<dependency>
    <groupId>org.apache.spark</groupId>
    <artifactId>spark-core_2.11</artifactId>
    <version>2.4.0</version>
</dependency>
```

Java1.8 版本还需加入：

```xml
<dependency>
    <groupId>com.thoughtworks.paranamer</groupId>
    <artifactId>paranamer</artifactId>
    <version>2.8</version>
</dependency>
```

（3）在 spark-wordcount 项目中创建 Scala class，命名为 WordCountScala，代码如下。

```scala
import java.util
import org.apache.spark.SparkConf
import org.apache.spark.SparkContext
import org.apache.spark.rdd.RDD
import org.apache.spark.{SparkConf, SparkContext}
object ScalaWordCount {
    def main(args: Array[String]): Unit = {
        /**
          * 第一步：创建 Spark 的配置对象 SparkConf，设置 Spark 程序的运行时的配置信息
          * 例如，通过 setMaster 来设置程序要连接的 Spark 集群的 Master 的 URL
          * 如果设置为 local，则代表 Spark 程序在本地运行，特别适合于配置条件较差的人
          */
        val conf = new SparkConf()
```

```
conf.setAppName("MyFirstSparkApplication")  //设置应用程序的名称,在程序运行的监控
                                            //界面可以看到名称
conf.setMaster("local")   //此时程序在本地运行,无须安装 Spark 的任何集群
/**
   * 第二步:创建 SparkContext 对象
   * SparkContext 是 Spark 程序所有功能的唯一入口,无论是采用 Scala、Java、Python 等
   * 都必须有一个 SparkContext
   * SparkContext 核心作用:初始化 Spark 应用程序运行所需要的核心组件,包括
   * DAGScheduler、TaskScheduler、Scheduler
   * 同时还会负责 Spark 程序往 Master 注册程序等
   * SparkContext 是整个 Spark 应用程序中最为至关重要的一个对象。
   */
val sc = new SparkContext(conf)    //创建 SparkContext 对象,通过传入 SparkConf 实例
                                   //来定制 Spark 运行的具体参数和配置信息
/**
   * 第三步:根据具体的数据来源(HDFS、HBase、Local FS(本地文件系统)、DB、S3(云上)等)
   * 通过 SparkContext 来创建 RDD
   * RDD 的创建基本有三种方式:根据外部的数据来源(例如 HDFS),根据 Scala 集合,由其
   * 他的 RDD 操作产生
   * 数据会被 RDD 划分成为一系列的 Partitions,分配到每个 Partition 的数据属于一个
   * Task 的处理范畴
   */
//文件的路径,最小并行度(根据机器数量来决定)
//val lines:RDD[String] = sc.textFile("README.md", 1)   //读取本地文件,并设置
                                                        //Partition = 1
val lines = sc.textFile("D://in//input.txt", 1)  //读取本地文件,并设置 Partition = 1
//类型推导得出 lines 为 RDD
/**
   * 第四步:对初始的 RDD 进行 Transformation 级别的处理,例如 map()、filter()等高阶
   * 函数等的编程,来进行具体的数据计算
   *     4.1:将每一行的字符串拆分成单个单词
   *     4.2:在单词拆分的基础上对每个单词的实例计数为 1,也就是 word =>(word,1)
   *     4.3:在每个单词实例计数为 1 的基础之上统计每个单词在文件中出现的总次数
   */
//对每一行的字符串进行单词的拆分并把所有行的拆分结果通过 flat 合并成为一个大的单词集合
val words = lines.flatMap { line => line.split(" ") }    //words 同样是 RDD 类型
val pairs = words.map { word => (word,1) }
val wordCounts = pairs.reduceByKey(_ + _)    //对相同的 key,进行 value 的累加(包括
                                             //Local 和 Reducer 级别同时 Reduce)
 wordCounts.foreach(wordNumberPair = > println(wordNumberPair._1 + " : " +
wordNumberPair._2))
sc.stop()    //注意一定要将 SparkContext 的对象停止,因为 SparkContext 运行时会创建
             //很多的对象
 }
}
```

（4）执行 wordCount（右击选择 Run as Scala Application 即可）。

11.4.3　Java WordCount 编程实现

准备工作：与 11.4.1 节准备工作相同。

创建项目及代码实现。

（1）创建 Maven 项目 spark。

（2）添加 Maven 依赖。

（3）在 spark 项目中添加 WordCountJava 类，代码如下。

```java
import java.util.Arrays;
import java.util.Iterator;
import org.apache.spark.SparkConf;
import org.apache.spark.api.java.JavaPairRDD;
import org.apache.spark.api.java.JavaRDD;
import org.apache.spark.api.java.JavaSparkContext;
import org.apache.spark.api.java.function.FlatMapFunction;
import org.apache.spark.api.java.function.Function2;
import org.apache.spark.api.java.function.PairFunction;
import org.apache.spark.api.java.function.VoidFunction;
import scala.Tuple2;
public class WordCountJava {
    public static void main(String[] args) {
        // 1.创建 SparkConf
        SparkConf sparkConf = new SparkConf()
                .setAppName("wordCountLocal")
                .setMaster("local");
        // 2.创建 JavaSparkContext
        // SparkContext 代表着程序入口
        JavaSparkContext sc = new JavaSparkContext(sparkConf);
        // 3.读取本地文件
        JavaRDD<String> lines = sc.textFile("D:/in/input.txt");
        // 4.每行以空格分隔
        JavaRDD<String> words = lines.flatMap(new FlatMapFunction<String, String>()
{
            public Iterator<String> call(String t) throws Exception {
                return Arrays.asList(t.split(" ")).iterator();
            }
        });
        // 5.转换为<word,1>格式
        JavaPairRDD<String, Integer> pairs = words.mapToPair(new PairFunction<String,
String, Integer>() {
            public Tuple2<String, Integer> call(String t) throws Exception {
                return new Tuple2<String, Integer>(t, 1);
            }
        });
        // 6.统计相同单词的出现频率
        JavaPairRDD<String, Integer> wordCount = pairs.reduceByKey(new
Function2<Integer, Integer, Integer>() {
            public Integer call(Integer v1, Integer v2) throws Exception {
                return v1 + v2;
            }
        });
        // 7.执行 action,将结果打印出来
        wordCount.foreach(new VoidFunction<Tuple2<String, Integer>>() {
            public void call(Tuple2<String, Integer> t) throws Exception {
                System.out.println(t._1() + " " + t._2());
            }
        });
        // 8.主动关闭 SparkContext
        sc.stop();
    }
}
```

（4）执行（右击选择 Run as Java Application 即可）。

习　题

1. Spark 对 MapReduce 做的优化有哪些？
2. Spark 由基本模块的哪些部分组成？它们分别提供什么功能？
3. 简述 RDD 的特性及其工作原理。
4. 简述 Spark 的工作流程。
5. 从集群部署的角度看，Spark 集群由哪些部分组成？
6. Spark 有哪几种运行模式？
7. Spark 的 API 主要由哪两个抽象部件组成？
8. 实现 11.4 节中的三种 Spark 下的 WordCount 编程实例。

第 **12** 章

大数据Flink计算模型

Flink 是一个面向大数据的分布式开源流处理框架,支持高吞吐、低延迟、高性能的流式数据处理。本章主要介绍 Flink 的相关概念、计算框架、运行架构、编程接口以及 Flink 下的 WordCount 编程实例分析。

12.1 Flink 概述

12.1.1 Flink 简介

Flink 是一个面向流处理的大数据计算框架,支持流处理和批处理等计算模式。流处理一般需要支持低延迟、Exactly-Once(精确处理一次)保证,而批处理需要支持高吞吐、高效处理。尽管 Spark Streaming 支持流计算,但其本质上是微批处理。Flink 则完全支持流处理,作为流处理来讲,输入数据流是无界的。Flink 在计算批处理时,将批处理看成一种特殊的流处理,它的输入数据流被定义为有界的。通过这种方式,Flink 将流处理和批处理二者统一起来。

12.1.2 Flink 的由来

Flink 起源于一个叫作 Stratosphere 的项目,它是由三所地处柏林的大学和欧洲其他一些大学共同进行的研究项目,由柏林工业大学的教授沃克尔・马尔科(Volker Markl)领衔开发。2014 年,几位开源流处理框架 Flink 的创建者成立了 Data Artisans 公司。Data Artisans 在 2015 年年初将 Flink 共享给 Apache 社区并成为该社区的顶级项目。2019 年,阿里巴巴收购了 Data Artisans 公司。其后,阿里云提供全托管 Serverless Flink 云服务,推出了 Flink 的云原生产品,如实时计算 Flink 版。

12.1.3 Flink 流处理

Apache Flink 是一个开源流处理框架和分布式处理引擎,用于对无界和有界数据流进行有状态计算。Flink 能在所有常见集群环境中运行,并能以内存速度和任意规模进行计算。

Flink 流处理框架如图 12.1 所示。

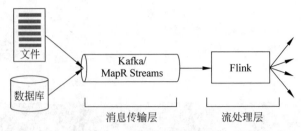

图 12.1　Flink 流处理框架

为了实现流处理架构的高效运转，一般需要设置消息传输层和流处理层。消息传输层从各种数据源采集连续事件产生的数据，并传输给订阅了这些数据的应用程序；流处理层会持续地将数据在应用程序和系统间移动，聚合并处理事件，并在本地维持应用程序的状态。

流处理架构的核心是使各种应用程序互连在一起的消息队列，消息队列连接应用程序，并作为新的共享数据源，这些消息队列取代了以前的大型集中式数据库。流处理器从消息队列中订阅数据并加以处理，处理后的数据可以流向另一个消息队列，这样，其他应用程序都可以共享流数据。

Flink 有两种流处理类型，分为事务驱动型和数据分析型。

Flink 事务驱动型应用如图 12.2 所示。

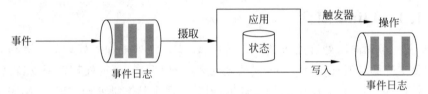

图 12.2　Flink 事务驱动型应用

事务驱动型应用是一类具有状态的应用，它从一个或多个事件数据流中读取事件，并根据到来的事件做出反应，包括触发计算、状态更新或其他外部动作等。事务驱动型应用是在传统的应用设计基础上进化而来的。在传统的设计中，通常都具有独立的计算和数据存储层，应用会从一个远程的事务数据库中读写数据。而事务驱动型应用是建立在有状态流处理应用的基础之上的。在这种设计中，数据和计算不是相互独立的层，而是放在一起的，应用只需访问本地即可获取数据。系统容错性是通过定期向远程持久化存储写入检查点来实现的。典型的事务驱动型应用包括反欺诈、异常检测、基于规则的报警、业务流程监控、Web 应用（社交网络）等。

Flink 数据分析型应用如图 12.3 所示。

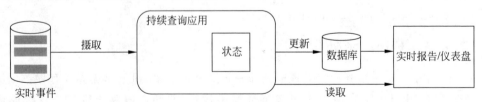

图 12.3　Flink 数据分析型应用

数据分析任务需要从原始数据中提取有价值的信息和指标。传统模式通常是利用批查询,或将事件记录下来并基于此有限数据集构建应用来完成。为了得到最新数据的分析结果,必须先将它们加入分析数据集并重新执行查询或运行应用,随后将结果写入存储系统或生成报告。与传统模式下读取有限数据集不同,流式查询或应用会接入实时事件流,并随着事件消费持续产生和更新结果。这些结果数据可能会写入外部数据库系统或以内部状态的形式维护。仪表展示应用可以相应地从外部数据库读取数据或直接查询应用的内部状态。

流式查询不需要处理输入数据中人为产生的边界,连续流式分析消除了周期性的导入和查询,因而从事件中获取洞察结果的延迟更低。一个批量分析流水线会包含一些独立的组件来周期性地调度数据提取和查询执行,因为一个组件的失败就会直接影响到流水线中的其他步骤。而对于运行在一个高级流处理器(如 Flink)之上的流式分析应用,会把从数据提取到连续结果计算的所有步骤都整合起来,因此,它就可以依赖底层引擎提供的故障恢复机制。

12.1.4　Flink 的核心特性

Flink 流数据处理框架的特性如下。

(1) 高吞吐和低延迟。每秒处理数百万个事件,毫秒级延迟。

(2) 结果的准确性。Flink 提供了事件时间和处理时间语义。对于乱序事件流,事件时间语义仍然能提供一致且准确的结果。

(3) 精确一次的状态一致性保证。

(4) 可以连接到最常用的存储系统,如 Apache Kafka、Elasticsearch 和(分布式)文件系统,如 HDFS 和 S3。

(5) 高可用。本身高可用的设置,加上与 Yarn 和 Mesos 的紧密集成,再加上从故障中快速恢复和动态扩展任务的能力,Flink 能做到以极少的停机时间实现 7×24 全天候运行。

(6) 能够更新应用程序代码并将作业(Jobs)迁移到不同的 Flink 集群,而不会丢失应用程序的状态。

12.2　Flink 工作原理

12.2.1　Flink 的计算框架

Flink 流处理框架是一个开源的分布式流处理框架,可以用于实时分析和机器学习。它支持多种数据源,如 Kafka、HDFS、Amazon Kinesis 等,可以处理流数据,并将其转换为可查询的数据流。它还支持多种数据处理模式,如实时计算、实时聚合、实时连接、实时转换等。此外,它还支持多种数据输出格式,如 JSON、CSV、Parquet 等。而 Flink 计算框架的核心是 Flink Runtime 执行引擎,它是一个分布式系统,能够接收数据流程序并在一台或多台机器上以容错方式执行。Flink 的计算框架如图 12.4 所示。

Flink Runtime 执行引擎可以作为 Yarn 的应用程序在集群上运行,也可在 Mesos 集群上运行,还可以在单机上运行。Flink 分别提供了面向流式处理的接口和面向批处理的接口。Flink 提供了用于流处理的 DataStream API 和用于批处理的 DataSet API。Flink 的分布式特点体现在它能够在成百上千机器上运行,它将大型计算任务分成许多小的部分,每

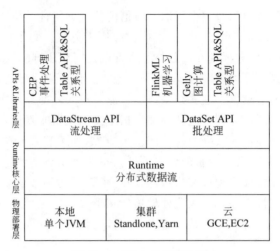

图 12.4　Flink 的计算框架

个机器执行一部分。

　　Flink 的 SQL 接口（或者 Table API）以及丰富的用户自定义函数，可以解决许多常见的数据转换问题。通过使用更具通用性的 DataStream API，还可以实现具有更加强大功能的数据流水线。Flink 提供了大量的连接器，可以连接到各种不同类型的数据存储系统，如Kafka、JDBC 数据库系统。同时，Flink 提供了面向文件系统的连续型数据源，可用来监控目录变化，并提供了数据槽（sink），支持以时间分区的方式写入文件。

12.2.2　Flink 的体系结构

　　Flink 的体系结构如图 12.5 所示。

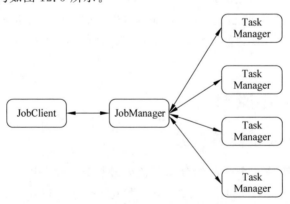

图 12.5　Flink 的体系结构

　　Flink 的体系结构由三个主要组件组成：JobManager，TaskManager 和 JobClient。JobManager 是 Flink 的核心组件，负责管理和调度任务，并监控任务的执行情况。TaskManager 是 Flink 的工作结点，负责执行由 JobManager 分配的任务。JobClient 是Flink 的客户端，负责提交任务，查询任务状态，接收任务结果等。

　　Flink 的体系结构还包括一些其他组件，如 Web UI，它可以用于查看任务的执行情况，查看集群的状态，查看日志等。此外，Flink 还支持多种数据源，如 Kafka、HDFS、AmazonKinesis 等，可以处理流数据，并将其转换为可查询的数据流。

Flink 的体系结构还支持多种数据处理模式,如实时计算、实时聚合、实时连接、实时转换等。此外,它还支持多种数据输出格式,如 JSON、CSV、Parquet 等。Flink 的体系结构还支持多种容错机制,如 checkpointing、重启、故障转移等,以确保任务的可靠性和可用性。

12.2.3 Flink 的运行架构

Flink 的运行架构如图 12.6 所示。Flink 提交任务后,Client 向 HDFS 上传 Flink 的 jar 包和配置,之后向 Yarn ResourceManager 提交任务,ResourceManager 分配容器资源并通知可用的 NodeManager 启动 ApplicationMaster,ApplicationMaster 启动后加载 Flink 的 jar 包和配置构建环境,然后启动 JobManager,之后 ApplicationMaster 向 ResourceManager 申请资源启动 TaskManager,ResourceManager 分配容器资源后由 ApplicationMaster 加载 Flink 的 jar 包和配置构件环境并启动 TaskManager,TaskManager 启动后向 JobManager 发送心跳包,并等待 JobManager 向其分配任务。

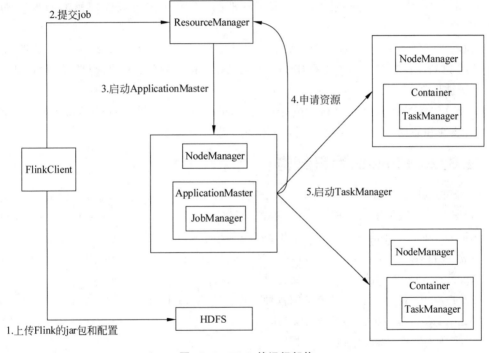

图 12.6 Flink 的运行架构

12.3 Flink 编程接口

12.3.1 Flink 的编程模型

Flink 提供了不同级别的抽象,以开发流或批处理作业为主,大多数应用并不需要底层抽象,而是针对核心 API 进行编程,如 DataStream API(有界或无界数据流)以及 DataSet API(有界数据集)。可以在表与 DataStream/DataSet 之间无缝切换,以允许程序将 Table API 与 DataStream 以及 DataSet 混合使用。Flink 的编程模型如图 12.7 所示。

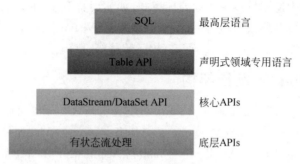

图 12.7　Flink 的编程模型

Apache Flink 提供了两种顶层的关系型 API,分别为 Table API 和 SQL。Flink 通过 Table API&SQL 实现了批流统一。其中,Table API 是用于 Scala 和 Java 的语言集成查询 API,它允许以非常直观的方式组合关系运算符(例如 select,where 和 join)的查询。Flink SQL 基于 Apache Calcite 实现了标准的 SQL,用户可以使用标准的 SQL 处理数据集。

核心 API(DataStream/DataSet API):主要提供了针对流数据和批数据的处理,是对低级 API 进行了一些封装,提供了 filter、sum、max、min 等高级函数,简单易用,这些 API 在工作中被广泛应用。

低级 API 有状态流处理(Stateful Stream Processing):提供了对时间和状态的细粒度控制,简洁性和易用性较差,主要应用在一些复杂事件处理逻辑上。

12.3.2　Flink 的编程结构

Flink 的编程结构如图 12.8 所示,一个完整的 Flink 应用程序结构应有如下三个部分。

(1) Source:数据输入。Flink 在流处理和批处理上的 Source 大概有 4 类:基于本地集合的 Source、基于文件的 Source、基于网络套接字的 Source、自定义的 Source。自定义的 Source 常见的有 Apache kafka、Amazon Kinesis Streams、RabbitMQ、Twitter Streaming API、Apache NiFi 等,当然也可以定义自己的 Source。

(2) Transformation:数据转换的各种操作。有 Map/FlatMap/Filter/KeyBy/Reduce/Fold/Aggregations/Window/WindowAll/Union/Window join/Split/Select/Project 等操作,可以将数据转换计算成想要的数据。

(3) Sink:数据输出。Flink 将转换计算后的数据发送的地点。Flink 常见的 Sink 有如下几类:写入文件、打印出来、写入 Socket、自定义的 Sink。自定义的 Sink 常见的有 Apache kafka、RabbitMQ、MySQL、ElasticSearch、Apache Cassandra、Hadoop FileSystem 等,同理也可以定义自己的 Sink。

图 12.8　Flink 的编程结构

12.4　Flink 实例分析

12.4.1　Scala WordCount 编程实现

准备工作：下面以 Scala 语言为例，进行 WordCount 项目的编写。

（1）新建一个 input 文件夹，并在下面创建文本文件 words.txt。

（2）在 words.txt 中输入一些文字，例如：

```
hadoop hbase hello
hello hadoop apache apache
flink hello
```

（3）在 flink.test 包下新建 Scala 的对象（object）WordCountByBatch，在 main（）方法中编写测试代码。

单词频次统计的基本思路是：先逐行读入文件数据，然后将每一行文字拆分成单词；接着按照单词分组，统计每组数据的个数，就是对应单词的频次。

具体代码实现如下。

```scala
package flink.test;
import org.apache.flink.api.scala.{DataSet, ExecutionEnvironment}
object WordCountByBatch {
  def main(args: Array[String]): Unit = {
    //初始化 Flink 批计算环境
    val env: ExecutionEnvironment = ExecutionEnvironment.getExecutionEnvironment
    //导入隐式转换
    import org.apache.flink.api.scala._
    //读取数据
    val ds: DataSet[String] = env.readTextFile("D:/input/words.txt")
    //转换计算
    val result: AggregateDataSet[(String, Int)] = ds.flatMap(_.split(" "))
      .map((_, 1))
      .groupBy(0)
      .sum(1)
    //打印(这里的 print 不能设置分区)
    result.print()
  }
}
```

（4）运行程序，控制台会打印出结果：

```
(apache,2)
(flink,1)
(hbase,1)
(hadoop,2)
(hello,3)
```

可以看到，程序运行的结果已将文档中的所有单词的频次全部统计出来，并以二元组的形式在控制台打印输出了。

12.4.2　Java WordCount 编程实现

准备工作：与 12.4.1 节准备工作相同。

创建项目及代码实现。

（1）在 org.testFlink 包下静态 main()方法中编写测试代码。

具体代码实现如下。

```
package org.testFlink;
import org.apache.flink.api.common.RuntimeExecutionMode;
import org.apache.flink.api.common.functions.FlatMapFunction;
import org.apache.flink.api.common.functions.MapFunction;
import org.apache.flink.api.common.functions.ReduceFunction;
import org.apache.flink.api.java.functions.KeySelector;
import org.apache.flink.api.java.tuple.Tuple2;
import org.apache.flink.streaming.api.datastream.DataStreamSource;
import org.apache.flink.streaming.api.datastream.KeyedStream;
import org.apache.flink.streaming.api.datastream.SingleOutputStreamOperator;
import org.apache.flink.streaming.api.environment.StreamExecutionEnvironment;
import org.apache.flink.util.Collector;
public class testWorldCount {
public static void main(String[] args) throws Exception {
        //1.构建流式执行环境
StreamExecutionEnvironment env = StreamExecutionEnvironment.getExecutionEnvironment();
env.setParallelism(1);
env.setRuntimeMode(RuntimeExecutionMode.BATCH);
        //2.数据输入(数据源)
DataStreamSource<String> source = env.readTextFile("D:/input/words.txt");
        //3.数据处理,匿名内部类 new 接口类(){}
        //3.1 flatMap 进行扁平化处理
SingleOutputStreamOperator<String> flatMapStream = source.flatMap(new FlatMapFunction
<String, String>() {
        @Override
        public void flatMap(String value, Collector<String> out) throws Exception {
            String[] words = value.split(" ");
            for (String word : words) {
                out.collect(word);
            }
        }
});
        //3.2 使用 map 方法,进行转换(单词,1)int -> Integer
        SingleOutputStreamOperator<Tuple2<String, Integer>> mapStream = flatMapStream.
map(new MapFunction<String, Tuple2<String, Integer>>() {
        @Override
        public Tuple2<String, Integer> map(String value) throws Exception {
            return Tuple2.of(value, 1);
        }
});
        //3.3 使用 keyBy 算子进行单词分组(hello,1)
        KeyedStream<Tuple2<String, Integer>, String> keyedStream = mapStream.keyBy(new
KeySelector<Tuple2<String, Integer>, String>() {
        @Override
        public String getKey(Tuple2<String, Integer> value) throws Exception {
            return value.f0;
        }
});
        //3.4 进行 reduce(sum)操作(hello,1),(hello,1)
        SingleOutputStreamOperator<Tuple2<String, Integer>> result = keyedStream.reduce
```

```
(new ReduceFunction < Tuple2 < String, Integer >>() {
            @Override
            public Tuple2 < String, Integer > reduce(Tuple2 < String, Integer > value1, Tuple2
< String, Integer > value2) throws Exception {
                return Tuple2.of(value1.f0, value1.f1 + value2.f1);
            }
    });
    //4.数据输出
    result.print();
    //5.启动流式任务
    env.execute();
    }
}
```

(2) 运行程序,控制台会打印出结果:

```
(flink,1)
(hbase,1)
(hello,3)
(apache,2)
(hadoop,2)
```

可以看到,同样程序运行的结果已将文档中的所有单词的频次全部统计出来,并以二元组的形式在控制台打印输出了。

习　　题

1. 简述 Flink 的发展历程。
2. 简述 Flink 的特性。
3. 简述 Flink 的计算框架。
4. 简述 Flink 的体系结构。
5. 简述 Flink 的运行架构。
6. 简述 Flink 的编程模型与编程结构。
7. 实现 12.4 节中的两种 Flink 下的 WordCount 编程实例。

第 13 章

大数据MapReduce基础算法

MapReduce 可广泛适用于各类算法中。在第 10 章已经通过 MapReduce 实现了 WordsCount 算法，本章主要介绍在 MapReduce 下实现典型的两个基础算法：矩阵乘法和关系代数运算。

13.1 关系代数运算

13.1.1 关系代数运算规则

关系代数是以关系为运算对象的一组高级运算的集合。由于关系定义为属性个数相同的元组的集合，因此集合代数的操作就可以引入到关系代数中。常见的关系代数运算包括传统的集合运算操作，如并、差、交、笛卡儿积；及专门的关系运算，如对关系进行垂直分割（投影）、水平分割（选择）、关系的结合（自然连接）等。

各种关系代数运算符如表 13.1 所示。

表 13.1 关系代数运算符

运 算 符	含 义
∪	并
—	差
∩	交
×	笛卡儿积
σ	选择
π	投影
⋈	连接

1. 传统集合运算

设关系 R 和关系 S 具有相同的目 n（即两个关系都有 n 个属性），相应的属性取自同一个域，则可以定义并、差、交、笛卡儿积运算如下。

1）并（Union）

关系 R 与关系 S 的并记作：

$$R \cup S = \{t \mid t \in R \vee t \in S\}$$

关系 R 与关系 S 的并仍为 n 目关系，由属于 R 或属于 S 的元组组成。

2）差（Difference）

关系 R 与关系 S 的差记作：

$$R - S = \{t \mid t \in R \wedge t \notin S\}$$

关系 R 与关系 S 的并仍为 n 目关系，由属于 R 而不属于 S 的元组组成。

3）交（Intersection）

关系 R 与关系 S 的交记作：

$$R \cap S = \{t \mid t \in R \wedge t \in S\}$$

关系 R 与关系 S 的并仍为 n 目关系，由既属于 R 又属于 S 的元组组成。

4）笛卡儿积（Cartesian Product）

两个分别为 n 目和 m 目的关系 R 和关系 S 的笛卡儿积是 $(n+m)$ 列的元组的集合。元组的前 n 列是关系 R 的一个元组，后 m 列是关系 S 的一个元组。若 R 有 a 个元组，S 有 b 个元组，则关系 R 和关系 S 的笛卡儿积有 $a \times b$ 个元组。记作：

$$R \times S = \{ab \mid a \in R \wedge b \in S\}$$

表 13.2(a)和表 13-2(b)分别为具有三个属性列的关系 R，S。表 13.2(c)为关系 R 与 S 的并。表 13-2(d)为关系 R 与 S 的交。表 13-2(e)为关系 R 与 S 的差。表 13-2(f)为关系 R 与 S 的笛卡儿积。

表 13.2　关系运算交、并、差与笛卡儿积

R

A	B	C
a1	b2	c2
a1	b3	c2
a2	b2	c1

(a)

S

A	B	C
a1	b2	c2
a1	b3	c2
a2	b2	c1

(b)

$R \cup S$

A	B	C
a1	b1	c1
a1	b2	c2
a2	b2	c1
a1	b3	c2

(c)

$R \cap S$

A	B	C
a1	b2	c2
a1	b2	c1

(d)

$R - S$

A	B	C
a1	b1	c1

(e)

续表

$R \times S$

A	B	C	A	B	C
a1	b2	c1	a1	b2	c2
a1	b2	c1	a1	b3	c2
a1	b2	c1	a2	b2	c1
a1	b2	c2	a1	b2	c2
a1	b2	c2	a1	b3	c2
a1	b2	c2	a2	b2	c1
a2	b2	c1	a1	b2	c2
a2	b2	c1	a1	b3	c2
a2	b2	c1	a2	b2	c1

(f)

2. 专门的关系运算

专门的关系运算比较复杂，以下举例说明。

设关系 R 和关系 S 具有不一定相同的目 n 和 m。

1）选择

选择是在关系 R 中选择满足给定条件的元组，如选择关系 R 中 A 属性等于 a2 的元组，记作：

$$\sigma_{A=a2}(R) = \{t \mid t \in R \wedge A(t) = a2\}$$

2）投影

关系 R 上的投影是从 R 中选择出若干属性列组成新的关系，如果新的关系中出现重复行，则应删去多余的重复行，如选择 A、B 列作为关系 R 的投影，记作：

$$\pi_{A,B}(R)$$

3）自然连接

自然连接是两个关系中进行比较的分量必须是相同的属性组，并且在结果中把重复的属性列去掉。如果关系 R 与 S 具有相同的属性组 B，且该属性组的值相等时的连接称为自然连接，结果关系的属性集合为 R 的属性并上 S 减去属性 B 的属性集合，记作：

$$R \bowtie S$$

表 13.3(a)和表 13.3(b)分别为具有三个属性列的关系 R，S。表 13.3(c)在关系 R 上选择 A 属性为 a2 的元组。表 13-3(d)为关系 R 在 A、B 两个属性上的投影。表 13-3(e)为关系 R 与 S 的自然连接。

13.1.2　关系代数运算的 MapReduce 设计与实现

MapReduce 可以在关系代数的运算上发挥重要的作用，因为关系代数运算中的关系具有数据相关性低的特性，这使得其便于进行 MapReduce 的并行化算法设计。

下面分别介绍一些常见的关系代数运算的 MapReduce 并行化算法设计。

表 13.3　专门的关系运算选择、投影与自然连接

R

A	B	C
a1	b1	c1
a1	b1	c2
a2	b2	c1

(a)

S

B	C	D
b2	c2	d1
b3	c2	d2
b2	c1	d3

(b)

$\sigma_{A=a2}(R)$

A	B	C
a2	b2	c1

(c)

$\pi_{A,B}(R)$

A	B
a1	b1
a2	b2

(d)

$R \bowtie S$

A	B	C	D
a2	b2	c1	d3

(e)

1. 关系的交、并、差运算

求两个关系的交集时，使用与并集相同的 Map 过程，在 Reduce 过程中，如果键 t 有两个相同值与它关联，则输出一个元组 $<t,t>$，如果与键关联的只有一个值，则输出空值（NULL）。

参考代码如下。

```
/**
 * 求交集,对于每个 record 发送(record,1),reduce 值为 2 才发送此 record
 */
public class Intersection {
    public static class IntersectionMap extends Mapper < LongWritable, Text, RelationA,
IntWritable >{
        private IntWritable one = new IntWritable(1);
        @Override
        public void map(LongWritable offSet, Text line, Context context)throws
        IOException, InterruptedException{
            RelationA record = new RelationA(line.toString());
            context.write(record, one);
        }
    }
        public static class IntersectionReduce extends Reducer < RelationA, IntWritable,
RelationA, NullWritable >{
        @Override
        public void reduce (RelationA key, Iterable < IntWritable > value, Context
context) throws
        IOException, InterruptedException{
            int sum = 0;
            for(IntWritable val : value){
                sum += val.get();
            }
```

```
                    if(sum == 2)
                        context.write(key, NullWritable.get());
            }
        }
```

求两个关系的并集时，Map 任务将两个关系的元组转换成键值对 $<t,t>$，Reduce 任务则是一个剔除冗余数据的过程（合并成一个文件）。这里只需将求两个关系的交集的代码稍做修改，将其中的 if(sum==2) 改为 if(sum!=0) 即可。

求两个关系的差时，Map 过程产生键值对，不仅要记录元组的信息，还要记录该元组来自于哪个关系（R 或 S），Reduce 过程中按键值相同的 t 合并后，与键 t 相关联的值如果只有 R，就输出元组，其他情况均输出空值。

参考代码如下。

```
public class Difference {
    public static class DifferenceMap extends Mapper < Text, BytesWritable, RelationA, Text >{
        @Override
        public void map(Text relationName, BytesWritable content, Context context)throws
        IOException, InterruptedException{
            String[] records = new String(content.getBytes(),"UTF - 8").split("\\n");
            for(int i = 0; i < records.length; i++){
                RelationA record = new RelationA(records[i]);
                context.write(record, relationName);
            }
        }
    }
public static class DifferenceReduce extends Reducer < RelationA, Text, RelationA, NullWritable
>{
        String setR;
        @Override
        protected void setup(Context context) throws IOException,InterruptedException{
            setR = context.getConfiguration().get("setR");
        }
        @Override
        public void reduce(RelationA key, Iterable < Text > value, Context context) throws
        IOException,InterruptedException{
            for(Text val : value){
                if(!val.toString().equals(setR))
                    return ;
            }
            context.write(key, NullWritable.get());
        }
    }
}
```

2. 关系的选择运算

对于关系 R 应用条件 C，例如，查询分数等于 95 分的学生。只需要在 Map 阶段对于每个输入的记录判断是否满足条件，将满足条件的记录输出即可。Reduce 阶段无须做额外的工作。

```
/ **
  * 获得列号为 col 的列上所有值为 value 的元组
```

```
   */
public class Selection {
      public static class SelectionMap extends Mapper < LongWritable, Text, RelationA,
NullWritable>{
           private int col;
           private String value;
           @Override
           protected void setup(Context context) throws IOException,InterruptedException{
                col = context.getConfiguration().getInt("col", 0);
                value = context.getConfiguration().get("value");
           }
           @Override
           public void map(LongWritable offSet, Text line, Context context)throws
           IOException, InterruptedException{
                RelationA record = new RelationA(line.toString());
                if(record.isCondition(id, value))
                     context.write(record, NullWritable.get());
           }
      }
}
```

3. 关系的投影运算

例如,在关系 R 上应用投影操作获得属性 col 的所有值。只需要在 Map 阶段将每条记录在该属性上的值作为键输出即可,此时对应该键的值为 MapReduce 一个自定义类型 NullWritable 的一个对象。而在 Reduce 端仅将 Map 端输入的键输出即可。注意,此时投影操作具有去重的功能。

```
/**
   * 投影运算,选择列 col 的值输出,这里输出的值进行了剔重
   */
public class Projection {
     public static class ProjectionMap extends Mapper < LongWritable, Text, Text, NullWritable >
     {
          private int col;
          @Override
          protected void setup(Context context) throws IOException,InterruptedException{
               col = context.getConfiguration().getInt("col", 0);
          }
          @Override
          public void map(LongWritable offSet, Text line, Context context)throws
          IOException, InterruptedException{
               RelationA record = new RelationA(line.toString());
               context.write(new Text(record.getCol(col)), NullWritable.get());
          }
     }
     public static class ProjectionReduce extends Reducer < Text, NullWritable, Text, NullWritable >{
          @Override
          public void reduce(Text key, Iterable < NullWritable > value, Context context) throws
          IOException,InterruptedException{
               context.write(key, NullWritable.get());
          }
     }
}
```

4. 关系的自然连接

假设有关系 $R(A,B)$ 和 $S(B,C)$，对二者进行自然连接操作。

使用 Map 过程，把来自 R 的每个元组 $<a,b>$ 转换成一个键值对 $<b,<R,a>>$，其中的键就是属性 B 的值。把关系 R 包含到值中，这样可以在 Reduce 阶段，只把那些来自 R 的元组和来自 S 的元组进行匹配。类似地，使用 Map 过程，把来自 S 的每个元组 $<b,c>$ 转换成一个键值对 $<b,<S,c>>$。

所有具有相同 B 值的元组被发送到同一个 Reduce 进程中，Reduce 进程的任务是，把来自关系 R 和 S 的、具有相同属性 B 值的元组进行合并。

Reduce 进程的输出则是连接后的元组 $<a,b,c>$，输出被写到一个单独的输出文件中。

下面举例说明两个关系自然连接的 MapReduce 实现过程，如图 13.1 所示。

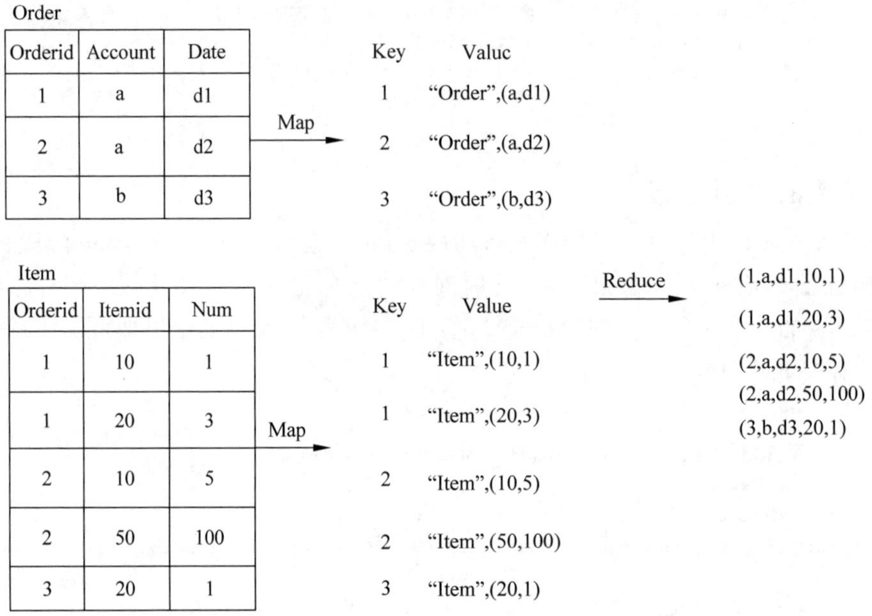

图 13.1 MapReduce 下关系的自然连接

自然连接的参考代码如下。

```
Mapper 类：
public class NaturalJoin {
    public static class NaturalJoinMap extends Mapper < Text, BytesWritable, Text, Text >{
        private int col;
        @Override
        protected void setup(Context context) throws IOException,InterruptedException{
            col = context.getConfiguration().getInt("col", 0);
        }
        @Override
        public void map(Text relationName, BytesWritable content, Context context)throws
        IOException, InterruptedException{
            String[] records = new String(content.getBytes(),"UTF - 8").split("\\n");
            for(int i = 0; i < records.length; i++){
                RelationA record = new RelationA(records[i]);
                context.write(new Text(record.getCol(col)),
                    new Text(relationName.toString() + " " + record.getValueExcept
```

```
        (col)));
                }
        }
}
```

Reducer 类:

```
public static class NaturalJoinReduce extends Reducer < Text, Text, Text, NullWritable >{
        private String relationNameA;
        protected void setup(Context context) throws IOException, InterruptedException{
            relationNameA = context.getConfiguration().get("relationNameA");
        }
        public void reduce(Text key, Iterable < Text > value, Context context)throws
        IOException, InterruptedException{
            ArrayList < Text > setR = new ArrayList < Text >();
            ArrayList < Text > setS = new ArrayList < Text >();
            //按照来源分为两组然后做笛卡儿乘积
            for(Text val : value){
                String[] recordInfo = val.toString().split(" ");
                if(recordInfo[0].equalsIgnoreCase(relationNameA))
                    setR.add(new Text(recordInfo[1]));
                else
                    setS.add(new Text(recordInfo[1]));
            }
            for(int i = 0; i < setR.size(); i++){
                for(int j = 0; j < setS.size(); j++){
                    Text t = new Text(setR.get(i).toString() + "," + key.toString() +
"," + setS.get(j).toString());
                    context.write(t, NullWritable.get());
                }
            }
        }
    }
}
```

13.2 矩阵乘法

13.2.1 矩阵乘法原理

并行化矩阵乘法是 MapReduce 实现的一项基本算法。Google 公司为了解决 PageRank(网页排序)中包含的大量矩阵乘法运算,将其 MapReduce 并行算法实现并引入使用。这里先介绍一下矩阵乘法的定义。

设 A 为 $m \times p$ 的矩阵,B 为 $p \times n$ 的矩阵,那么 A 与 B 的乘积记作 C,$C = A \cdot B$。C 为 $m \times n$ 的矩阵。其中,a_{ik} 记作矩阵 A 的第 i 行第 k 列的元素,b_{jk} 记作矩阵 B 的第 k 行第 j 列的元素,则矩阵 C 中的第 i 行第 j 列元素 c_{ij} 可以由如下公式表示。

$$C_{ij} = \sum_{k}^{p} a_{ik} b_{kj} = a_{i1} b_{1j} + a_{i2} b_{2j} + \cdots + a_{ip} b_{pj}$$

13.2.2 矩阵乘法 MapReduce 设计

因为分布式计算的特点,需要找到相互独立的计算过程,以便能够在不同的结点上进行计算而不会彼此影响。根据矩阵乘法的公式,C 中各个元素的计算都是相互独立的,即各个 c_{ij} 在计算过程中彼此不影响。这样,在 Map 阶段可以把计算所需要的元素都集中到同一个 key 中，然后在 Reduce 阶段就可以从中解析出各个元素来计算 c_{ij}。

另外，以 a_{11} 为例，它将会在 c_{11}、c_{12}、$\cdots$、c_{1n} 的计算中使用。也就是说，在 Map 阶段，当从 HDFS 中取出一行记录时，如果该记录是 A 的元素，则需要存储成 n 个 < key，value > 对，并且这 n 个 key 互不相同；如果该记录是 B 的元素，则需要存储成 m 个 < key，value > 对，同样地，m 个 key 也应互不相同；但同时，用于存放计算 c_{ij} 的 a_{i1}、a_{i2}、$\cdots$、a_{ip} 和 b_{1j}、b_{2j}、$\cdots$、b_{pj} 的 < key，value > 对的 key 应该都是相同的，这样才能被传递到同一个 Reduce 中。

Map 阶段

在 Map 阶段，需要做的是进行数据准备。把来自矩阵 A 的元素 a_{ij} 标识成 n 条 < key，value > 的形式，key="i,k"，（其中，$k=1,2,\cdots,n$），value="A,j,a_{ij}"；把来自矩阵 B 的元素 b_{ij} 标识成 m 条 < key，value > 形式，key="k,j"（其中，$k=1,2,\cdots,m$），value="B,i,b_{ij}"。

经过处理，用于计算 c_{ij} 需要的 a、b 就转变为有相同 key（"i,j"）的数据对，通过 value 中的"$a:$"、"$b:$"能区分元素是来自矩阵 A 还是矩阵 B，以及具体的位置（在矩阵 A 的第几列，在矩阵 B 的第几行）。

Shuffle 阶段

这个阶段是 Hadoop 自动完成的阶段，具有相同 key 的 value 被分到同一个 Iterable 中，形成 < key，Iterable(value)> 对，再传递给 Reduce。

Reduce 阶段

通过 Map 数据预处理和 Shuffle 数据分组两个阶段，Reduce 阶段只需要知道两件事就行：

（1）< key，Iterable(value)> 对经过计算得到的是矩阵 C 的哪个元素，因为 Map 阶段对数据的处理，key(i,j) 中的数据对就是其在矩阵 C 中的位置，第 i 行 j 列。

（2）Iterable 中的每个 value 来自于矩阵 A 和矩阵 B 的哪个位置。这也在 Map 阶段进行了标记，对于 value(x,y,z)，只需要找到与 y 相同的来自不同矩阵（即 x 分别为 a 和 b）的两个元素，取 z 相乘，然后加和即可。

矩阵相乘的计算过程已经设计清楚后，还需要定义数据存储。

矩阵数据的存储通过行列表示法，即文件中的每行数据有三个元素通过分隔符分隔，第一个元素表示行，第二个元素表示列，第三个元素表示数据。这种方式具体如下（这里的分隔符与下一节代码对应，第一个元素和第二个元素以","分隔，第二个元素和第三个元素以"\t"（即 Tab 键间隔符）分隔），如图 13.2 所示。

矩阵A：		矩阵B：	
1,1	1	1,1	0
1,2	0	1,2	2
1,3	2	2,1	1
2,1	2	2,2	1
2,2	3	3,1	10
2,3	0	3,2	0

图 13.2　矩阵数据的行列表示法存储示例

13.2.3　矩阵乘法 MapReduce 实现

MapReduce 的程序实现主要包括 Map 过程和 Reduce 过程，这里只展示部分关键代码。

矩阵乘法的 Mapper 类代码如下。

```
public class MatrixMultiply {
    /** mapper 和 reducer 需要的三个必要变量,由 conf.get()方法得到 **/
    public static int rowM = 0;
    public static int columnM = 0;
    public static int columnN = 0;
    public static class MatrixMapper extends Mapper < Object, Text, Text, Text > {
    private Text map_key = new Text();
    private Text map_value = new Text();

    /**
     * 执行 map()函数前先由 conf.get()得到 main()函数中提供的必要变量,这也是 MapReduce
     * 中共享变量的一种方式
     */
    public void setup(Context context) throws IOException {
        Configuration conf = context.getConfiguration();
        columnN = Integer.parseInt(conf.get("columnN"));
        rowM = Integer.parseInt(conf.get("rowM"));
    }
    public void map(Object key, Text value, Context context)
            throws IOException, InterruptedException {
        /** 得到输入文件名,从而区分输入矩阵 M 和 N **/
        FileSplit fileSplit = (FileSplit) context.getInputSplit();
        String fileName = fileSplit.getPath().getName();
        if (fileName.contains("M")) {
            String[] tuple = value.toString().split(",");
            int i = Integer.parseInt(tuple[0]);
            String[] tuples = tuple[1].split("\t");
            int j = Integer.parseInt(tuples[0]);
            int Mij = Integer.parseInt(tuples[1]);
            for (int k = 1; k < columnN + 1; k++) {
                map_key.set(i + "," + k);
                map_value.set("M" + "," + j + "," + Mij);
                context.write(map_key, map_value);
            }
        }
        else if (fileName.contains("N")) {
            String[] tuple = value.toString().split(",");
            int j = Integer.parseInt(tuple[0]);
            String[] tuples = tuple[1].split("\t");
            int k = Integer.parseInt(tuples[0]);
            int Njk = Integer.parseInt(tuples[1]);

            for (int i = 1; i < rowM + 1; i++) {
                map_key.set(i + "," + k);
                map_value.set("N" + "," + j + "," + Njk);
                context.write(map_key, map_value);
            }
        }
    }
}
```

对每一行数据,经过处理得到了形如<(1,2),(A,3,2)>这种格式的< key,value >对,并输出给 Reducer。

Reducer 类代码如下。

```
public static class MatrixReducer extends Reducer < Text, Text, Text, Text > {
    private int sum = 0;
    public void setup(Context context) throws IOException {
      Configuration conf = context.getConfiguration();
      columnM = Integer.parseInt(conf.get("columnM"));
    }
    public void reduce(Text key, Iterable < Text > values, Context context)
        throws IOException, InterruptedException {
      int[] M = new int[columnM + 1];
      int[] N = new int[columnM + 1];
      for (Text val : values) {
        String[] tuple = val.toString().split(",");
        if (tuple[0].equals("M")) {
          M[Integer.parseInt(tuple[1])] = Integer.parseInt(tuple[2]);
        } else
          N[Integer.parseInt(tuple[1])] = Integer.parseInt(tuple[2]);
      }
      /** 根据 j 值,对 M[j]和 N[j]进行相乘累加得到乘积矩阵的数据 **/
      for (int j = 1; j < columnM + 1; j++) {
        sum += M[j] * N[j];
      }
      context.write(key, new Text(Integer.toString(sum)));
      sum = 0;
    }
}
```

代码中的 rowM、columnM、columnN 三个参数是需要在整段程序中使用的共享变量，它们在 main()函数中通过运行参数获得，通过 conf.setInt()方法设置成全局共享的变量，可以通过 conf.get()方法获取其值。

习　　题

1. 编程实现关系代数并、交、差运算的 MapReduce 程序。
2. 编程实现关系代数笛卡儿积运算的 MapReduce 程序。
3. 编程实现关系代数选择运算的 MapReduce 程序。
4. 编程实现关系代数投影运算的 MapReduce 程序。
5. 编程实现并行化矩阵乘法的 MapReduce 程序。

第 **14** 章

大数据挖掘算法

数据挖掘是从大量的、不完全的、有噪声的、模糊的、随机的数据中提取隐含在其中的、人们事先不知道的、但又是潜在有用的信息和知识的过程。大多数对大数据的分析处理问题最终都需要通过数据挖掘算法来实现。然而,传统的数据挖掘算法很难在可接受的时间内完成数据规模极大的大数据处理问题。因此,必须设计出相应的面向大数据处理的并行化数据挖掘算法。本章将在 Hadoop 平台下,使用 MapReduce 对比较经典的数据挖掘算法进行算法设计和编程实现,包括挖掘关联规则的 Apriori 算法、KNN 最邻近分类算法、K-Means 聚类算法、回归分析算法等。

14.1 大数据关联分析算法

在数据挖掘中关联分析也叫作关联规则或频繁项集挖掘。关联规则可以看作找出一系列事件中多次同时出现的不同对象(称为项)的集合(项集),就是在给定训练项集上频繁出现的项集与项集之间的一种紧密的联系。其中,"频繁"是由人为设定的一个阈值即支持度(Support)来衡量,"紧密"也是由人为设定的一个关联阈值即置信度(Confidence)来衡量的。这两种度量标准是频繁项集挖掘中两个至关重要的因素,也是挖掘算法的关键所在。对项集支持度和规则置信度的计算是影响挖掘算法效率的决定性因素,也是对频繁项集挖掘进行改进的入口点和研究热点。

关联规则的一个典型实例就是购物篮分析,即超市或商店可以从用户的购买数据中分析,一般购买了商品 A 的用户同时也会对商品 B 有需求,而一旦将 A 和 B 捆绑或靠近在一起销售,并以一定的折扣来刺激消费,这样能够得到更可观的销量。那么如何能够找到频繁出现被人购买的商品,并且从中抽取出若干件商品的关联关系,这就是关联分析算法要解决的问题。

这里先介绍一下关联规则的具体描述。假设 $I=\{I_1, I_2, \cdots, I_m\}$ 是包含 m 个项的集合,给定一个交易数据库 $D=\{T_1, T_2, \cdots, T_n\}$,其中每个事务 T_i(Transaction)是 I 的非空子集,即每一个交易都与一个唯一的标识符 T_{id}(Transaction ID)对应。关联规则在 D 中的支持度(Support)是 D 中事务同时包含 X、Y 的百分比,即概率;置信度(Confidence)是 D 中事务已经包含 X 的情况下,包含 Y 的百分比,即条件概率 $P(X|Y)$。如果满足最小支持度阈值和最小置信度阈值,则认为 X,Y 具有关联性,(X,Y) 是一个频繁项集。所谓的频繁

项集挖掘,就是把所有满足项数为某个给定的数值 K 且满足最小支持度阈值和最小置信度阈值的项集计算出来。

14.1.1 Apriori 算法简介

Apriori 算法是一种最有影响的挖掘布尔关联规则频繁项集的算法。关联规则挖掘的步骤分为两步:①找所有的频繁项集;②根据频繁项集生产强关联规则。其核心是基于两阶段频集项集的递推算法。在这里,所有支持度大于最小支持度的项集称为频繁项集,简称频集。

找频繁项集阶段的基本思想是:首先对单个项进行查找,看哪些满足最小支持度,即本身就出现很频繁,再将这些组合成两个项的项集,计算支持度,并去掉小于最小支持度的组合,从而进一步进行组合,即再加一项组合($k+1$ 项组成的候选项集)。这里使用了递推的方法来生成所有频集。

根据该算法的思想,为了找出一条事务中所有的频繁项集,需要穷举事务中的全部可能的组合(即项集),并计算每一种组合的支持度,来断定其是否为频繁项集。对于一条包含 m 个项的事务,其所有可能的组合最多可达 2^m 种。为了减少项集组合的搜索空间,Apriori 算法利用了如下性质。

如果某一项集是频繁的,则它的所有非空子集也是频繁的;反之,如果某一项集是非频繁的,则其所有超集也是非频繁的。超集就是包含这一项集的其他集合,与子集概念相反,b 是 B 的子集,则 B 是 b 的超集。已知一个项集是非频繁的,即不满足设定的支持度,其超集也不需要再次进行计算,以缩小计算量。

根据频繁项集生产强关联规则阶段的基本思想是:使用已经挖掘好了的频繁项集,寻找其中的频繁项集包含关系,并计算出其置信度,来断定其是否为强关联规则。

Apriori 算法采用了逐层搜索的迭代的方法,算法简单明了,没有复杂的理论推导,也易于实现。

设 D 为数据集,设 L_k 是 k 项频繁项集,C_k 是 k 项候选集,每一行数据定义为一笔交易(transaction),交易中的每个商品为项(item)。

支持度(support):即该项集在数据集 D 中出现的次数。

Apriori 算法的主要步骤如下。

(1)获取输入数据,产生全部 1 项集,生成候选集 C_1。扫描数据集 D,获取候选集 C_1 的支持度,并找出满足最小支持度 min_sup 的元素作为频繁 1 项集 L_1。

(2)通过频繁 k 项集 L_k 产生 $k+1$ 候选集 C_k+1。

(3)扫描数据集 D,获取候选集 C_k 的支持度,并找出其中满足最小支持度的元素作为频繁 k 项集 L_k。

(4)通过迭代以上两步,直到找不到 $k+1$ 项集或者达到目前要求就结束。

(5)使用找出的频繁项集,从最短的频繁项集开始,依次扫描其所有的频繁超集,找出具有包含关系并满足最小置信度的强关联规则。

14.1.2 Apriori 算法 MapReduce 设计

Apriori 算法的 MapReduce 并行化设计主要由三轮 MapReduce 实现。

(1)第 1 轮 MapReduce:计算频繁 1-项集。

（2）第 K 轮 MapReduce：计算频繁 K-项集。

（3）使用找出的频繁项集求强关联规则。

其中第（1）、（2）步用来找出频繁项集，第（3）步使用找出的频繁项集求强关联规则。

并行化设计的思路主要是考虑将对于支持度计数的过程使用 WordCount 的方法来进行统计。

1. 第 1 轮 MapReduce：计算频繁 1-项集

主程序首先扫描数据集 D，得到频繁 1-项集。Map 阶段计算出各自分片的候选 1-项集，Reduce 阶段对所有的 Map 结果求和，并且和 min_sup 进行比较，输出符合要求的频繁 1-项集。

Map 阶段：输入< key,value >对中，key 存储的是项集，value 存储的是数据项集出现的次数。输出的< key,value >对是< key,1 >，其中，key 是候选 1-项集，value 是其计数，这里是 1，用来在 Reduce 阶段做累加。

Reduce 阶段：输入的< key,value >对是 Map 阶段的输出。在 Reduce 阶段会对所有的 Map 输出的相同的 key 进行求和，并且和 min_sup 进行比较，输出符合要求的频繁 1-项集。输出的< key,value >对中，key 是候选 1-项集，value 是其总共出现的次数。

2. 第 K 轮 MapReduce：计算频繁 K-项集

在该阶段，由频繁$(K-1)$-项集迭代得到频繁 K-项集。Map 阶段会从输入的频繁$(K-1)$-项集中得到候选 K-项集。Reduce 阶段对所有的 Map 结果求和，并且和 min_sup 进行比较，输出符合要求的频繁 K-项集。

Map 阶段：输入< key,value >对不变。在这个阶段由频繁$(K-1)$-项集迭代得到频繁 K-项集，这个过程包含连接和剪枝过程。输出的< key,value >对是< key,1 >，其中，key 是候选 K-项集，value 仍是其计数 1。

Reduce 阶段：输入的< key,value >对是 Map 阶段的输出。在 Reduce 阶段会对所有的 Map 输出的相同的 key 进行求和，并且和 min_sup 进行比较，输出符合要求的频繁 K-项集。输出的< key,value >对中，key 是候选 K-项集，value 是其总共出现的次数。

3. 使用找出的频繁项集求强关联规则

在该阶段，从频繁 1-项集开始，依次与频繁 K-项集进行比较，找出其中的包含关系，并求出其置信度和 min_confidence 比较，输出符合要求的强关联规则。

Map 阶段：输入< key,value >对为输出频繁项集中的< key,value >对。在这个阶段由频繁 i-项集项向大于 i 的所有频繁 j-项集比较，使用 key 值找出频繁项集间的包含关系，再使用 value 值计算出置信度，并且和 min_confidence 进行比较，找出符合要求的强关联规则。输出的< key,value >对中，key 是频繁 i-项集和频繁 j-项集，value 是其置信度。

Reduce 阶段：输入的< key,value >对是 Map 阶段的输出。只进行简单的数据统计输出相应的< key,value >对即可。

14.1.3　Apriori 算法 MapReduce 实现

1. 第 1 轮 MapReduce：计算频繁 1-项集

1）Map 阶段

Map 阶段：输入< key,value >对中，key 存储的是项集；value 存储的是据项集出现的次数。输出的< key,value >对是< key,1 >,其中,key 是候选 1-项集,value 是其计数,这里是 1,用来在 Reduce 阶段做累加。

```
class AprioriPass1Mapper extends Mapper < Object,Text,Text,IntWritable >{
        private final static IntWritable one = new IntWritable(1);
        private Text number = new Text();
        //第一次 pass 的 Mapper 只要把每个 item 映射为 1
        public void map(Object key,Text value,Context context) throws
IOException,InterruptedException{
                String[] ids = value.toString().split("[\\s\\t] + ");
                for(int i = 0;i < ids.length;i++){
                    context.write(new Text(ids[i]),one);
                }
        }
    }
```

2) Reduce 阶段

Reduce 阶段：输入的< key,value >对是 Map 阶段的输出。在 Reduce 阶段会对所有的 Map 输出的相同的 key 进行求和,并且和最小支持度 s 进行比较,输出符合要求的频繁 1-项集。输出的< key,value >对中,key 是候选 1-项集,value 是其总共出现的次数。

```
class AprioriReducer extends Reducer < Text,IntWritable,Text,IntWritable >{
        private IntWritable result = new IntWritable();
        //所有 pass 的 job 共用一个 reducer,即统计一种 itemset 的个数,并筛选出大于 s 的
        public void reduce(Text key,Iterable < IntWritable > values,Context context) throws
IOException,InterruptedException{
                int sum = 0;
                int minSup = context.getConfiguration().getInt("minSup",5);
                for(IntWritable val : values){
                    sum += val.get();
                }
                result.set(sum);
                if(sum > minSup){
                    context.write(key,result);
                }
        }
    }
```

2. 第 K 轮 MapReduce：计算频繁 K-项集

1) Map 阶段

Map 阶段：输入< key,value >对不变。在这个阶段由频繁($K-1$)-项集迭代得到频繁 K-项集,这个过程包含连接和剪枝过程。输出的< key,value >对是< key,1 >,其中,key 是候选 K-项集,value 仍是其计数 1。(这里部分函数已省略。)

```
class AprioriPassKMapper extends Mapper < Object,Text,Text,IntWritable >{
    private final static IntWritable one = new IntWritable(1);
    private Text item = new Text();
    //public List < Integer > candidateItemset = null;
    private List < List < Integer > > prevItemsets = new ArrayList < List < Integer > >();
    public static List < List < Integer > > candidateItemsets = new ArrayList < List < Integer > >();
    private Map < String,Boolean > candidateItemsetsMap = new HashMap < String,Boolean >();
    //第一个以后的 pass 使用该 Mapper,在 map 函数执行前会执行 setup 来从 k-1 次 pass 的输出
```

```
        //中构建候选 itemsets,对应于 Apriori 算法
        @Override
public void setup(Context context) throws IOException, InterruptedException{
        int passNum = context.getConfiguration().getInt("passNum",2);
        String prefix = context.getConfiguration().get("hdfsOutputDirPrefix","");
        String lastPass1 = context.getConfiguration().get("fs.default.name") + "/user/
hadoop/chess-" + (passNum - 1) + "/part-r-00000";
        String lastPass = context.getConfiguration().get("fs.default.name") + prefix +
(passNum - 1) + "/part-r-00000";
        try{
            Path path = new Path(lastPass);
            FileSystem fs = FileSystem.get(context.getConfiguration());
            BufferedReader fis = new BufferedReader(new InputStreamReader(fs.open(path)));
            String line = null;
            while((line = fis.readLine()) != null){
                List<Integer> itemset = new ArrayList<Integer>();
                String itemsStr = line.split("[\\s\\t]+")[0];
                for(String itemStr : itemsStr.split(",")){
                    itemset.add(Integer.parseInt(itemStr));
                }
                prevItemsets.add(itemset);
            }
        }catch (Exception e){
            e.printStackTrace();
        }
        //get candidate itemsets from the prev itemsets
        candidateItemsets = getCandidateItemsets(prevItemsets,passNum - 1);
    }
    public void map (Object key, Text value, Context context) throws IOException,
InterruptedException{
        String[] ids = value.toString().split("[\\s\\t]+");

        List<Integer> itemset = new ArrayList<Integer>();
        for(String id : ids){
            itemset.add(Integer.parseInt(id));
        }
        //遍历所有候选集合
        for(List<Integer> candidateItemset : candidateItemsets){
            //如果输入的一行中包含该候选集合,则映射 1,这样来统计候选集合被包括的次数
            //子集合,消耗掉了大部分时间
            if(contains(candidateItemset,itemset)){
                String outputKey = "";
                for(int i = 0;i < candidateItemset.size();i++){
                    outputKey += candidateItemset.get(i) + ",";
                }
                outputKey = outputKey.substring(0,outputKey.length() - 1);
                context.write(new Text(outputKey),one);
            }
        }
    }
}
```

2)Reduce 阶段

Reduce 阶段：输入的<key,value>对是 Map 阶段的输出。在 Reduce 阶段会对所有的

Map 输出的相同的 key 进行求和，并且和最小支持度 s 进行比较，输出符合要求的频繁 K-项集。输出的 $<$key，value$>$ 对中，key 是候选 K-项集，value 是其总共出现的次数。

```
class AprioriReducer extends Reducer< Text,IntWritable,Text,IntWritable>{
        private IntWritable result = new IntWritable();
        //所有 pass 的 job 共用一个 reducer,即统计一种 itemset 的个数,并筛选出大于 s 的
        public void reduce(Text key,Iterable< IntWritable> values,Context context) throws
IOException,InterruptedException{
            int sum = 0;
            int minSup = context.getConfiguration().getInt("minSup",5);
            for(IntWritable val : values){
                sum += val.get();
            }
            result.set(sum);
            if(sum > minSup){
                context.write(key,result);
            }
        }
    }
}
```

3. 使用找出的频繁项集求强关联规则

1）Map 阶段

Map 阶段：输入 $<$key，value$>$ 对为输出频繁项集中的 $<$key，value$>$ 对。在这个阶段由频繁 i-项集项向大于 i 的所有频繁 j-项集比较，使用 key 值找出频繁项集间的包含关系，再使用 value 值计算出置信度，并且和 min_confidence 进行比较，找出符合要求的强关联规则。输出的 $<$key，value$>$ 对中，key 是频繁 i-项集和频繁 j-项集，value 是其置信度（这里部分函数已省略）。

```
class AprioriPassARMapper extends Mapper< Object,Text,Text,IntWritable>{
    private final static IntWritable one = new IntWritable(1);
    private Text item = new Text();
     public void map ( Object key, Text value, Context context ) throws IOException,
InterruptedException{
        int c = context.getConfiguration().getInt("c",1);
        int passNum = context.getConfiguration().getInt("passNum",2);
        int i = context.getConfiguration().getInt("i",2);
        String prefix = context.getConfiguration().get("hdfsOutputDirPrefix","");
        //设置第 pass 次数据的路径
        String lastPass = context.getConfiguration().get("fs.default.name") + prefix +
passNum + "/part-r-00000";
        //设置第 pass+i 次数据的路径
        String lastPassi = context.getConfiguration().get("fs.default.name") + prefix + i +
"/part-r-00000";
        try{
            Path path = new Path(lastPass);
            FileSystem fs = FileSystem.get(context.getConfiguration());
            BufferedReader fis = new BufferedReader(new InputStreamReader(fs.open(path)));
            String line = null;
            Path pathi = new Path(lastPassi);
            FileSystem fsi = FileSystem.get(context.getConfiguration());
            BufferedReader fisi = new BufferedReader(new InputStreamReader(fs.open(pathi)));
            String linei = null;
```

```
                while((line = fis.readLine()) != null) {
                    fisi = new BufferedReader(new InputStreamReader(fs.open(pathi)));
                    while((linei = fisi.readLine()) != null) {
                        int sum = Integer.parseInt(line.split("[\\s\\t] + ")[1]);
                        int sumi = Integer.parseInt(linei.split("[\\s\\t] + ")[1]);
                        String itemsStr = line.split("[\\s\\t] + ")[0];
                        String itemsStri = linei.split("[\\s\\t] + ")[0];
                        if(itemsStri.contains(itemsStr)){
                        if(sum * c <= sumi * 100){
                            IntWritable C = new IntWritable((int)((double)sumi/(double)
sum * 100));
                            List < Integer > itemset = new ArrayList < Integer >();
                            for (String itemStr : itemsStr.split(",")) {
                                itemset.add(Integer.parseInt(itemStr));
                            }
                            List < Integer > itemseti = new ArrayList < Integer >();
                            for (String itemStri : itemsStri.split(",")) {
                                itemseti.add(Integer.parseInt(itemStri));
                            }
                            String itemki = combine(itemseti, itemset).toString();
                            context.write(new Text(itemki),C);
                        }
                        }
                        List < Integer > itemset = new ArrayList < Integer >();
                        for (String itemStr : itemsStr.split(",")) {
                            itemset.add(Integer.parseInt(itemStr));
                        }
                    }
                }
        }catch (Exception e){
            e.printStackTrace();
        }
    }
    private String combine(List < Integer > itemsStri, List < Integer > itemsStr){
        int i = 0;
        int j = 0;
        while(i < itemsStr.size() && j < itemsStri.size()){
            if(itemsStri.get(j) > itemsStr.get(i)){
                return "0";
            }else if(itemsStri.get(j) == itemsStr.get(i)){
                itemsStri.remove(j);
                i++;
            }else{
                j++;
            }
        }
        return itemsStr.toString() + " -- " + itemsStri.toString();
    }
}
```

2）Reduce 阶段

Reduce 阶段：输入的< key, value >对是 Map 阶段的输出。只进行简单的数据统计输出相应的< key, value >对即可。

```
class AprioriARReducer extends Reducer < Text, IntWritable, Text, IntWritable >{
```

```
        private Text item = new Text();
        private IntWritable result = new IntWritable();
        //所有 pass 的 job 共用一个 reducer,即统计一种 itemset 的个数
        public void reduce(Text key,Iterable<IntWritable> values,Context context) throws
IOException,InterruptedException{
            int sum = 0;
            for(IntWritable val : values){
                sum = val.get();
            }
            result.set(sum);
            context.write(key,result);
        }
    }
```

将程序打包为 Apriori-1.0-SNAPSHOT.jar 文件，在 Hadoop 环境下运行如下语句。

hadoop jar /workspace/Apriori-1.0-SNAPSHOT.jar Apriori /mp/in/in.txt /mp/out 2 5 /mp/put 70

其中 6 个参数分别为输入文件、频繁项集输出文件路径前缀、支持度、最大频繁项集长度、强关联规则输出文件路径前缀、置信度。

in.txt 文件中，文件中的数据如图 14.1 所示。

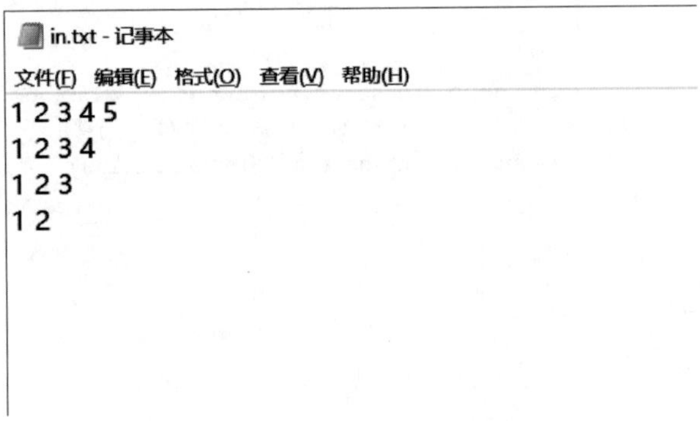

图 14.1　Apriori 算法输入数据

程序运行完毕，在网页中查看运行结果，如图 14.2 所示。

Permission	Owner	Group	Size	Last Modified	Replication	Block Size	Name
drwxr-xr-x	root	supergroup	0 B	2019/8/2 下午12:50:03	0	0 B	in
drwxr-xr-x	root	supergroup	0 B	2019/8/2 下午12:53:10	0	0 B	out1
drwxr-xr-x	root	supergroup	0 B	2019/8/2 下午12:53:11	0	0 B	out2
drwxr-xr-x	root	supergroup	0 B	2019/8/2 下午12:53:16	0	0 B	out3
drwxr-xr-x	root	supergroup	0 B	2019/8/2 下午12:53:17	0	0 B	out4
drwxr-xr-x	root	supergroup	0 B	2019/8/2 下午12:53:19	0	0 B	out5
drwxr-xr-x	root	supergroup	0 B	2019/8/2 下午12:53:20	0	0 B	put12
drwxr-xr-x	root	supergroup	0 B	2019/8/2 下午12:53:21	0	0 B	put13
drwxr-xr-x	root	supergroup	0 B	2019/8/2 下午12:53:22	0	0 B	put14
drwxr-xr-x	root	supergroup	0 B	2019/8/2 下午12:53:23	0	0 B	put15
drwxr-xr-x	root	supergroup	0 B	2019/8/2 下午12:53:25	0	0 B	put23
drwxr-xr-x	root	supergroup	0 B	2019/8/2 下午12:53:26	0	0 B	put24
drwxr-xr-x	root	supergroup	0 B	2019/8/2 下午12:53:27	0	0 B	put25
drwxr-xr-x	root	supergroup	0 B	2019/8/2 下午12:53:28	0	0 B	put34
drwxr-xr-x	root	supergroup	0 B	2019/8/2 下午12:53:29	0	0 B	put35
drwxr-xr-x	root	supergroup	0 B	2019/8/2 下午12:53:30	0	0 B	put45

图 14.2　Apriori 算法运行结果

依次打开 out1 和 out2 文件夹下生成的频繁 1-项集和频繁 2-项集的结果文件，如图 14.3 和图 14.4 所示。

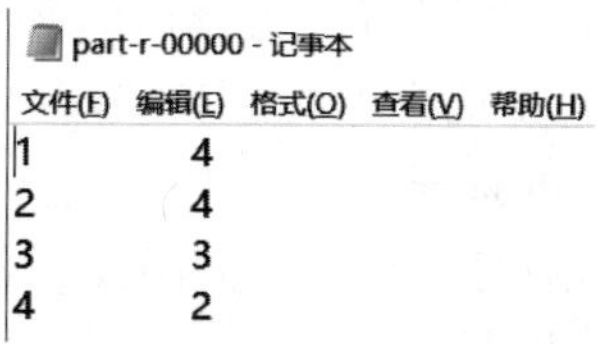

part-r-00000 - 记事本
文件(F) 编辑(E) 格式(O) 查看(V) 帮助(H)

1	4
2	4
3	3
4	2

图 14.3 频繁 1-项集

part-r-00000 - 记事本
文件(F) 编辑(E) 格式(O) 查看(V) 帮助(H)

1,2	4
1,3	3
1,4	2
2,3	3
2,4	2
3,4	2

图 14.4 频繁 2-项集

依次打开 put12 和 put24 文件夹下的频繁 1-项集到频繁 2-项集的关联规则和频繁 2-项集到频繁 4-项集的关联规则的结果文件，如图 14.5 和图 14.6 所示。

part-r-00000 - 记事本
文件(F) 编辑(E) 格式(O) 查看(V) 帮助(H)

[1]--[2]	100
[1]--[3]	75
[2]--[1]	100
[2]--[3]	75
[3]--[1]	100
[3]--[2]	100
[4]--[1]	100
[4]--[2]	100
[4]--[3]	100

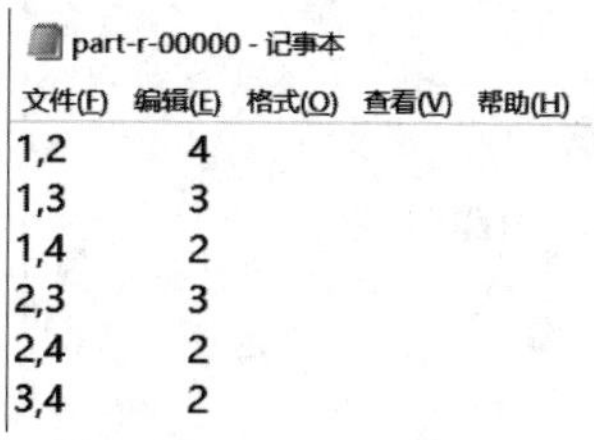

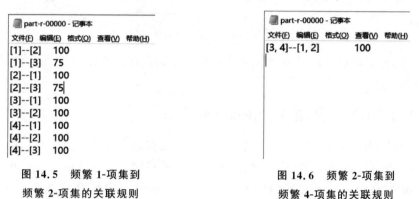

图 14.5 频繁 1-项集到频繁 2-项集的关联规则

part-r-00000 - 记事本
文件(F) 编辑(E) 格式(O) 查看(V) 帮助(H)

[3, 4]--[1, 2]	100

图 14.6 频繁 2-项集到频繁 4-项集的关联规则

14.2 大数据 KNN 分类算法

14.2.1 KNN 分类算法简介

K 最近邻(K-NearestNeighbor，KNN)分类算法是数据挖掘分类技术中最简单的方法之一。最简单、最初级的分类器是将全部的训练数据所对应的类别都记录下来，当测试对象的属性和某个训练对象的属性完全匹配时，便可以对其进行分类。但并不是所有测试对象都会找到与之完全匹配的训练对象。其次就是存在一个测试对象同时与多个训练对象匹配，导致一个训练对象被分到了多个类的问题，基于这些问题，就产生了 KNN 算法。

KNN 算法是通过测量不同特征值之间的距离进行分类，它的核心思想是如果一个样本在特征空间中的 K 个最相邻的样本中的大多数属于某一个类别，则该样本也属于这个类别，并具有这个类别上样本的特性。K 通常是不大于 20 的整数。KNN 算法中，所选择的邻居都是已经正确分类的对象。该方法在确定分类决策上只依据最邻近的一个或者几个样本的类别来决定待分样本所属的类别。KNN 算法在类别决策时，只与极少量的相邻样本有关。由于 KNN 算法主要靠周围有限的邻近的样本，而不是靠判别类域的方法来确定所属类别的，因此对于类域的交叉或重叠较多的待分样本集来说，KNN 算法较其他方法更为适合。

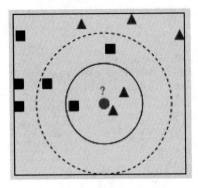

图 14.7　KNN 分类算法示例

KNN 算法分类示例如图 14.7 所示。

图中圆圈要被决定是赋予三角形类还是正方形类。如果 $K=3$，由于三角形所占比例为 $2/3$，圆圈将被赋予三角形那个类；如果 $K=5$，由于正方形比例为 $3/5$，因此圆圈被赋予正方形类。由此也说明了 KNN 算法的结果很大程度上取决于 K 的选择。

在 KNN 算法中，通过计算对象间距离来作为各个对象之间的非相似性指标，避免了对象之间的匹配问题。对于距离的度量，有很多的距离度量方式，但是最常用的是欧氏距离，即对于两个 n 维向量 X 和 Y，两者的欧氏距离定义为

$$\text{dist}(X,Y) = \sqrt{\sum_{i=1}^{n}(x_i - y_i)^2}$$

同时，KNN 算法通过依据 K 个对象中占优的类别进行决策，而不是单一的对象类别决策，这是 KNN 算法的优势。

14.2.2　KNN 算法 MapReduce 设计

KNN 算法 MapReduce 实现大体思路如下。首先获取测试样本数据和训练样本数据，之后对每个测试样本进行一次 Map 计算，完成测试样本到训练样本的距离计算，生成特定的键值对，最后将中间计算生成的键值对发送到 Reduce 端进行规约操作并生成最终的结果。

1. Map 设计

Map 阶段首先会读取训练数据，生成键值对的映射。具体的做法是先遍历每个测试样本，计算其与每个训练样本的距离，找到最近的 K 个训练样本，最后将结果以 < key,value > 的形式保存，然后发送到 Reduce 端。

2. Reduce 设计

Reduce 是进行规约操作的，其主要任务是根据 key 值取出所有的距离值并排序，然后计算多数类的类别，把它们赋给测试样本，系统后台会执行 Shuffle 操作，将不同 Map 结点上相同 key 的数据送到同一个 Reduce 结点上执行排序、分类以及输出操作。

14.2.3　KNN 算法 MapReduce 实现

MapReduce 的优势之处在于可以实现用户自定义的 Map 和 Reduce 函数。KNN 需要计算每一条测试数据到训练数据的距离（多种度量方式），统计 K 个训练数据的类别，将出现次数最多的类预测为测试样本的类别。

在 Map 阶段，逐行读取每一个测试实例，计算测试实例和训练数据之间的距离，找到最近的 K 个训练样本。在 Reduce 阶段，通过统计 Map 阶段的 K 个训练样本，找到出现次数最多的样本就是最终所要找的样本。实验代码如下。

1. Map 方法的实现

Map 方法的实现代码如下。

```
//寻找与每个待分类样本最近的 k 个训练样本的类标号
public void map(LongWritable textIndex, Text textLine, Context context)
        throws IOException, InterruptedException {
      ArrayList<String> distance = new ArrayList<String>(k);
      ArrayList<Text> trainLable = new ArrayList<Text>(k);
      for(int i = 0;i<k;i++){
         distance.add(String.valueOf((Double.MAX_VALUE)));
         trainLable.add(new Text("-1"));
      }
   ListWritable<Text> lables = new ListWritable<Text>(Text.class);
   Instance testInstance = new Instance(textLine.toString());
   for(int i = 0;i<trainSet.size();i++){
        try {
              String dis = String.valueOf(Distance.EuclideanDistance(trainSet.get(i).
getAtributeValue(), testInstance.getAtributeValue()));
            int index = indexOfMax(distance);
            if(Double.parseDouble(dis)<Double.parseDouble(distance.get(index))){
                distance.remove(index);
                trainLable.remove(index);
                distance.add(dis);
                trainLable.add(new Text(trainSet.get(i).getLable()));
            }
        } catch (Exception e) {
            // TODO Auto-generated catch block
            e.printStackTrace();
        }
   }
   lables.setList(trainLable);
   context.write(textIndex, lables);
}
```

2. Reduce 方法的实现

Reduce 方法的实现代码如下。

```
//根据最近的 k 个类标号判断该样本的类别
public void reduce(LongWritable index, Iterable<ListWritable<Text>> kLables, Context
context) throws IOException, InterruptedException{
      Text predictedLable = new Text();
      for(ListWritable<Text> val: kLables){
        try {
            predictedLable = valueOfMostFrequent(val);
            break;
        } catch (Exception e) {
            // TODO Auto-generated catch block
            e.printStackTrace();
        }
      }
      context.write(NullWritable.get(), predictedLable);
}
```

3. 主函数

```
public static void main ( String [ ] args ) throws IOException, InterruptedException,
ClassNotFoundException{
        Job kNNJob = new Job();
        kNNJob.setJobName("kNNJob");
        kNNJob.setJarByClass(KNearestNeighbour.class);
        kNNJob.addCacheFile(new Path(URI.create(args[2])).toUri());
        kNNJob.getConfiguration().setInt("k", Integer.parseInt(args[3]));
        kNNJob.setMapperClass(KNNMap.class);
        kNNJob.setMapOutputKeyClass(LongWritable.class);
        kNNJob.setMapOutputValueClass(ListWritable.class);
        kNNJob.setReducerClass(KNNReduce.class);
        kNNJob.setOutputKeyClass(NullWritable.class);
        kNNJob.setOutputValueClass(DoubleWritable.class);
        kNNJob.setOutputValueClass(Text.class);
        kNNJob.setInputFormatClass(TextInputFormat.class);
        kNNJob.setOutputFormatClass(TextOutputFormat.class);
        FileInputFormat.addInputPath(kNNJob, new Path(args[0]));
        FileOutputFormat.setOutputPath(kNNJob, new Path(args[1]));
        kNNJob.waitForCompletion(true);
        System.out.println("finished!");
    }
}
```

4. 执行结果展示

其中，主函数中 args[0]、args[1]、args[2]、args[3] 分别代表了测试数据文件输入路径、结果文件输出路径、训练数据文件输入路径、k 值。这里将 k 值设置为 2，读者也可以设置不同的 k 值来进行实验。实验的数据集来自 UCI 的集装箱起重机控制器数据集，第一列代表速度，第二列代表角度，第三列代表功率，其中，low 代表 0.3，medium 代表 0.5，high 代表 0.7，测试数据中的-1 代表占位符。实验的训练数据和测试数据如图 14.8 和图 14.9 所示。

```
 1   1.0 -5.0 low
 2   2.0 5.0 low
 3   3.0 -2.0 medium
 4   1.0 2.0 medium
 5   2.0 0.0 high
 6   6.0 -5.0 medium
 7   7.0 5.0 medium
 8   6.0 -2.0 low
 9   7.0 2.0 low
10   6.0 0.0 high
11   8.0 -5.0 medium
12   9.0 5.0 medium
```

```
1   10.0 -2.0 -1
2   8.0 2.0 -1
3   9.0 0.0 -1
```

图 14.8　训练数据　　　　　　　　**图 14.9　测试数据**

运行程序后，产生的结果文件如图 14.10 所示。

打开 part-r-00000 文件查看所产生的结果如图 14.11 所示。

.part-r-00000.crc	2019/8/4 9:14	CRC 文件	1 KB
_SUCCESS	2019/8/4 9:14	文件	0 KB
part-r-00000	2019/8/4 9:14	文件	1 KB

```
1   low
2   low
3   low
```

图 14.10　结果文件　　　　　　　　**图 14.11　结果数据展示**

14.3　大数据 K-Means 聚类算法

14.3.1　K-Means 聚类算法简介

聚类(Cluster)分析是一个把数据对象划分成若干子集的过程。每个子集是一个簇,簇与簇之间相对分离。簇内的数据元素之间彼此相似,但是簇内元素不与簇外元素相似。如图 14.12 所示,其中有三个明显的簇。聚类分析已经广泛应用于诸多领域,包括数据挖掘、机器学习、统计学、图像模式识别、生物学和安全等。其中,K-Means 算法又是聚类分析中非常重要的一种聚类算法。

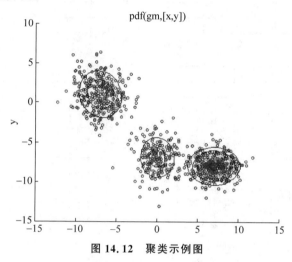

图 14.12　聚类示例图

K-Means 算法首先在原始的数据集中(假定有 N 个数据)随机选取 K 个点作为初始的 K 个簇的中心,之后将每个点分别指派到离该点最近的簇中心。最后当每个点都被划归到其对应的最近的簇后,对 K 个簇中心点进行更新。簇中心的更新通过计算每个簇内所有点的均值来完成,不断重复这样的过程直到簇中心收敛或者其他收敛条件满足(通常为迭代次数)。

那么如何定义两个数据的距离呢? 对于欧氏空间来说,可以根据欧几里得距离来衡量两个数据点之间的距离(例如,对于二维平面上两点 $p(x_1, y_1)$ 与 $p(x_2, y_2)$ 间的欧氏距离公式为 $d = \sqrt{(x_1 - x_2)^2 + (y_1 - y_2)^2}$);对于非欧氏空间则可以选择 Jaccard 距离、Edit 编辑距离等距离度量方法,甚至还可以结合某些特定的应用自定义特定的数据度量。

下面是整个 K-Means 算法的伪代码。

```
程序开始
    输入原始数据集中的 N 个数据、聚类个数 K
    从原始集中随机选取 K 个作为原始簇中心
    循环(不满足终止条件){
        对于数据中的点 p,计算其到每个簇中心的距离,并将其划分到最近的簇
        重新计算每个簇的中心点
    }
```

　　输出 K 个聚类结果
程序结束

数据样本图就可以形象地描述该过程,如图 14.13 所示。

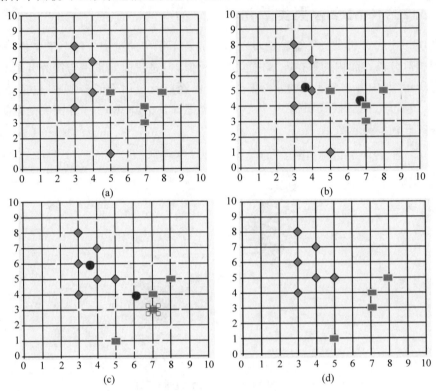

图 14.13　数据样本图

　　图 14.13(a)代表了初始的数据集,菱形和矩形分别表示两类不同的类型,可以将其看为两组簇,即 $K=2$。图 14.13(b)中通过计算分别求出了两组簇的中心点,在图中以圆圈表示。在接下来,分别求取样本中所有点到这两个中心点的距离,并记录每个点到中心点最小的距离和其所对应的簇,经过计算得到了所有样本点的第一轮迭代后的簇的划分。如图 14.13(c)所示,此时,点的位置已经发生变动——原先(5,5)坐标的方形变成了菱形,(5,1)坐标中的菱形变成了方形。再重新计算簇中心点,如图 14.13(c)中圆圈点所示。接下来不断重复之前图 14.13(b)变换到图 14.13(c)的过程,即将所有点记录为距离最近的质心的簇并求新的质心,直到不再变化、小于指定阈值或者达到指定迭代次数为止。最终得到的两个类别如图 14.13(d)所示。

　　在实际 K-Means 算法中,一般会经历多次迭代,才能达到最终的比较优的类别。对于有 N 个样本数据、预期生成 K 个簇的任务来说,K-Means 算法 t 次迭代的时间复杂度为 $O(NKt)$。不难看出,每次迭代中都需要为每个点找出其最近的簇中心,这一步集中了最多的计算量。由于每个点找到离其最近点的计算是相互独立的,K-Means 算法可以利用 MapReduce 并行计算框架挖掘其并行度,以此大幅缩短聚类计算的时间。具体地说,就是集合中的点被分给若干个 Map 结点,这些 Map 结点并行地为每个点找出距离它们最近的中心点。

14.3.2 基于 MapReduce 的 K-Means 算法的设计

基于 MapReduce 的 K-Means 算法设计可以分为三个阶段来执行。

1. 第一阶段

首先程序读入原始数据,并随机选取 6 个点作为初始簇的中心,对于初始簇需要定义三个变量:簇 id、属于该簇点的个数 numOfPoints 以及中心点信息 center。这里,将初始的簇中心信息写在 cluster-0 目录下,该目录的信息即作为迭代前的初始信息放在 Distributed Cache(共享缓存)中可供全局共享数据。

2. 第二阶段

接下来,剩下的点 P 会基于点到簇中心距离被分配到最相似的簇(这里可以定义一个类 EuclideanDistance,代表了以欧氏距离的方式衡量距离),然后计算得到每个簇的均值,这个过程需要不断迭代直到标准函数收敛或者达到规定的迭代次数。在 K-Means 算法中,最密集的计算集中在距离的计算上,每次迭代过程都需要 $N \times K$ 次距离的计算(N 为样本点总数,K 为簇的总数)。显然,一个点与其中心距离的计算跟其他点到其中心距离的计算是无关的,因此,不同的点到其簇中心的计算可以并行执行。但是每个迭代过程需要上一轮的计算的结果作为中间数据,因此迭代过程需要串行执行。

基于上面的分析,对串行计算即每一次迭代启动对应一次 MapReduce 计算过程,完成数据点到聚类中心的距离计算,以及新的聚类中心的计算,即一个完整的 Map、Reduce 过程。对于并行计算,在 Map 任务启动之前需要先定义一个 setup() 方法。通过 setup() 方法,Map 可以读入上一轮迭代汇总产生的簇的信息。可设计 Map 函数的任务是完成每个数据点到其中心点的距离计算,并重新标记其属于的新的簇的类别,其输入为待聚类所有数据和上一轮迭代(或初始聚类)的聚类中心,输入数据记录< key, value >对应为<行号,该行记录信息>。在这里多个 Map 进行并行化处理,每个 Map 函数都读入该输入记录,并对输入的每个数据点计算出距离其最近的簇中心点,并做新类别的标记,输出中间结果< key, value >对应为<簇中的 id,该数据点的信息>。继续设计 Reduce 函数的任务是根据 Map 函数得出的中间结果计算出新的聚类中心,供下一次迭代使用。输入数据< key, value >对应为<簇的 id,该数据点的信息>,所有 key 相同的记录,即同一个簇内的记录送给一个 Reduce 任务(这里同样可以并行执行多个 Reduce 任务),累加相同的点的个数和个数据点的信息和,从而求得每个簇的均值,输出结果< key, value >对应为<簇的 id,临时簇中心值>。在下面的算法实现中,给出了迭代次数,即达到迭代次数即终止;若没有给出迭代次数,也可以设置阈值,若本轮迭代与上轮迭代得出结果的差值小于设定的阈值,迭代即终止。

3. 第三阶段

最后,得到了最终迭代完成的簇的中心,将所有的数据划分到距离最近的簇的中心即可。

14.3.3 基于 MapReduce 的 K-Means 算法的实现

1. 初始数据的选取

从 UCI 机器学习存储库中获取了一份数据集,如图 14.14 所示,是由 249 名 holiday

ayiq.com 的评论者在 2014 年 10 月之前发布的目的地并记录了每个评论者（旅行者）在每个类别中的评论数量，景点为印度南部的 6 个旅游目的地，包括体育场馆、宗教机构、自然景点、戏剧院、购物广场、野餐营地 6 类地点。

提取其中的数字部分并将其导出为带","分隔符的 txt 文件，将其作为输入文件，方便程序进行数据聚类，如图 14.15 所示。

	A	B	C	D	E	F	G
1	User Id	Sports	Religious	Nature	Theatre	Shopping	Picnic
2	User 1	2	77	79	69	68	95
3	User 2	2	62	76	76	69	68
4	User 3	2	50	97	87	50	75
5	User 4	2	68	77	95	76	61
6	User 5	2	98	54	59	95	86
7	User 6	3	52	109	93	52	76
8	User 7	3	64	85	82	73	69
9	User 8	3	54	107	92	54	76
10	User 9	3	64	108	64	54	93
11	User 10	3	86	76	74	74	103
12	User 11	3	107	54	64	103	94
13	User 12	3	103	60	63	102	93
14	User 13	3	64	82	82	75	69
15	User 14	3	93	54	74	103	69
16	User 15	3	63	82	81	78	69
17	User 16	3	82	79	75	75	82
18	User 17	5	59	131	103	54	86
19	User 18	5	56	124	108	56	85
20	User 19	4	85	67	111	65	72
21	User 20	5	114	83	65	114	102
22	User 21	4	93	82	79	79	90
23	User 22	4	105	52	75	113	78
24	User 23	5	69	118	74	66	101
25	User 24	4	71	123	64	59	102
26	User 25	5	88	94	81	79	91
27	User 26	5	83	99	89	74	91
28	User 27	5	69	133	74	54	101
29	User 28	5	128	53	74	117	105
30	User 29	5	74	123	69	61	101
31	User 30	5	79	93	118	90	72
32	User 31	4	51	115	110	51	84
33	User 32	5	69	93	93	81	79
34	User 33	4	100	53	86	112	78
35	User 34	4	88	69	108	71	77
36	User 35	4	93	84	75	84	112
37	User 36	4	79	86	110	93	73
38	User 37	4	87	72	112	63	71
39	User 38	5	65	128	79	56	101

图 14.14 holidayiq.com 印度南部兴趣点评论数量统计

```
2,62,76,76,69,68
2,50,97,87,50,75
2,68,77,95,76,61
2,98,54,59,95,86
3,52,109,93,52,76
3,64,85,82,73,69
3,54,107,92,54,76
3,64,108,64,54,93
3,86,76,74,74,103
3,107,54,64,103,94
3,103,60,63,102,93
3,64,82,82,75,69
3,93,54,74,103,69
3,63,82,81,78,69
3,82,79,75,75,82
```

图 14.15 将 csv 文件转换为逗号分隔符的 txt 文件

2. 项目初始配置

1）簇及迭代次数的设定

令簇的数量即 $K=6$，迭代 10 次。

2）项目的构建

选择在 IDEA 编译环境下创建 Maven 项目，使用 MapReduce 计算框架对上述 249 条数据实现 K-Means 聚类。pom 文件如下。

```xml
<?xml version = "1.0" encoding = "UTF - 8"?>
< project xmlns = "http://maven.apache.org/POM/4.0.0"
      xmlns:xsi = "http://www.w3.org/2001/XMLSchema - instance"
      xsi:schemaLocation = "http://maven.apache.org/POM/4.0.0
http://maven.apache.org/xsd/maven - 4.0.0.xsd">
    < modelVersion > 4.0.0 </modelVersion >
    < groupId > com.bigdata </groupId >
```

```
< artifactId > KMeans </ artifactId >
< version > 1.0 </ version >
< dependencies >
    < dependency >
        < groupId > org. apache. hadoop </ groupId >
        < artifactId > hadoop - client </ artifactId >
        < version > 2.7.3 </ version >
    </ dependency >
</ dependencies >
</ project >
```

3）需要创建的类与接口

需要创建的类与接口如图 14.16 和图 14.17 所示。

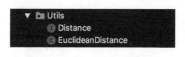

图 14.16 工具类与接口

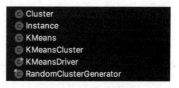

图 14.17 算法实现类

（1）Distance 接口：作为一个距离公式的扩展接口，除了欧几里得距离外，在其他条件下还可能使用到其他距离，例如，Jaccard 距离、Edit 编辑距离等。

（2）EuclideanDistance 类：可用于计算欧氏距离，通过计算数据点与各个簇中心的距离，选择最小的欧氏距离对应的簇中心作为该数据点所对应的簇。

（3）Instance 类：该类对应原始数据文件中数据点的格式，以 ArrayList 存放数据。在该类中，需要编写加法、乘法、除法函数用于簇中心的计算：簇中所有点数据的和/簇中数据点的个数。

（4）Cluster 类：该类记录了簇的信息，包括簇的 ID，属于该簇的数据点个数，簇中心点信息。

（5）RandomClusterGenerator 类：该类用于初始生成 K 个簇中心，一开始将读入的每个结点作为簇中心，并为其分配一个 ID，当达到 K 个时，以 $1/(1+K)$ 的概率返回一个 $[0, K-1]$ 中的正整数，将其对应的簇 ID 的簇中心进行替换。

（6）KMeans 类：该类即是 K-Means 算法的实现。其中，Mapper 类需要读入所有的簇中心信息——kClusters，在 setup() 中将之前计算得到的簇中心读入作为全局文件。map() 方法需要做的是读取每个数据点，寻找离该点最近的簇的 ID，通过计算欧氏距离，选择距离最小的那个簇中心，输出的格式是 < clusterID, Instance >。它的 Combiner 类将同一个结点的数据点各个簇计算新的簇中心。簇中所有点相加/簇中数据点的个数，得到新的簇中心。它的 Reducer 类将不同结点的计算结果汇总，计算全局的新的簇中心。

（7）KmeansCluster 类：该类做的工作与 KMeans 类基本相同，只是没有 KMeans 类的 reducer 方法。在收敛条件满足，且所有簇中心的文件最后产生后，再对输入文件中的所有实例进行分簇的工作，最后把所有实例按照（簇 ID，实例）的方式写进结果文件。

（8）KMeansDriver 类：该类是整个 MapReduce 的启动类，启动参数包括 k-簇中心数；iteration num-迭代数；input path-输入路径；output path-输出路径。首先调用 RandomClusterGenerator 类的 generateInitialCluster() 初始化簇中心，然后用 KMeans 类

进行簇中心的迭代计算，最后用 KMeansCluster 类为每个数据点选择最终确定的距离最近的簇。

3. 主要代码的实现

1）初始簇中心定义

```
//Cluster 类的定义
public class Cluster implements Writable{
    private int ClusterID;              //簇 ID
    private long numOfPoints;           //属于该簇的点的个数
    private Instance center;            //簇中心点信息
    …//get()、set()、toString()方法,实现 Writable 接口的方法,这里省略
}
```

2）迭代计算簇中心

（1）setup()方法的实现。

```
protected void setup(Context context) throws IOException, InterruptedException{
    super.setup(context);
    FileSystem fs = FileSystem.get(context.getConfiguration());
    FileStatus[] fileList = fs.ListStatus(new Path(context.getConfiguration()
        .get("clusterPath")));
    BufferedReader in = null;
    FSDataInputStream fsi = null;
    String line = null;
    for(int i = 0; i < fileList.length; i++){
        if(!fileList[i].isDir()){
            fsi = fs.open(fileList[i].getPath());
            in = new BufferedReader(new InputStreamReader(fsi, "UTF - 8"));
            //每一行都是一个簇信息
            while((line = in.readLine()) != null){
                Cluster cluster = new Cluster(line);
                cluster.setNumOfPoints(0);
                KCulsters.add(cluster);
            }
        }
    }
    in.close();
    fsi.close();
}
```

（2）Map 的实现。

```
public void map(LongWritable key, Text value, Contextcontext)
        throws IOException, InterruptedException{
    Instance instance = new Instance(value.toString());
    Int id;
    try{
        //获得最近的簇 ID
        id = getNearest(instance);
        if(id == -1)
            throw new InterruptedException("id == -1");
        else{
            Cluster cluster = new Cluster(id, cluster);
            Cluster.setNumOfPoints(1);
```

```
            //获得最近的簇 ID 后将其发送出去
            context.write(new IntWritable(id), cluster);
        }
    }catch(Exception e){
        e.printStackTrace();
    }
}
```

（3）Reduce 的实现。

```
//综合 Map 发送的信息更新簇中心信息
public static class KMeansReducer extends Reducer < IntWritable, Cluster,IntWritable, Cluster >
{
    public void reduce(IntWritable key, Iterable < Cluster > value, Context context) throws
        IOException, InterruptedException{
        Instance instance = new Instance();
        intnumOfPoints = 0;
        //统计属于一个簇所有点的信息
        for(Cluster cluster : value){
        numOfPoints += cluster.getNumOfPoints();
        Instance = instance.add(cluster.getCenter().multiply(cluster.getNumOfPoints()));
        }
        //更新簇信息
        Cluster cluster = new Cluster(key.get(), instance.divide(numOfPoints));
        Cluster.setNumOfPoints(numOfPoints);
        Context.write(key, cluster);
    }
}
```

3）工具类与接口

（1）Distance 接口的定义。

```
import java.util.List;
public interface Distance < T > {
    double getDistance(List < T > a, List < T > b) throws Exception;
}
```

（2）EuclideanDistance 类的定义。

```
import java.util.List;
public class EuclideanDistance < T extends Number > implements Distance < T > {
    @Override
    public double getDistance(List < T > a, List < T > b) throws Exception {
        // TODO Auto - generated method stub
        if(a.size() != b.size())
            throw new Exception("size not compatible!");
        else{
            double sum = 0.0;
            for(int i = 0;i < a.size();i++){
                sum += Math.pow(a.get(i).doubleValue() - b.get(i).doubleValue(), 2);
            }
            sum = Math.sqrt(sum);
            return sum;
        }
```

```
        }
    }
```

4）主函数

```
public static void main ( String [ ] args ) throws IOException, InterruptedException,
ClassNotFoundException{
        System.out.println("start");
        Configuration conf = new Configuration();
        int k = Integer.parseInt(args[0]);
        int iterationNum = Integer.parseInt(args[1]);
        String sourcePath = args[2];
        String outputPath = args[3];
        KMeansDriver driver = new KMeansDriver(k, iterationNum, sourcePath, outputPath,
conf);
        driver.generateInitialCluster();
        System.out.println("initial cluster finished");
        driver.clusterCenterJob();
        driver.KMeansClusterJod();
    }
```

4. 执行结果展示

主函数中 args[0]、args[1]、args[2]、args[3]分别代表了 k 的值、迭代次数、数据文件输入路径、文件输出路径。在这里将 k 设为 6，迭代次数设为 10。控制台打印部分结果信息如图 14.18 所示。

```
cluster is:6,1,12.0,79.0,158.0,148.0,69.0,119.0
cluster is:6,1,22.0,114.0,213.0,129.0,94.0,178.0
cluster is:6,1,20.0,93.0,183.0,178.0,89.0,140.0
cluster is:6,1,14.0,84.0,178.0,138.0,87.0,116.0
cluster is:6,1,12.0,79.0,183.0,104.0,69.0,148.0
cluster is:6,1,18.0,114.0,183.0,114.0,109.0,178.0
cluster is:6,1,18.0,83.0,198.0,163.0,84.0,140.0
cluster is:6,1,20.0,114.0,243.0,104.0,79.0,173.0
cluster is:6,1,20.0,98.0,193.0,163.0,99.0,140.0
cluster is:6,1,14.0,84.0,168.0,148.0,80.0,113.0
cluster is:6,1,12.0,79.0,183.0,133.0,70.0,113.0
cluster is:6,1,14.0,84.0,173.0,143.0,69.0,110.0
cluster is:6,1,14.0,84.0,161.0,153.0,84.0,116.0
cluster is:6,1,25.0,84.0,247.0,168.0,109.0,140.0
cluster is:6,1,18.0,99.0,183.0,128.0,114.0,129.0
cluster is:6,1,14.0,79.0,203.0,153.0,69.0,119.0
cluster is:6,1,18.0,104.0,193.0,114.0,99.0,173.0
combiner emit cluster:6,42,17.571428571428573,96.0952380952381,195.9047619047619,133.14285714285714,89.97619047619048,146.23809523
finished!
read a line:1,8,21.125,149.375,149.5,129.0,142.0,196.75
read a line:2,26,17.03846153846154,132.84615384615384,144.80769230769232,120.92307692307692,140.30769230769232,146.42307692307693
read a line:3,32,15.46875,115.21875,132.90625,165.375,123.90625,113.6875
read a line:4,37,15.162162162162161,161.59459459459458,81.1891891891892,107.08108108108108,181.97297297297297,135.1891891891892
read a line:5,104,5.567307692307692,86.38461538461539,101.52884615384616,95.73076923076923,84.48076923076923,94.39423076923077
read a line:6,42,17.571428571428573,96.0952380952381,195.9047619047619,133.14285714285714,89.97619047619048,146.23809523809524
finished!
```

图 14.18　控制台部分打印结果信息

同时，生成的输出文件结构如图 14.19 所示。

cluster-0 记录了初始簇的信息，如图 14.20 所示。前面的第一个数字代表簇的 id，后面为随机选择的簇中心信息。

cluster-0～cluster-10 记录了迭代 1～10 次的簇中心点的数据，直接看 cluster-10，第 10 次迭代的结果最接近准确值，如图 14.21 所示。前面的第一个字段代表了簇的 ID，第二个字段代表了属于该簇的数据的个数，后面对应簇的中心点信息。可以看出，第 5 类最多有 104 例，而第 1 类最少只有 8 例。

clusteredInstances 文件夹中记录了每一行信息属于哪个簇，如图 14.22 所示。

图 14.19 生成的输出文件结构

```
●●●                                          clusters ∨
3,0,22.0,143.0,124.0,208.0,134.0,124.0
4,0,18.0,173.0,84.0,99.0,193.0,158.0
2,0,22.0,153.0,144.0,139.0,144.0,193.0
6,0,25.0,104.0,208.0,168.0,134.0,144.0
5,0,18.0,139.0,148.0,129.0,129.0,168.0
1,0,20.0,133.0,149.0,139.0,144.0,213.0
```

图 14.20 cluster-0 中输出数据

```
●●●                                          part-r-00000 ∨
1,8,21.125,149.375,149.5,129.0,142.0,196.75
2,26,17.03846153846154,132.84615384615384,144.80769230769232,120.92307692307692,140.307692
30769232,146.42307692307693
3,32,15.46875,115.21875,132.90625,165.375,123.90625,113.6875
4,37,15.162162162162161,161.59459459459458,81.1891891891892,107.08108108108108,181.9729729
7297297,135.1891891891892
5,104,5.5673076923076925,86.38461538461539,101.52884615384616,95.73076923076923,84.4807692
3076923,94.39423076923077
6,42,17.571428571428573,96.0952380952381,195.9047619047619,133.14285714285714,89.976190476
19048,146.23809523809524
```

图 14.21 cluster-10 中输出数据

```
●●●                                          part-m-00000 ∨
2,77,79,69,68,95                5
2,62,76,76,69,68                5
2,50,97,87,50,75                5
2,68,77,95,76,61                5
2,98,54,59,95,86                5
3,52,109,93,52,76               5
3,64,85,82,73,69                5
3,54,107,92,54,76               5
3,64,108,64,54,93               5
3,86,76,74,74,103               5
3,107,54,64,103,94              5
3,103,60,63,102,93              5
3,64,82,82,75,69                5
3,93,54,74,103,69               5
3,63,82,81,78,69                5
3,82,79,75,75,82                5
5,59,131,103,54,86              5
5,56,124,108,56,85              5
```

图 14.22 clusteredInstances 中输出数据

14.4　大数据回归分析算法

14.4.1　大数据回归分析算法简介

回归分析（Regression Analysis）是一种统计分析方法，用于确定两种或两种以上变量之间的相互依赖的定量关系。根据涉及的变量数量，回归分析可分为一元回归和多元回归分析；根据因变量数量，可分为简单回归分析和多重回归分析；根据自变量和因变量之间的关系类型，可分为线性回归分析和非线性回归分析。回归分析的核心目标是通过分析解释变量的变化趋势来预测相关的被解释变量，并建立反映变量间关系的回归方程。这种方法广泛应用于各种领域，帮助理解、解释和预测变量之间的关系。

回归分析中的一元回归分析是最简单的回归分析形式。在一元回归分析中，只涉及一个自变量和一个因变量，用于建立自变量与因变量之间的关系模型。这种方法通常用于研究一个单一因素对结果的影响。例如，研究学生的学习时间（自变量）与他们的考试成绩（因变量）之间是否存在关联。在实际情境中，问题通常受到多个因素的综合影响，需要建立多元回归分析模型来解决问题，多元回归分析模型被视为一种强大且高效的预测模型。通过综合多个解释变量的组合，能更准确地估计被解释变量的值，从而使预测结果更符合实际情况。需要注意的是，回归分析模型的准确性要求解释变量之间不存在严重的相关性。如果出现相关性或较强的非线性关系，可能会导致面对问题所建立的模型失真。因此，在进行多元回归分析时，需对数据质量和变量关系有充分的了解和考虑。

多元线性回归的一般表达式为

$$y = \beta_0 + \beta_1 x_1 + \beta_2 x_2 + \cdots + \beta_n x_n$$

其中，y 是因变量，$x_1, x_2, \cdots, x_n$ 是自变量，$\beta_0, \beta_1, \cdots, \beta_n$ 是回归系数。多元线性回归分析的目标就是求出这些多元回归系数。这里可以定义：

$$\boldsymbol{\beta} = \begin{bmatrix} \beta_1 \\ \beta_2 \\ \vdots \\ \beta_n \end{bmatrix}, \quad \boldsymbol{Y} = \begin{bmatrix} y_1 \\ y_2 \\ \vdots \\ y_n \end{bmatrix}, \quad \boldsymbol{X} = \begin{pmatrix} 1 & \cdots & x_n^{(1)} \\ \vdots & \ddots & \vdots \\ 1 & \cdots & x_n^{(n)} \end{pmatrix}$$

为求解多元回归系数，可以构造一个目标函数：

$$J_\beta = \sum_{i=1}^{n} (\bar{y}^{(i)} - y^{(i)})^2$$

其目标就是实际值与预测值的误差平方和最小。回归系数的求解，可以通过对目标函数求导来实现。对于回归系数 $\beta_0, \beta_1, \cdots, \beta_n$，分别求导并令导数等于0。这将会得到一个含有 $n+1$ 个方程的线性方程组。解这个方程组，就可以得到 $\beta_0, \beta_1, \cdots, \beta_n$ 的最小二乘估计值。

经过推导可以得出 $\boldsymbol{\beta} = (\boldsymbol{X}^{\mathrm{T}} \boldsymbol{X})^{-1} \boldsymbol{X}^{\mathrm{T}} \boldsymbol{Y}$。

14.4.2 基于 MapReduce 的多元回归分析算法设计

基于 MapReduce 的多元回归分析算法设计需要结合训练样本数据分布,完成 Map 端并行计算设计,以及 Reduce 端数据汇集设计并实现多元回归分析模型生成。

1. Map 设计

在每个 Map 计算结点上,使用 Map 函数对训练集进行处理。Map 函数在接收到训练样本数据后,会对其进行拆分和转换,并输出一组<key,value>键值对。这些键值对会被发送到 Reduce 阶段进行处理。

该阶段主要是获取所需计算的参数并传递给 reducer 阶段。因为要在 reducer 阶段完成对所有的变量集合计算,因此在该阶段设置 mapper 的键为空保证所有的值落入同一个 reducer 中。

2. Reduce 设计

Reduce 阶段会将 Map 阶段输出的键值对进行合并,将相同键的值归并在一起。对每个键执行 Reduce 函数,将键对应的所有值累加得到最终结果。将结果写入本地磁盘,最后再将数据写入 HDFS 等分布式文件系统中。这里,主要是遍历所有的变量并通过 OLSMultipleLinearRegression 来计算相关参数,从而得出回归方程。

14.4.3 基于 MapReduce 的多元回归分析算法的实现

下面以二元回归分析为例,给出基于 MapReduce 的二元回归分析算法的实现代码。

1. Map 方法的实现

Map 方法的实现代码如下。

```java
package com.atguigu.mapreduce.regression1;
import org.apache.hadoop.io.LongWritable;
import org.apache.hadoop.io.NullWritable;
import org.apache.hadoop.io.Text;
import org.apache.hadoop.mapreduce.Mapper;
import java.io.IOException;
/**
 * KEYIN,偏移量 Longwritable
 * VALUEIN, Map 阶段输入类型: Text
 * KEYOUT,Map 阶段 key 的输出类型:Nullwritable
 * VALUEOUT,Map 阶段 value 的输出类型:Text
 */
public class LinearRegressionMapper extends Mapper<LongWritable, Text, NullWritable,Text> {
    private Text outv = new Text();
    @Override
    protected void map(LongWritable key, Text value, Mapper<LongWritable, Text,
NullWritable, Text>.Context context) throws IOException, InterruptedException {
        try{
            //分隔数据并放入 line 数组中
            String[] line = value.toString().split(",");
            outv.set(line[1]+","+line[2]+","+line[3]);
            context.write(NullWritable.get(), outv);
        } catch (InterruptedException e) {
```

```
            e.printStackTrace();
        } catch (IOException e) {
            e.printStackTrace();
        } catch (ArrayIndexOutOfBoundsException e) {
            e.printStackTrace();
        }
    }
}
```

2．Reduce 方法的实现

Reduce 方法的实现代码如下。

```
package com.atguigu.mapreduce.regression1;
import org.apache.commons.lang.ObjectUtils;
import org.apache.commons.math3.stat.inference.OneWayAnova;
import org.apache.commons.math3.stat.regression.OLSMultipleLinearRegression;
import org.apache.hadoop.io.DoubleWritable;
import org.apache.hadoop.io.NullWritable;
import org.apache.hadoop.io.Text;
import org.apache.hadoop.mapreduce.Reducer;
import javax.jws.Oneway;
import java.io.IOException;
/**
 * KEYIN:Reduce 阶段输入的 key 类型:NullWritable
 * VALUEIN:Reduce 阶段输入的 value 类型:Double
 * KEYOUT:Reduce 阶段输出的 key 类型:NullWritable
 * VALUEOUT:Reduce 阶段输出的 value 类型:Text
 */
public class LinearRegressionReducer extends Reducer < NullWritable, Text, NullWritable,Text >
{
    @Override
    protected void reduce(NullWritable key, Iterable < Text > values, Reducer < NullWritable,
Text, NullWritable, Text >.Context context) throws IOException, InterruptedException {
        OLSMultipleLinearRegression regression = new OLSMultipleLinearRegression();
        double[] y = new double[10];
        double[][] x = new double[10][2];
        int i = 0;
        for (Text value : values) {
            String[] tokens = value.toString().split(",");
            y[i] = Double.parseDouble(tokens[2]);
            x[i] = new double[]{Double.parseDouble(tokens[0]), Double.parseDouble(tokens
[1])}};
            i++;
        }
        regression.newSampleData(y, x);
        double[] beta = regression.estimateRegressionParameters();
        /* 强制类型转换,将 double 类型转换成 String 类型 */
        String beta0 = String.valueOf(beta[0]);
        String beta1 = String.valueOf(beta[1]);
        String beta2 = String.valueOf(beta[1]);
        try{
            context.write(NullWritable.get(), new Text("y = " + beta0 + " + " + beta1 + "X1"
+ " + " + beta2 + "X2"));
        } catch (InterruptedException e) {
```

```
                e.printStackTrace();
        } catch (IOException e) {
                e.printStackTrace();
        }
    }
}
```

3. 主函数

```
package com.atguigu.mapreduce.regression1;
import com.atguigu.mapreduce.regression.Driver;
import com.atguigu.mapreduce.regression.linearMapper;
import com.atguigu.mapreduce.regression.linearReducer;
import org.apache.hadoop.conf.Configuration;
import org.apache.hadoop.fs.Path;
import org.apache.hadoop.io.NullWritable;
import org.apache.hadoop.io.Text;
import org.apache.hadoop.mapreduce.Job;
import org.apache.hadoop.mapreduce.lib.input.FileInputFormat;
import org.apache.hadoop.mapreduce.lib.output.FileOutputFormat;
import java.io.IOException;
public class LinearRegressionDriver {
    public static void main(String[] args) throws IOException, InterruptedException,
ClassNotFoundException {
        //1.获取 job
        Configuration conf = new Configuration();
        Job job = Job.getInstance(conf);
        //2.设置 jar 包路径
        job.setJarByClass(LinearRegressionDriver.class);
        //3.关联 mapper 和 reducer
        job.setMapperClass(LinearRegressionMapper.class);
        job.setReducerClass(LinearRegressionReducer.class);
        //4.设置 map 输出的 k-v 类型
        job.setMapOutputKeyClass(NullWritable.class);
        job.setMapOutputValueClass(Text.class);
        //5.设置最终输出的 k-v 类型——Reduce 阶段的输出类型
        job.setOutputKeyClass(NullWritable.class);
        job.setOutputValueClass(Text.class);
        //6.设置输入路径和输出路径
        FileInputFormat.setInputPaths(job, new Path(args[0]));
        FileOutputFormat.setOutputPath(job, new Path(args[1]));
        //7.提交 job
        boolean result = job.waitForCompletion(true);
        System.exit(result ? 0 : 1);
    }
}
```

4. 执行结果展示

实验的数据来自某公司的维修保养服务记录。为了估算服务成本，公司的管理人员需要对顾客的每一次维修请求预测需要的维修时间。这里由 8 次维修服务记录组成二元回归训练样本，训练样本自变量包括最近一次维修服务至今的时间和维修故障的时间，因变量是维修时间，具体样本数据如表 14.1 所示。

表 14.1　样本数据

维修服务请求编号	最近一次维修服务至今的时间(x_1)	维修的故障时间(x_2)	维修时间(y_1)
1	2	1	2.9
2	6	0	3.0
3	8	1	4.8
4	3	0	1.8
5	2	1	2.9
6	7	1	4.9
7	9	0	4.2
8	8	0	4.8

将表 14.1 中的样本数据写入数据文件中，数据间用逗号分隔，数据文件如图 14.23 所示。

File contents
1,2,1,2.9
2,6,0,3.0
3,8,1,4.8
4,3,0,1.8
5,2,1,2.9
6,7,1,4.9
7,9,0,4.2
8,8,0,4.8

图 14.23　输入数据文件

运行程序后，产生的结果文件如图 14.24 所示。

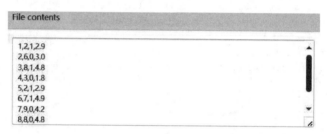

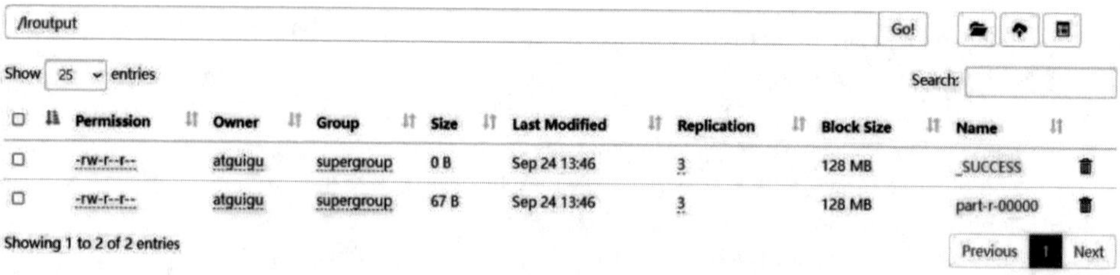
/lroutput
Go!
Show 25 entries
Search:
Permission
Owner
Group
Size
Last Modified
Replication
Block Size
Name
-rw-r--r--
atguigu
supergroup
0 B
Sep 24 13:46
3
128 MB
_SUCCESS
-rw-r--r--
atguigu
supergroup
67 B
Sep 24 13:46
3
128 MB
part-r-00000
Showing 1 to 2 of 2 entries
Previous
1
Next

图 14.24　二元回归算法结果文件

打开 part-r-00000 文件查看所产生的结果，如图 14.25 所示。

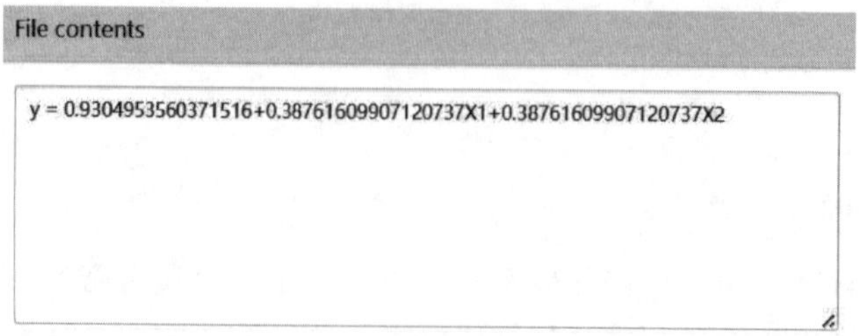
File contents
y = 0.9304953560371516+0.38761609907120737X1+0.38761609907120737X2

图 14.25　二元回归分析算法模型结果

习　题

1. 完成大数据回归分析算法的 MapReduce 设计与实现。
2. 完成大数据 BP 神经网络预测算法的 MapReduce 设计与实现。
3. 完成朴素贝叶斯分类算法的 MapReduce 设计与实现。
4. 完成决策树 ID3 分类算法的 MapReduce 设计与实现。
5. 完成隐马尔可夫算法的 MapReduce 设计与实现。
6. 完成专利文献分析算法的 MapReduce 设计与实现。

第5篇

大数据平台Hadoop实践与应用案例

大数据方法与技术已在众多领域展开了应用。本篇着重介绍大数据Hadoop平台的实践操作，给出了大数据技术在开敞式码头系泊缆力预测中的应用，以及中科曙光XData大数据平台架构、关键技术及其应用案例，旨在帮助读者理解如何将大数据的方法和技术运用到实际项目需求中，加快大数据技术在各领域行业中的应用。

本篇包括第15～17章。

第15章主要介绍Hadoop大数据平台操作实践，包括Hadoop系统的安装与配置详细操作，Hadoop平台文件操作及程序运行命令，Hadoop平台下程序开发过程。

第16章主要介绍大数据方法和技术在开敞式码头系泊缆力预测中的应用，给出大数据系泊缆力相似性查询预测方法，并基于Hadoop大数据平台完成系泊缆力预测的相似性查询方法MapReduce设计与实现。

第17章主要介绍中科曙光XData大数据方法的架构及关键技术，包括曙光XData大数据集成与数据治理组件、大数据存储与数据计算组件、大数据分析与数据智能组件、大数据可视化分析组件、大数据安全管控与管理运维组件，并给出基于曙光XData大数据平台的智能交通应用案例。

Hadoop大数据平台实践

Hadoop 是目前处于主流地位的大数据软件,是一个开源的、可运行于大规模集群上的分布式计算平台。目前 Hadoop 官方真正支持的运行平台只有 Linux,这就使得在其他平台上运行 Hadoop 时通常需要安装其他的一些包来进行操作。本章首先简单介绍 Linux 系统以及它的安装,然后介绍了安装 Hadoop 之前的一些准备工作,最后进行了 Hadoop 集群的安装。

15.1 Hadoop 系统的安装与配置

Hadoop 可以用三种不同的方式进行安装。第一种方式是单机方式,它允许在一台运行 Linux 或 Windows 下虚拟 Linux 的单机上安装运行 Hadoop 系统。该方式通常适用于程序员先在本地编写和调试程序。第二种方式是单机伪分布方式,它允许在一台运行 Linux 或 Windows 下虚拟 Linux 的单机上,用伪分布的方式,以不同的 Java 进程模拟分布运行环境中的 NameNode、DataNode、JobTracker、TaskTracker 等各类结点。第三种方式是集群分布模式,它是在一个真实的集群环境下安装运行 Hadoop 系统,集群的每个结点可以运行 Linux 或 Windows 下的虚拟 Linux。单机和单机伪分布模式下编写调试完成的程序通常不需要修改即可在真实的分布式 Hadoop 集群下运行,但通常需要修改配置。

下面简要介绍一下 Hadoop 系统安装流程。

(1)虚拟机 Linux 操作系统的安装。

(2)JDK 的配置。

(3)虚拟机的主机名和 IP 地址之间映射的配置。

(4)克隆虚拟机,虚拟机进行免密登录。

(5)Hadoop 环境配置的实现。

(6)查看集群状态。

Hadoop 系统安装总体规划如表 15.1 所示。

表 15.1　Hadoop 系统安装总体规划

服务器名称	IP	HDFS	Yarn
bigdata01	192.168.136.111	NameNode	ResourceManager
bigdata02	192.168.136.112	DataNode	NodeManager
bigdata03	192.168.136.113	DataNode	NodeManager

15.1.1　安装前的准备工作

软件：VMware Workstation 14、WinSCP。

Linux 操作系统：CentOS 7。

安装包：hadoop-2.7.3.tar.gz

　　　　 jdk-8u181-linux-x64.tar.gz

注意：以上软件、操作系统以及安装包需要根据自己计算机的位数是 32 位还是 64 位下载相应的版本。

15.1.2　Linux 虚拟机的安装

（1）首先打开 VMware Workstation 14 软件，如图 15.1 所示。

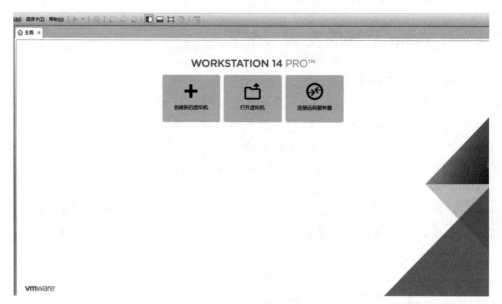

图 15.1　VMware Workstation 14 的打开界面

（2）单击"创建新的虚拟机"按钮，选择"自定义（高级）"单选按钮，单击"下一步"按钮，如图 15.2 所示。

（3）选择虚拟机硬件兼容性为系统默认，单击"下一步"按钮，如图 15.3 所示。

（4）选择"安装程序光盘映像文件"单选按钮，单击"浏览"按钮，找到已下载的 CentOS 7 操作系统所在目录，单击"下一步"按钮，如图 15.4 所示。

（5）在"全名"文本框中输入个性化 Linux 全名，设置用户名和密码即可，单击"下一步"按钮，如图 15.5 所示。

图15.2　虚拟机创建开始界面 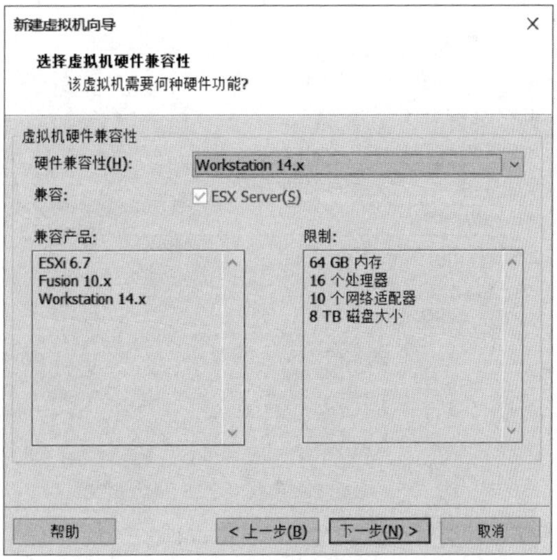　　　　　图15.3　选择虚拟机硬件兼容性

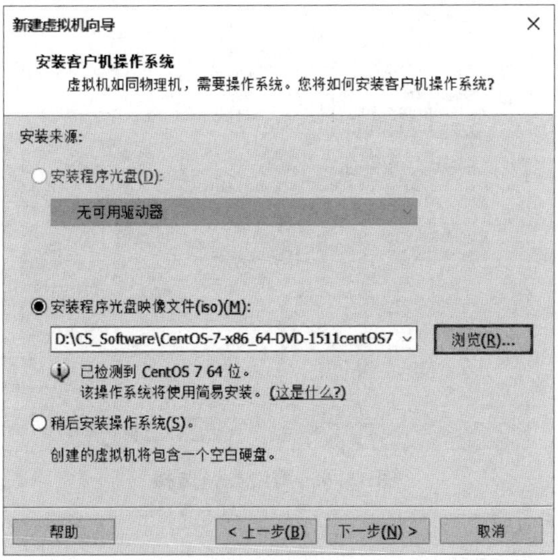

图15.4　安装客户机操作系统 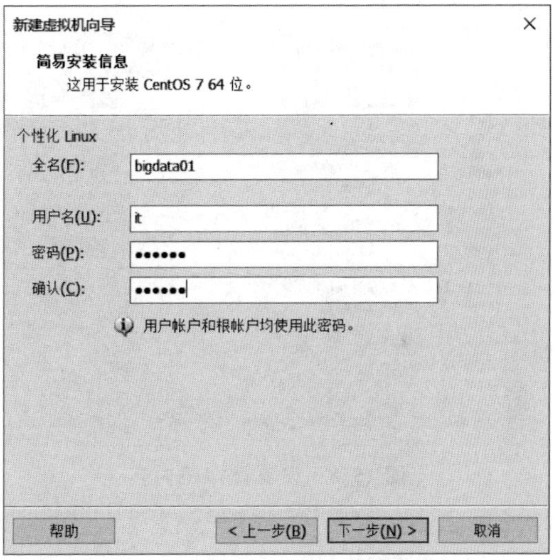　　　　　图15.5　简易安装信息

（6）存储位置尽量不要放在C盘，目录的文件名要和Linux虚拟机名称相对应，这里设置为bigdata01，单击"下一步"按钮，如图15.6所示。

（7）单击"下一步"按钮，如图15.7所示。

（8）如果计算机的内存有16GB，可以将虚拟机的内存设置成2GB。如果内存不足16GB，建议将虚拟机的内存设置成1GB，如图15.8所示。

（9）将网络类型设置为"使用网络地址转换（NAT）"，单击"下一步"按钮，如图15.9所示。

（10）以下两步均选择系统推荐选型即可，如图15.10和图15.11所示。

（11）创建新虚拟磁盘，如图15.12所示。

（12）如果计算机的硬盘空间足够大，建议"最大磁盘大小（GB）"复选框设置成40GB或者50GB，如图15.13所示。

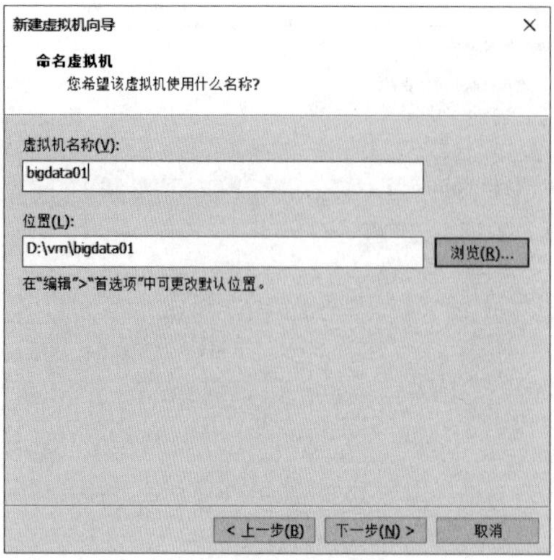

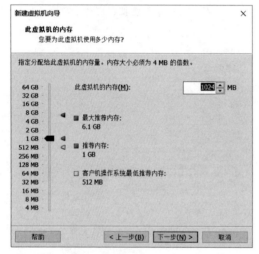

图 15.6　命名虚拟机

图 15.7　处理器配置

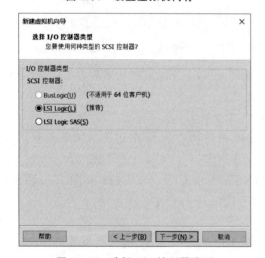

图 15.8　设置虚拟机内存

图 15.9　网络类型选择

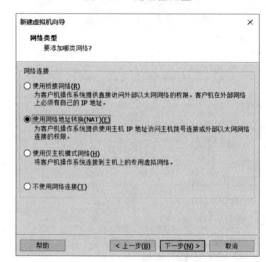

图 15.10　选择 I/O 控制器类型

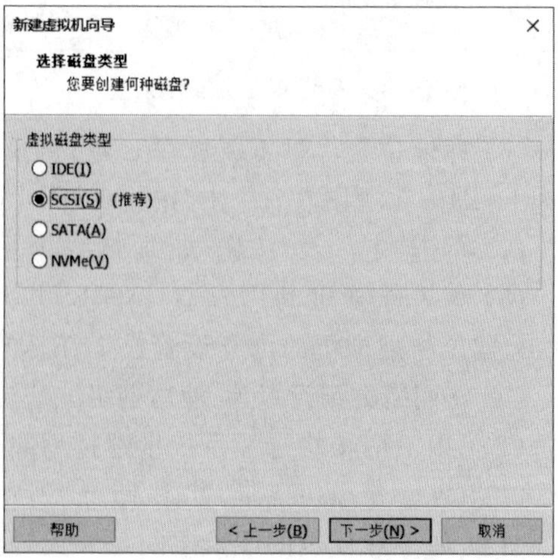

图 15.11　选择虚拟磁盘类型

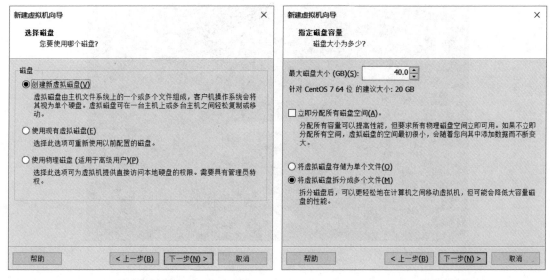

图 15.12 磁盘选择   图 15.13 指定磁盘容量

（13）自动生成磁盘文件名，单击"下一步"按钮，如图 15.14 所示。

（14）单击"完成"按钮完成安装，如图 15.15 所示。

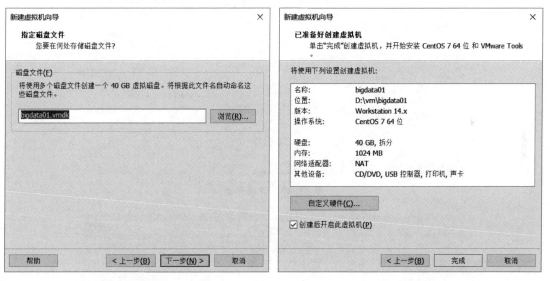

图 15.14 指定磁盘文件   图 15.15 创建好虚拟机

（15）安装完成后如图 15.16 所示。

（16）进入系统后设置界面语言，如图 15.17～图 15.19 所示。

（17）IP 地址的修改。首先打开命令行终端，因为只有 root 用户有权限对 IP 进行修改，所以要先切换到 root 用户下，切换命令为 su root。输入以下命令实现对 IP 的修改。

```
vi /etc/sysconfig/network-scripts/ifcfg-eno16777736
```

注意：并不是每台计算机后面结尾都是 eno16777736，在输入到 e 的时候按 Tab 键可进行自动补全，回车进入编辑页面，如图 15.20 所示。

图 15.16　虚拟机进入界面

图 15.17　欢迎界面

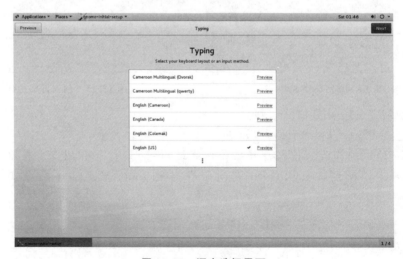

图 15.18　语言选择界面

图 15.19 设置完成

图 15.20 进入 IP 修改界面的操作

进入编辑界面后,需要将 BOOTPROTO 改成 static,在下面添加需要修改的配置,如图 15.21 所示。

修改好保存退出后,输入命令 service network restart,使得修改的 IP 地址生效,验证 IP 是否生效,输入命令 pingwww. baidu. com,出现如图 15.22 所示结果表示修改成功。

（18）关闭防火墙。

在进行安装之前先将 Linux 的防火墙关闭,命令如下。

① 临时关闭防火墙。

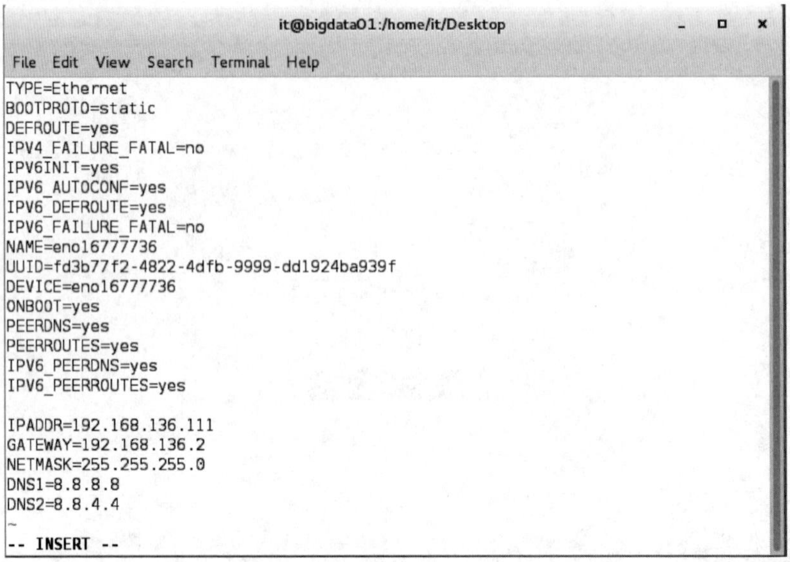

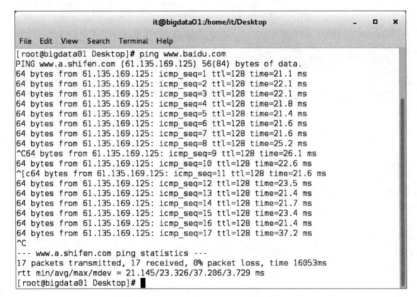

图 15.21　IP 地址的修改

图 15.22　验证 IP 是否生效

```
systemctl stop firewalld.service
```

② 永久禁用防火墙。

```
systemctl disable firewalld.service
```

③ 查看防火墙状态。

```
systemctl status firewalld.service
```

如图 15.23 所示，出现 dead 字样表示已关闭防火墙。

（19）映射配置。配置 IP 地址和主机名的映射关系，使用命令 vi /etc/hosts 进行配置，如图 15.24 所示。

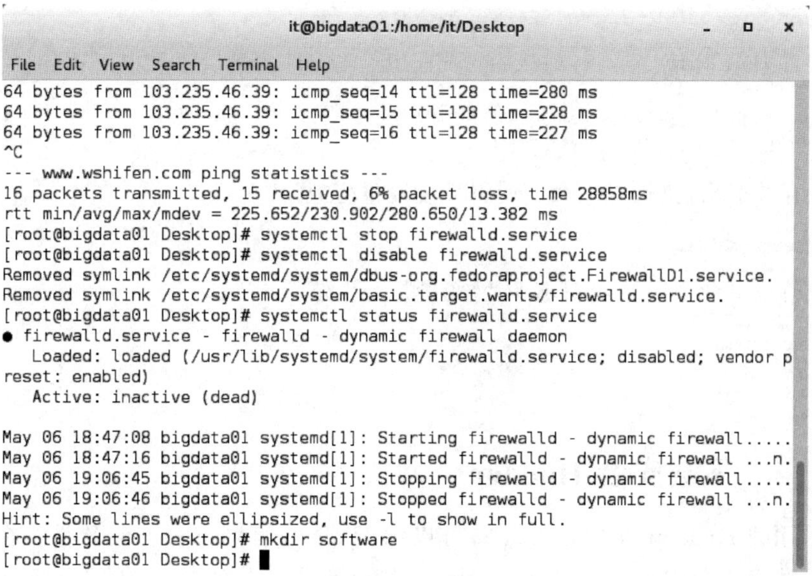

图 15.23　关闭防火墙

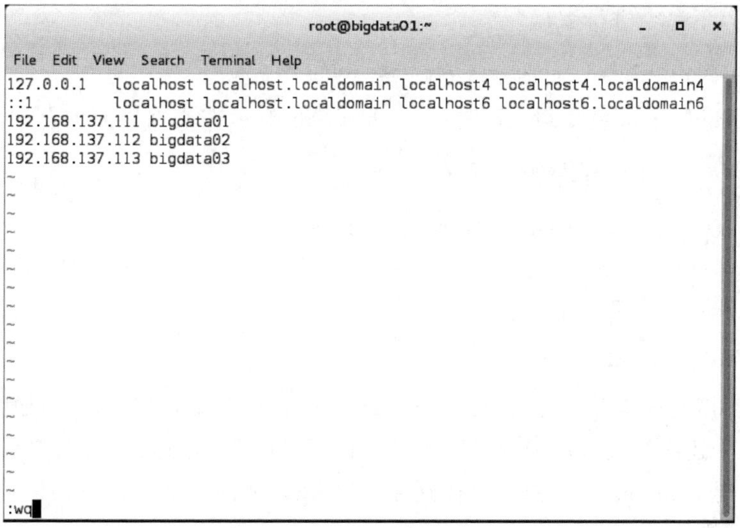

图 15.24　映射配置

15.1.3　安装和配置 JDK

Hadoop 是以 Java 语言写成的,本书的 Hadoop 应用程序也是采用 Java 语言编写的,因此需要安装 Java 环境,Java 环境选择安装 Oracle 的 JDK。

书中应用程序采用的版本为 jdk-8u181-linux-x64。安装步骤如下。

(1) 将 jdk-8u181-linux-x64. tar. gz 复制到 Linux 中指定的目录下,如/opt/software。注意:这里需要新建文件夹,读者可按个人习惯来执行,这里仅供参考。

(2) 对复制到 Linux 中的 jdk 压缩包进行解压(需要用 WinSCP 软件进行上传),解压到 module 文件夹下,具体命令如下。

```
tar -zxvf jdk-8u181-linux-x64.tar.gz -C /opt/module/
```

（3）配置 JDK 环境变量，vi 进入/etc/profile，在文件的最后添加以下语句。

```
export JAVA_HOME = /opt/module/jdk1.8.0_181
export PATH = $ JAVA_HOME/bin: $ PATH
```

（4）保存并退出，执行以下命令使得环境变量生效。

```
source /etc/profile
```

（5）执行以下命令以检查 JDK 环境变量是否生效。

```
java -version
java
javac
```

15.1.4 下载安装 Hadoop

本书采用的 Hadoop 版本是 2.7.3，可以到 Hadoop 官网下载安装软件。在 Windows 系统下面下载安装文件 hadoop-2.7.3.tar.gz，则需要通过上面提到过的 WinSCP 软件上传到 Linux 系统的"/opt/software/"目录下，这个目录是本书所有安装文件的中转站。

（1）使用以下命令进行解压。

```
tar -zxvf hadoop-2.7.3.tar.gz -C /opt/module/
```

（2）配置 Hadoop 环境变量，vi 进入～/.bash_profile，在文件后面加上如下语句。

```
HADOOP_HOME = /opt/module/hadoop-2.7.3
export HADOOP_HOME
PATH = $ HADOOP_HOME/bin: $ HADOOP_HOME/sbin: $ PATH
export PATH
```

（3）执行以下命令使环境变量生效。

```
source ~/.bash_profile
```

（4）查看环境变量是否生效，输入"start"，按两下 Tab 键，显示以下内容，如图 15.25 所示。如果出现上述内容表示环境变量已生效。以下是配置 Hadoop 环境，操作步骤如下。

（1）切换到 Hadoop 的安装路径找到 etc/hadoop 下的 hadoop-env.sh 文件夹，使用 vi 打开，添加如下语句。

```
JAVA_HOME = /opt/module/jdk1.8.0_181
```

（2）在同一目录下配置 hdfs-site.xml 文件夹，配置文件如下。

```
<!--注释配置数据块的冗余度,默认是3-->
  <property>
    <name>dfs.replication</name>
    <value>2</value>
  </property>
```

（3）在同一目录下配置 core-site.xml 文件夹，配置文件如下。

```
<!--配置HDFS主节点,NameNode的地址,9000是RPC通信端口-->
  <property>
    <name>fs.defaultFS</name>
```

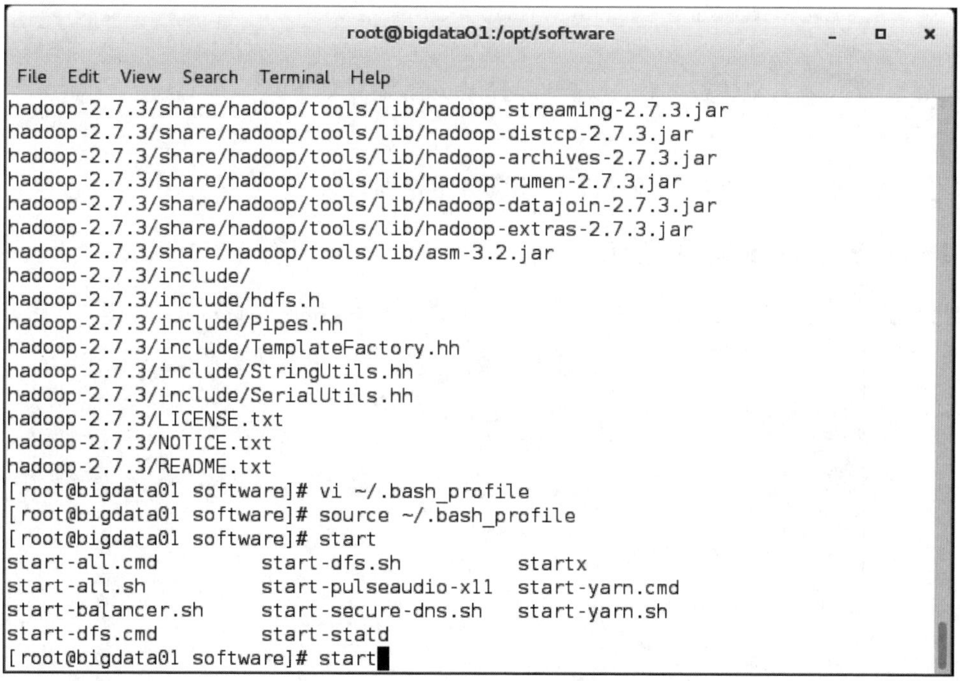

图 15.25　验证 Hadoop 环境变量是否生效

```
<value> hdfs://bigdata01:9000 </value>
</property>
<!-- 配置 HDFS 数据块和元数据保存的目录,一定要修改 -->
<property>
    <name> hadoop.tmp.dir </name>
    <value>/opt/module/hadoop-2.7.3/tmp</value>
</property>
```

（4）在同一目录下配置 mapred-site.xml 文件。注意,在 Hadoop 2.7.3 版本中这个文件夹是默认没有的,需要用户手动创建,创建的命令为

```
cp mapred-site.xml.template mapred-site.xml
```

创建好之后,执行命令 vi mapred-site.xml 进行配置,配置文件如下。

```
<!-- 配置 MR 程序运行的框架 -->
<property>
    <name> mapReduce.framework.name </name>
    <value> yarn </value>
</property>
```

（5）在同一目录下配置 yarn-site.xml 文件夹,配置文件如下。

```
<!-- 配置 Yarn 的节点 -->
<property>
    <name> yarn.resourcemanager.hostname </name>
    <value> bigdata01 </value>
</property>
<!-- NodeManager 执行 MR 任务的方式是 Shuffle -->
<property>
    <name> yarn.nodemanager.aux-services </name>
```

```
        <value>mapReduce_Shuffle</value>
    </property>
```

（6）配置好以上文件夹之后，还需要配置 slaves，命令如下。

```
vi slaves
```

进入之后输入所有从结点的主机名，保存并退出即可。

15.1.5 SSH 免密登录

（1）输入命令“ssh-keygen -t rsa”，进行免密登录配置，按回车键即可，如图 15.26 所示。

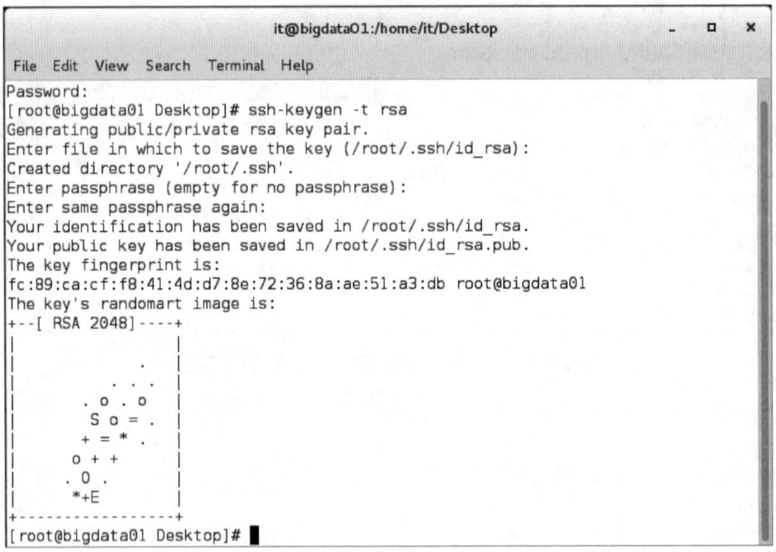

图 15.26 设置 SSH 免密登录

（2）输入命令“ssh-copy-id localhost”，按 Enter 键，提示输入密码，如图 15.27 所示。

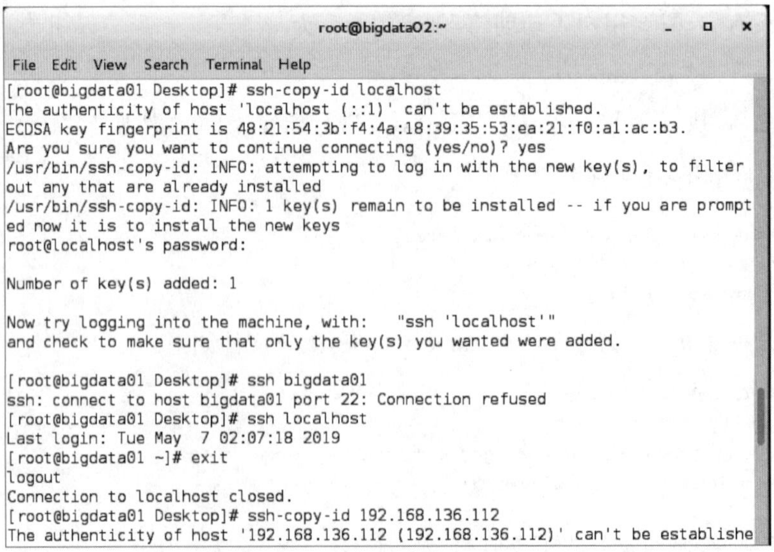

图 15.27 SSH 免密登录密码设置

（3）输入"ssh localhost"验证是否成功。

15.1.6　虚拟机克隆

因为要搭建全分布式环境，所以执行完以上步骤之后需要对虚拟机进行克隆，在克隆之前注意一定要先关闭虚拟机，之后选中虚拟机的名字，右击选择"管理"→"克隆"，选择当前状态，创建完整克隆，等待克隆完毕。注意：根据用户的需求，要搭建几个从结点就克隆几台虚拟机。

克隆完成之后，需要对克隆完成的虚拟机修改主机名和 IP，以一台克隆的虚拟机为例，其他的虚拟机操作步骤同样，具体操作如下。

（1）修改 IP，执行以下命令。

vi /etc/sysconfig/network－scripts/ifcfg－eno16777736

进行 IP 的修改。注意：并不是每台计算机都是 eno16777736，所以在输入到 e 的时候需要按 Tab 键进行自动补全. 。对 IPADDR 进行修改即可。保存并退出，执行命令"service network restart"使 IP 地址生效，输入"ping www.baidu.com"看是否能够 ping 通，若 ping 通则配置成功，按 Ctrl＋C 组合键停止。

（2）修改主机名，输入以下命令。

hostnamectl set-hostname 主机名

输入 hostname 验证主机名是否生效。

15.1.7　Hadoop 运行

在运行 Hadoop 之前，首先将主结点的 NameNode 进行格式化，命令如下。

hadoop namenode －format

通过命令"start-all.sh"启动集群，如图 15.28 所示。

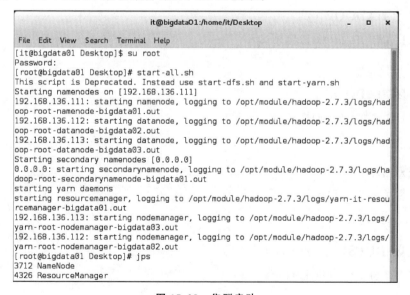

图 15.28　集群启动

15.1.8 查看集群状态

通过在主结点和从结点输入"jps"查看集群的状态,效果如图 15.29 所示。

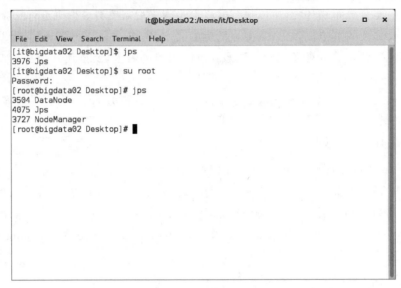

图 15.29 查看集群状态

访问 NameNode 提供的 Web 端口:

http://主机名或 IP 地址:50070 HDFS(注意:是主结点的主机名或 IP 地址)

15.2 Hadoop 平台基本操作

15.2.1 Hadoop 启动与关闭命令

1. 启动 HADOOP

进入 HADOOP_HOME 目录。

```
sh bin/start - all.sh
```

2. 关闭 HADOOP

进入 HADOOP_HOME 目录。

```
sh bin/stop - all.sh
```

3. 启动 HDFS

进入 HADOOP_HOME 目录。

```
sbin/start - dfs.sh
```

4. 关闭 HDFS

进入 HADOOP_HOME 目录。

```
sbin/stop - dfs.sh
```

5. 启动 Yarn

进入 HADOOP_HOME 目录。

sbin/start - yarn.sh

6. 关闭 Yarn

进入 HADOOP_HOME 目录。

sbin/stop - yarn.sh

15.2.2 Hadoop 文件操作

1. 将本地文件存储至 Hadoop

使用方法：

hadoop fs - put [本地地址] [hadoop 目录]

示例：

hadoop fs - put /home/t/file.txt /user/t

2. 将本地文件夹存储至 Hadoop

使用方法：

hadoop fs - put [本地目录] [Hadoop 目录]

示例：

hadoop fs - put /home/t/dir_name /user/t

3. 将 Hadoop 上某个文件下载至本地已有目录下

使用方法：

hadoop fs - get [文件目录] [本地目录]

示例：

hadoop fs - get /user/t/ok.txt /home/t

4. 删除 Hadoop 上指定文件

使用方法：

hadoop fs - rm [文件地址]

示例：

hadoop fs - rm /user/t/ok.txt

5. 删除 Hadoop 上指定文件夹（包含子目录等）

使用方法：

hadoop fs - rm [目录地址]

示例：

hadoop fs - rmr /user/t

6. 在 Hadoop 指定目录内创建新目录

使用方法：

```
hadoop fs - mkdir /user/t
```

7. 在 Hadoop 指定目录下新建一个空文件

使用 touchz 命令：

```
hadoop fs - touchz /user/new.txt
```

8. 将 Hadoop 上某个文件重命名

使用 mv 命令：

```
hadoop fs - mv /user/test.txt /user/ok.txt（将 test.txt 重命名为 ok.txt）
```

9. 将 Hadoop 指定目录下所有内容保存为一个文件，同时下载至本地

使用方法：

```
hadoop dfs - getmerge /user /home/t
```

10. 将正在运行的 Hadoop 作业 Kill 掉

使用方法：

```
hadoop job - kill [job - id]
```

15.2.3 Hadoop 程序运行命令

Jar 作业运行命令。

使用方法：

```
$ bin/hadoop jar jar 作业 < args >
```

示例：

```
$ bin/hadoop jar hadoop - examples - 1.2.1.jar wordcount hdfsinput hdfsoutput
```

15.3 Hadoop 平台程序开发过程

15.3.1 开发环境配置

这里选用 IDEA 作为 Hadoop 平台程序开发工具，此外还需要下载安装 Maven。
此处不再赘述 IDEA 的安装方法，下面主要介绍 Maven 的配置安装。

官网下载 Maven，网址为 http://Maven.apache.org/download.cgi。下载完成后，解压此 Maven 的压缩包，如图 15.30 所示。

解压完成后，Maven 安装完成，但是还需要配置 Maven 的本地仓库路径，首先找到解压 Maven 的目录，找到 conf/settings.xml 配置文件，打开配置文件，如图 15.31 所示。

打开 settings.xml 配置文件，选择本地的目录作为 Maven 本地仓库，如图 15.32 所示。

至此，Maven 安装并配置完成。以下介绍 Maven 如何在 Intellij IDEA 中设置。

首先打开 IDEA 选择 File→Settings，如图 15.33 所示。

图 15.30 Maven 的安装

图 15.31 Maven 的配置文件

```
<localRepository>D:\maven_GC\m2\Repository</localRepository>
```

图 15.32 配置 Maven 本地仓库

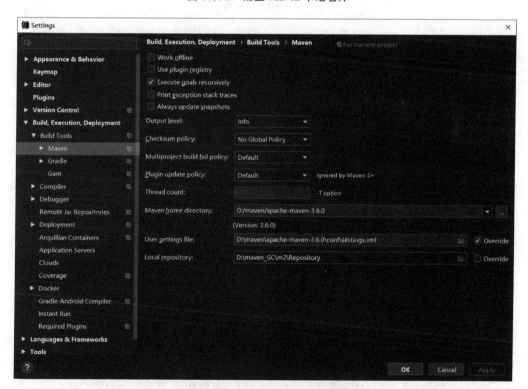

图 15.33 IDEA 中 Maven 的配置

在 IDEA 中配置完成 Maven,以下介绍在 IDEA 中创建 Maven 工程。
首先单击 New 按钮,选择 Project,再选择 Maven,如图 15.34 所示。

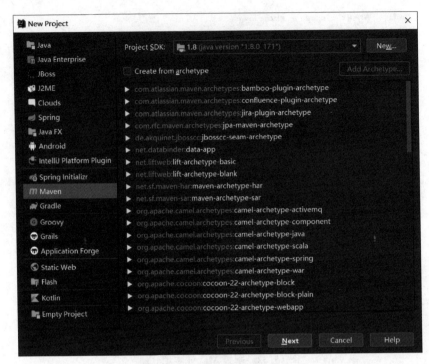

图 15.34　创建 Maven 工程

在面板中填写 Maven 的坐标，"Groupid""Artifactid"以及"Version"，其中，Groupid 是公司域名的反写，而 Artifactid 是项目名或模块名，而 Version 就是该项目或模块所对应的版本号。填写完成后，单击 Next 按钮，如图 15.35 所示。

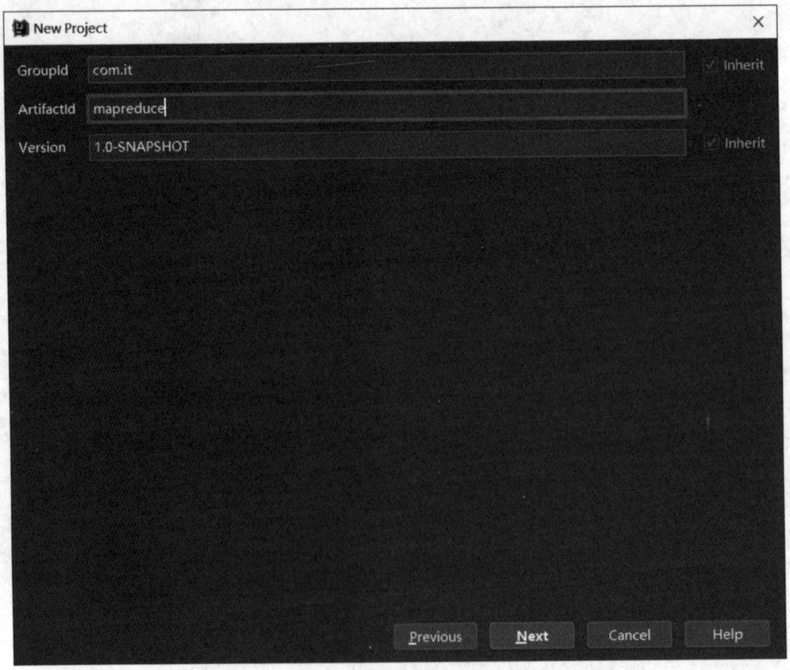

图 15.35　新建工程

在面板中填写项目名，填写完成后单击 Finish 按钮，如图 15.36 所示。

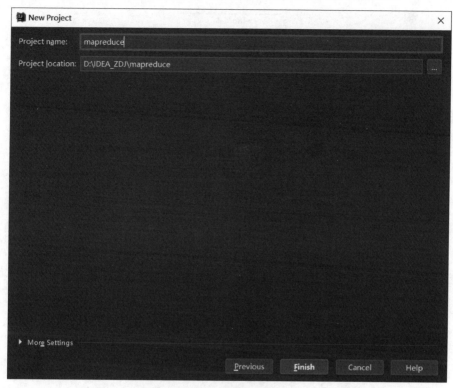

图 15.36　命名创建的工程

进入 Maven 的主页面，Maven 将自动下载一系列的 Maven 依赖，当所有的都自动完成后，创建的 Maven 项目结构如图 15.37 所示。

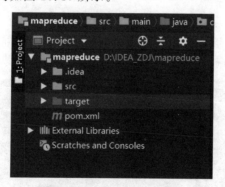

图 15.37　Maven 项目结构

15.3.2　程序开发流程

以下简要介绍 IDEA 集成开发平台下程序开发整体流程。

（1）在计算机中放入测试数据，在 IDEA 中配置完成路径。

（2）单击 Build 进行编译，在 Windows 环境下运行程序，查看运行结果。

（3）将程序打包和测试数据一起上传到 Linux 环境下。

（4）在 Linux 中运行程序验证并查看运行结果看是否成功。

以下测试 MapReduce 程序，测试数据如图 15.38 所示。

```
1  Hello World
2  Hello Hadoop
3  Hello MapReduce
4  Hadoop MapReduce
```

图 15.38　MapReduce 程序测试数据

测试数据存储在 E 盘下的 in 文件夹中，运行程序后会在 E 盘中产生一个 out 文件夹，如图 15.39 所示。

in	2019/3/9 10:01	文件夹
MyDrivers	2018/12/23 11:40	文件夹
out	2019/5/25 15:15	文件夹

图 15.39　运行程序产生的结果文件

打开 out 文件夹，结果在 part-r-00000 中，如图 15.40 所示。

名称	修改日期	类型	大小
._SUCCESS.crc	2019/5/25 15:15	CRC 文件	1 KB
.part-r-00000.crc	2019/5/25 15:15	CRC 文件	1 KB
_SUCCESS	2019/5/25 15:15	文件	0 KB
part-r-00000	2019/5/25 15:15	文件	1 KB

图 15.40　out 文件夹

打开 part-r-00000 文件就可以看到最终的结果数据，如图 15.41 所示。

```
1  Hadoop    2
2  Hello     3
3  MapReduce  2
4  World     1
5
```

图 15.41　最终的结果文件

以上是在 Windows 本地中进行的测试，下面在 Hadoop 集群中测试并查看结果。首先要启动集群，把代码打包和测试数据一起上传到集群中，如图 15.42 所示。

```
[root@bigdata121 ~]# ll
total 116
-rw-------. 1 root root  1010 Mar 11 00:21 anaconda-ks.cfg
-rw-r--r--. 1 root root    71 Apr  1 17:56 dept.txt
drwxr-xr-x. 2 root root  4096 May  2 19:53 flume2
-rw-r--r--. 1 root root  7356 Apr 12 19:45 FriendsFind-1.0-SNAPSHOT.jar
-rw-r--r--. 1 root root  4864 Apr 12 19:22 mapreduce-1.0-SNAPSHOT.jar
drwxr-xr-x. 3 root root    65 May  2 04:36 testdir
-rw-r--r--. 1 root root    43 Mar 13 17:50 words.txt
-rw-r--r--. 1 root root    60 May 26 00:39 w.txt
-rw-r--r--. 1 root root 80838 Mar 24 01:19 zookeeper.out
[root@bigdata121 ~]#
```

图 15.42　上传 jar 包和测试数据到 Linux 系统

其中，w.txt 是测试的数据，MapReduce-1.0-SNAPSHOT.jar 是打包上传的 jar 包。在 HDFS 中创建 mp 文件夹，将测试数据上传至 mp 文件夹，如图 15.43 所示。

```
[root@bigdata121 ~]# hdfs dfs -mkdir /mp
[root@bigdata121 ~]# hdfs dfs -mkdir /mp/in
[root@bigdata121 ~]# hdfs dfs -put w.txt /mp/in
[root@bigdata121 ~]#
```

图 15.43　上传测试数据到 HDFS 中

在网页中查看上传的数据，如图 15.44 所示。

Browse Directory

/mp/in Go!

Permission	Owner	Group	Size	Last Modified	Replication	Block Size	Name
-rw-r--r--	root	supergroup	60 B	2019/5/26 上午1:01:28	2	128 MB	w.txt

Hadoop, 2016.

图 15.44 在网页中查看上传数据

在集群中运行上传的 jar 包，执行命令如下。

```
hadoop jar MapReduce-1.0-SNAPSHOT.jar com.itstaredu.wordcount.WordCountDriver /mp/in /mp/out
```

运行成功后会产生一个 out 文件夹，如图 15.45 所示。

Browse Directory

/mp Go!

Permission	Owner	Group	Size	Last Modified	Replication	Block Size	Name
drwxr-xr-x	root	supergroup	0 B	2019/5/26 上午1:01:28	0	0 B	in
drwxr-xr-x	root	supergroup	0 B	2019/5/26 上午1:12:14	0	0 B	out

Hadoop, 2016.

图 15.45 产生的结果文件夹

进入 out 文件夹后会看到产生的结果文件，如图 15.46 所示。

Browse Directory

/mp/out Go!

Permission	Owner	Group	Size	Last Modified	Replication	Block Size	Name
-rw-r--r--	root	supergroup	0 B	2019/5/26 上午1:12:14	2	128 MB	_SUCCESS
-rw-r--r--	root	supergroup	37 B	2019/5/26 上午1:12:14	2	128 MB	part-r-00000

Hadoop, 2016.

图 15.46 产生的结果文件

在集群中查看一下最终结果，执行以下命令。

```
hdfs dfs -cat /mp/out/part-r-00000
```

结果如图 15.47 所示。

```
[root@bigdata121 ~]# hdfs dfs -cat /mp/out/part-r-00000
Hadoop  2
Hello   3
MapReduce       2
World   1
[root@bigdata121 ~]#
```

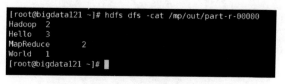

图 15.47 结果具体展示

习　　题

1. 简述启动 Hadoop 系统时集群各进程启动顺序。
2. 简述如何安装配置 Hadoop。
3. 简述 SecondaryNameNode 的作用。
4. 简述 DataNode 的作用。
5. 简述 Hadoop 的配置文件及其具体作用。
6. 简述 Hadoop 平台程序开发的过程。

## 第16章

开敞式码头系泊缆力预测应用案例

开敞式码头系泊作业系泊缆力预测,作为港口码头安全作业信息化的重要组成部分,一直是系泊作业安全保障问题的研究热点之一。对于系泊作业过程中系泊缆力的预测,其预测结果的精度和预测计算效率是影响船舶安全作业的关键指标。本章首先对开敞式码头系泊作业及系泊缆力预测的研究背景进行了描述,然后介绍了大数据系泊缆力相似性查询预测方法,并基于大数据 Hadoop 平台给出了系泊缆力相似性查询预测方法的 MapReduce 设计与实现。

16.1 开敞式码头系泊缆力预测背景描述

16.1.1 开敞式码头系泊作业背景描述

开敞式码头是指位于天然水深或稍经疏浚无人工掩护设施水域的码头。对于大型开敞式码头,外海动力组合环境(波浪、潮流、海风)直接作用于系泊船舶,系泊船舶将发生运动和动力响应,导致系泊缆绳张力快速增加。

在开敞式码头船舶作业过程中,系泊缆力是系泊安全作业关注的一个重要的指标。船舶停靠在码头作业过程中,缆绳拉力受风、浪、流、吨位等综合因素的影响。由于海况和气象条件具有很强的随机性,同时受控于当地海域地理、地貌等条件,开敞式码头作业效率低下,且常有断缆等事故发生,其中很多事故的发生都是由于不能准确地预测出缆受力未来的变化,从而不能及时调整缆绳用量和挂缆方式,最后导致作业中的船舶出现断缆和漂移事故,轻则导致船舶受损,重则直接导致人员伤亡以及带来重大的财产损失与环境污染,同时也降低了港口的安全信誉,影响其可持续发展。

为防止开敞式码头断缆等事故的发生,有必要尽快探索出有效的系泊作业系泊缆力预测的方法,并在此基础上建立起可靠的安全保障与预警体系。

16.1.2 开敞式码头系泊缆力预测背景

影响开敞式码头系泊缆力的因素众多且关系复杂,不仅受风、浪、流环境动力因素影响,还与系泊作业方式、系缆绳材质、系泊船物理属性及作业载重等因素有关,各因素对系泊缆力的影响还存在一定的相关关系，同时系缆绳运动状态还呈现非线性和耦合特征，导致开敞式码头系泊缆力的预测是一个非常复杂的问题。

20世纪70年代，国外专家和学者就开始进行码头系泊船在风、浪、流作用下的运动（横移、横摇、升降、纵移、纵摇和回转6个自由度）以及系泊缆力的预测研究。国内在这方面的研究起步稍晚，到20世纪90年代后期，国内学者才开始进行相关研究，但研究进展较快。到目前为止，针对码头系泊缆力的预测研究，已经取得了一些重要成果。纵观已有的研究，有关系泊缆力预测的研究方法主要有理论分析方法、经验分析方法、数值模拟方法和机器学习方法。

早期系泊缆力预测采用的方法一般是理论分析方法、经验分析方法和数值模拟方法，这些方法通常是在一定近似或假设前期条件下，因此得到的物理模型、经验公式或数学模型都属于近似机理模型，应用这样的机理模型必然很难给出较准确的系泊缆力预测结果。之后人们应用机器学习方法进行系泊缆力预测时，由于要处理数据规模较大效率不高，且这些方法本身还存在着一些技术难题，预测结果同样难以令人完全满意，在预测准确性和预测效率上有待进一步提高。

开敞式码头系泊作业监控系统在长期监控过程中，积累和蕴含着大量的环境动力及系缆绳运动响应信息，如果能将这些监控数据集成并建立系泊监控大数据中心，将为系泊缆力的预测研究提供宝贵的信息源。利用大数据分析方法和技术，将可以从海量的系泊大数据中分析、挖掘出影响系泊船舶作业安全的重要因素及其相关关系，可以提高系泊缆力预测的准确性和预测效率，具有重要研究价值。下面将介绍基于大数据的系泊缆力相似性查询预测方法及其MapReduce设计与实现。

16.2　大数据系泊缆力相似性查询预测方法

相似度查询技术在计算机科学领域是一个被关注的问题，它被广泛地应用于各种领域，如互联网、医疗卫生、数据挖掘、数据库以及生物科学技术等。而传统的相似度查询方法不能满足系泊缆力预测的需求，在此基础上引入大数据分布式计算及模糊数学的概念，提出一种在Hadoop平台上结合相似度查询技术和模糊数学的方法，利用MapReduce并行处理模型解决了大量数据查询和计算时间慢的问题，实现了对系泊码头船舶作业缆绳拉力值模糊相似性查询，对于船舶作业过程中的安全预警有着重要的支持作用。

16.2.1　模糊相似性查询基本方法

系泊缆力数据属于典型时间序列数据，这些数据是按照时间的先后顺序进行记录的一种序列。对这些时间序列数据进行相似性度量计算是相似性查询中的一个重要问题，一个好的度量对于相似性查询的计算准确性有着至关重要的意义。

1. 相似性度量计算

两个对象之间所拥有的相似度就是这两个对象相似程度的数值量度,一般情况下,相似度取值为 $0\sim1$,两组数据的相似度越高,它们的相异度就越低。通常使用数据的"距离"来表示相似度,用来表示数据的相似性的方法有很多,如何选择相似性计算方法依赖于数据的类型特点。常用的计算数据相似性的方法有曼哈顿距离、余弦相似度、马氏距离、欧氏距离等。这里,采用欧氏距离作为相似性度量计算的公式。例如,定义对象 $a(x_{11}, x_{12}, \cdots, x_{1n})$, $b(x_{21}, x_{22}, \cdots, x_{2n})$ 的欧氏距离为

$$d_{12} = \sqrt{\sum_{k=1}^{n} (x_{1k} - x_{2k})^2}$$

2. 模糊相似性度量计算

考虑到进行相似性度量计算时,各因素所占比重不同,可采用模糊数学的方法确定因素权重。

1)确定权重

设影响因素集 $U = \{u_1, u_2, \cdots, u_n\}$,现有 k 个专家各自给出自己认为最合适的影响因素 $u_i(i=1,2,\cdots,n)$ 的权重值为 $a_{ij}(i=1,2,\cdots,n; j=1,2,\cdots,k)$。然后对每个影响因素求专家给的权重平均值 $a_i = \dfrac{1}{k}\sum_{j=1}^{k} a_{ij}(i=1,2,\cdots,n)$,即每个影响因素的权重 A 为

$$A = \left(\frac{1}{k}\sum_{j=1}^{k} a_{1j}, \frac{1}{k}\sum_{j=1}^{k} a_{2j}, \cdots, \frac{1}{k}\sum_{j=1}^{k} a_{nj} \right)$$

2)归一化处理

影响系泊缆力变化的因素主要有风、浪、流等,不同的影响因素其数值和单位不同,为了使其不在后续的查找匹配中出现某一因素产生较大的影响,使用归一化对数据进行处理,去除掉量纲的影响,将不同单位的数值进行格式化,使之在指定的范围内($0\sim1$)。将原始数据集定义为 $X = \{x_i \mid x_i \in \mathbf{R}, i=1,2,\cdots,n\}$,归一化后的数据集为

$$x^* = \left\{ x^* \mid x^* = \frac{x_i - \mathrm{Min}(x_i)}{\mathrm{Max}(x_i) - \mathrm{Min}(x_i)}, \quad i=1,2,\cdots,n \right\}$$

3)模糊相似性度量

设两组经过归一化处理以后的数据为 $C = \{c_i \mid c_i \in \mathbf{R}, i=1,2,\cdots,n\}$, $D = \{d_i \mid d_i \in \mathbf{R}, i=1,2,\cdots,n\}$,则二者的加权欧氏距离可表示为

$$\mathrm{dist}(C, D) = \sqrt{A_1(c_1 - d_1)^2 + A_2(c_2 - d_2)^2 + \cdots + A_n(c_n - d_n)^2}$$

16.2.2　系泊缆力相似性查询预测模型

基于大数据分布式并行计算的系泊缆力相似性查询预测模型框架如图 16.1 所示。

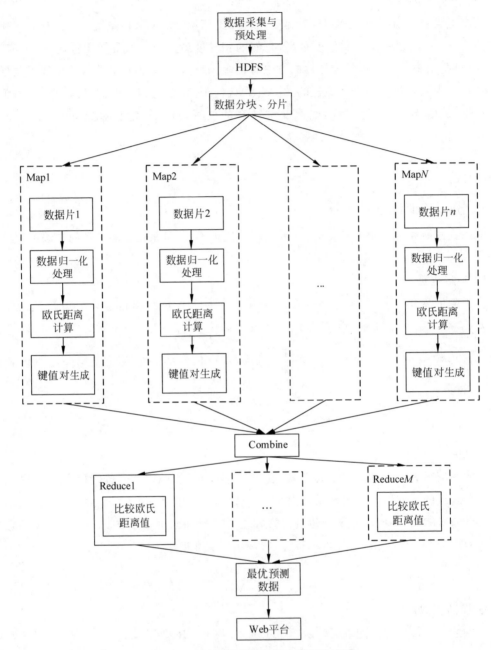

图 16.1　系泊缆力相似性查询预测模型

通过数据采集和预处理将实时系泊作业数据存入大数据 HDFS 存储系统，通过数据分片方式进行数据划分，每个被分解的数据块可以单独地在每台计算机上进行处理，这样基于大数据的系泊缆力相似性查询预测可以在 MapReduce 并行模型上进行计算。不同结点的Map 任务和 Reduce 任务可以分布式并行计算，最终获取最优预测结果。

16.3 相似性查询预测方法 MapReduce 设计

基于大数据的系泊缆力相似性查询预测方法的 MapReduce 设计主要包括相似性查询预测方法 Map 设计和相似性查询预测方法 Reduce 设计。

16.3.1 相似性查询预测方法 Map 设计

在 Map 阶段,将历史存储的数据以文本文件的形式作为预测方法的输入文件,程序会读取输入的数据,这样完成初始化操作;Map 函数会按行读取历史数据,然后将历史数据和用于预测的影响因素数据进行归一化处理,然后再计算这两组数据的欧氏距离,将计算出欧氏距离小的那组历史数据作为中间变量存储在中间变量中,当计算完第二组欧氏距离以后,把第一次的欧氏距离值与第二次欧氏距离值进行比较,如果小,则中间变量存放第二次的欧氏距离值,以此类推,直到计算完整个数据块的历史数据,将最后的欧氏距离值写入键值对中,以供后续 Reduce 阶段使用。

具体 Map 阶段执行流程如下。

(1) 接收历史样本数据,根据网络结构按行分解出影响系泊因素分量和一段时间后缆绳实测值分量。

(2) 初始化用于临时存储欧氏距离值的全局变量,通常给初始化欧氏距离赋 1。

(3) 准备临时存储匹配出来的影响因素数据和未来一段时间缆绳实测值。

(4) 对于需要匹配的输入数据进行归一化处理。

(5) 计算输入数据和正在查找的数据之间的加权欧氏距离值。

(6) 与临时存储的匹配数据欧氏距离进行比较,如果小,则更新临时存储的匹配数据,否则就继续比较下一组数据。

(7) 判断所有数据是否匹配完成,如果未完成,继续执行(3),如完成,将最终的临时存储的匹配数据准备进入 Reduce 阶段。

Map 阶段执行流程如图 16.2 所示。

16.3.2 相似性查询预测方法 Reduce 设计

在 Reduce 阶段,会接收来自各个 Map 的结果作为输入,会将具有同一个 key 的键值对组成一组,交由一个 Reduce 函数处理,Reduce 函数会从同一组 value 值中找到欧氏距离最小的历史数据,其中,key 为缆绳的数量,value 为历史影响因素数据和各个缆绳缆力的历史检测值。最后将这组历史数据写入 HDFS 文件中,同时将这组最优数据返回 Web 进行显示。

具体 Reduce 阶段执行流程如下。

(1) Map 任务阶段所产生的中间键值对,会将具有相同 key 值的 value 组成一个序列 $<$key, list$\{$value$_1$, value$_2$, $\cdots$, value$_n\}>$,然后分配给 Reduce 类函数进行处理。

(2) Reduce 函数会对所有结点上的数据进行再次比较欧氏距离,选出欧氏距离最小的那组数据。

(3) 将匹配出来欧氏距离最小的那组数据写入 HDFS 中,与此同时将这组数据返回给 Web 项目,进一步地使用 JSP 页面向用户进行展示出来。

Reduce 阶段执行流程如图 16.3 所示。

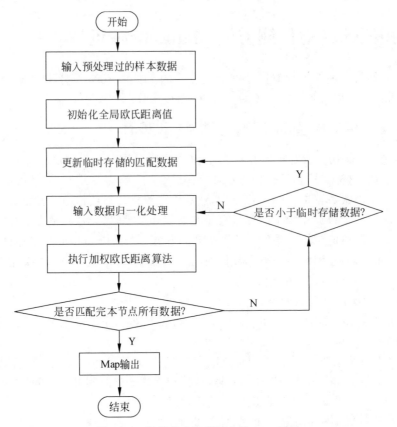

图 16.2　相似性查询预测方法 Map 设计

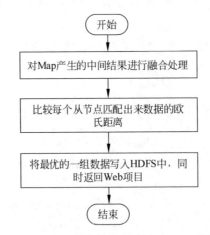

图 16.3　相似性查询预测方法 Reduce 设计

16.4　相似性查询预测方法 MapReduce 实现

为验证系泊缆力相似性查询预测方法的可行性，预测方法的 MapReduce 实现采用开源 Hadoop 作为核心数据处理平台，平台上共有 6 台机器，包括 1 台用于编程远程提交作业，1 台 NameNode 命令结点机器和 4 台 DataNode 数据结点机器。实验数据以文本文件存放，在历史数据中每行数据包括影响系泊缆绳拉力的因素数据和一段时间以后的缆绳时间拉力数据,每个数据之间使用 Tab 键进行分隔。下面给出系泊缆力预测实验结果展示和系泊缆力预测结果分析。

16.4.1　系泊缆力预测结果展示

基于系泊缆力相似性查询预测方法,在大数据 Hadoop 平台下完成了 MapReduce 程序开发,实现了系泊缆力预测的数据处理。同时实现了系泊缆力预测结果展示原型系统,在 Web 浏览器下,系泊缆力相似性查询预测方法的预测结果如图 16.4 所示。

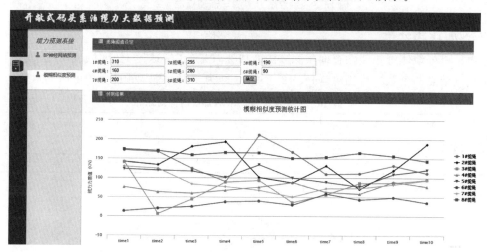

图 16.4　系泊缆力相似性查询预测结果

16.4.2　系泊缆力预测结果分析

为评价系泊缆力相似性查询预测方法的准确性和效率,对系泊缆力相似性查询预测方法进行了训练实验,通过标准差的形式来衡量测试结果的准确性,通过加速比来测试预测方法的效率,其中,加速比主要是通过对于单机和逐渐增加从结点机器的数量来对比分析训练的效率。

1. 标准差衡量

为了测试 Hadoop 平台上预测数据的准确性,采用了标准差的形式进行,在预测数据中随机选择多条数据进行检查,求其与预测数据的标准差。图 16.5 为各个缆绳实测值和相似性查询预测方法得出来的预测值的标准差对比图。

从预测和实测的标准差数据可以看出,处于船舶首尾两个位置的缆绳1和缆绳8上的受力最大,在标准差上具有一定的差距,说明查询方式预测出来的准确性一般;处于船舶中间的首道缆和尾道缆位置的缆绳4和缆绳5所受的缆力值其次,实测和预测的标准差之间的差距较小,说明预测的准确性较高;处于船舶的首横缆和尾横缆位置的缆绳2、缆绳3、缆绳6和缆绳7所受的缆力值最小,标准差跳跃较大,说明其受力波动大。在平均误差中,受力较小的缆绳6误差最小,说明其预测准确率最高,缆绳5误差最大,说明其预测准确率最低。

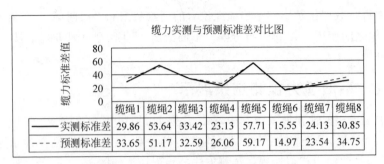

图 16.5　系泊缆力实测与预测标准差对比

2. 加速比分析

为了更好地体现相似性查询预测方法的加速效果，在加速比上使用了单机版训练和逐步增加从结点的个数进行比对，如表 16.1 所示，即为相似性查询预测方法的时间对比。

表 16.1　相似性查询预测方法时间对比

结点个数	单机	1	2	3	4
时间/s	387	424	201	152	128
加速比	—	0.91	1.93	2.55	3.02

绘制加速比曲线如图 16.6 所示。

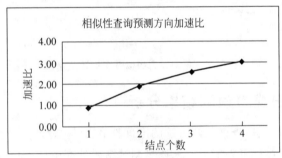

图 16.6　相似性查询预测方法加速比

从表 16.1 和图 16.6 中可以看出多结点并行计算对系泊缆力预测的加速效果，表明基于大数据 Hadoop 平台的系泊缆力相似性查询预测方法可以提升预测效率。

第 17 章

曙光XData大数据平台及应用案例

17.1 曙光 XData 大数据平台简介

曙光信息产业股份有限公司(简称"中科曙光"或"曙光公司")是在中国科学院的大力推动下组建的高新技术企业,是国内高性能计算领域的领军企业,并大力发展云计算、大数据、人工智能、边缘计算等先进计算业务,正在逐步从"硬件与解决方案提供商"向"数据综合服务商"迈进。

本章将对曙光 XData 大数据平台(大数据智能引擎 XData)做一个概要介绍,并且展示曙光大数据平台的关键技术及组件,曙光 XData 大数据平台操作实践以及应用案例。

17.1.1 曙光 XData 大数据平台概述

曙光 XData 大数据平台是曙光公司结合当前大数据智能时代背景,自主研发的面向大数据、人工智能的海量数据智能分析处理平台。XData 融入曙光公司在大数据方向多年的技术积累,融合内存计算、深度学习、视觉引擎等先进技术,可帮助客户快速构建海量数据集成、存储、计算、分析、管理、可视化的一体化大数据系统,可广泛应用于各类数据融合分析场景,助力用户挖掘数据价值。

XData 以分布式存储、先进计算、智能分析技术为核心,融入数据集成、数据治理等工具模块,以应用为导向,利用应用引擎、场景驱动对各类行业应用提供深度适配支撑,并通过系统安全/管理、数据服务功能为用户提供完整的大数据全生命周期技术支持。

XData 面向大数据计算分析需求,采用大数据处理柔性构架,可以动态地伸缩系统的规模,同时可以支持对不同类型数据的存储和处理的柔性扩展。系统采用可动态伸缩的数据划分技术、异构计算作业请求统一定义和分析技术、并行数据任务流处理技术、抽象数据访问技术、大数据关联分析技术、大数据对象的嵌套分析技术、不同类型数据的转换技术、自定义数据处理任务流技术、全方位的系统可靠性技术等全面打造融合、智能、快速、简易的一体化大数据系统。

XData 采用融合的技术架构,深度实现存储融合、计算融合、调度融合、多源数据融合、业务流程融合,构建体系化融合的整体系统。系统内嵌深度学习分布式引擎,实现数据智能挖掘；内置机器学习算法库，实现高度专业算法优化；支持全维度任务运行监控，数据可自动分级；利用视觉引擎全景化展示，实现智能数据透视。系统融合内存计算引擎，实现高效数据分析处理；利用任务分解并行执行，实现复杂查询深度优化；采用无共享式数据存储，达到性能线性规模增长；采用流式计算一体处理，满足实时数据在线分析。系统采用类SQL接口服务方式，便于用户操作，简单易用；支持结构化和非结构化异构数据统一化管理；通过一体化运维管理，可实现图形化操作。

曙光大数据智能引擎 XData 采用创新开放的技术架构，系统采用先进的架构模式，可运行在 x86 服务器集群、国产服务器集群等不同的运行环境中，具有良好的兼容性。XData系统以数据为基础、以平台为核心、以适配为抓手、以应用为导向，通过构件化的模块组装，可灵活适配支撑政务、交通、科研、教育、医疗、环保、电力等各行业大数据的应用需求，全面助力用户挖掘数据价值，拥抱大数据智能时代。

17.1.2　曙光 XData 大数据平台特点及应用

在已有的大数据产品基础积累之上，曙光大数据智能引擎对系统功能及性能进行全面的提升，为企业提供数据的搜索、分析与共享平台，对海量、分散、异构的数据进行整合、查询、分析、共享与可视化展现，建立数据资源融合与共享平台，深度挖掘数据价值。具体特点如下。

1. 高效

（1）Big Data Benchmark，性能领先。
（2）自研高速分析技术，高效计算。
（3）超大规模集群处理能力，性能卓越。

2. 智能

（1）百余种机器学习算法，智能预测。
（2）融合深度学习框架，自动推理。
（3）向导式自动化模型训练，灵活精准。

3. 敏捷

（1）标准开放架构，应用快速移植。
（2）图形化拖曳式操作，使用便捷。
（3）提供丰富 API，易于二次开发。

曙光公司始终倡导着"自主创新服务中国"的品牌理念，以全面、专业、增值的服务为广大中国用户提供良好的应用体验。曙光公司提出"数据中国"（Data @ China）战略，深耕城市、行业云计算和大数据业务，通过跨城市、跨部门、跨业务的数据协同管理平台，实现数据的汇集、共享、分析、挖掘，逐步打造覆盖百城百行的云数据服务网络，为政府、行业、百姓提供丰富的智慧应用和服务，最终实现让全社会共享数据价值的美好愿景。

17.2　曙光大数据平台架构及关键技术

17.2.1　曙光 XData 大数据平台架构

曙光 XData 大数据平台架构如图 17.1 所示。

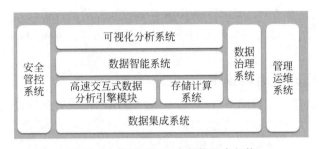

图 17.1　曙光 XData 大数据平台架构

1. 数据集成系统

数据集成系统采用分布式、无单点故障架构,提供异构数据源的图形化抽取、清洗、转换、加载等功能,将数据资产汇入到大数据平台中。系统提供强大的图形界面设计器,显著缩短数据集成项目的开发周期,非常适合异构数据集成场景。

2. 数据治理系统

数据治理系统提供元数据管理、数据血缘关系、质量管理、标准管理等功能,实现全域数据治理,提供优良的数据资产。

3. 存储计算系统

存储计算系统基于社区大数据平台组件,集成分布式文件系统、列数据库实现海量数据存储;深度融合计算、查询组件,实现离线、内存、实时计算业务。优化查询组件性能,实现对海量数据进行近实时处理、全文搜索服务。

4. 高速交互式数据分析引擎模块

针对海量文本数据提供高速分析处理能力,同时还可以加速实现敏捷 BI、自助建模等功能。

5. 数据智能系统

数据智能系统可快速实现数据抽取、特征工程、算法编排、模型训练、模型评估等全流程的可视化服务功能,快速构建数据挖掘、机器学习算法模型。

6. 可视化分析系统

可视化分析系统是集数据分析、图表制作为一体的可视化分析平台。快速实现数据多维分析、图表自由转换、大屏互动展示等需求。

7. 安全管控系统

安全管控系统通过安全通信协议和角色权限管理功能,在软件层面提供通信安全和数据安全的双重保障,有效对数据进行访问控制和安全管理。

8. 管理运维系统

管理运维系统提供一键式安装部署功能,实现基于 Web 化、集成化的运维管理,帮助管理员轻松完成软件的安装、升级、配置、调优、告警、监控、扩容、升级等工作。

17.2.2　曙光 XData 大数据平台关键技术

大数据智能平台面向大数据计算分析需求,采用大数据处理柔性构架,可以动态地伸缩系统的规模，同时可以支持对不同类型数据的存储和处理的柔性扩展，全方位的系统可靠性技术等全面打造融合、智能、快速、简易的一体化大数据系统。曙光 XData 大数据智能引擎关键技术如下。

1. 大数据处理柔性架构技术

通用的大数据处理一体机的柔性构架，并采用专用的存储服务器加速数据的存取性能，采用构架大数据处理中间件软件的方式，对不同类型数据进行抽象和统一的处理。对用户提供单一的数据存储和处理系统映像，屏蔽存储组织和并行处理的细节。

2. 可动态伸缩的数据划分技术

大数据处理支持数据按照某些特性的划分，同时支持数据划分的动态扩展，并采用一种自适应机制，在增删结点时通过数据的迁移自动达到数据的均衡。

3. 用户请求统一定义和分析技术

采用一种根据应用语义，针对不同类型数据的统一定义和分析的技术，包括数据库表对象的定义和描述，以及 HDFS/FS 文件的定义和描述。并通过这种定义达到对数据的处理，以对用户屏蔽数据的存储信息。

4. 并行数据任务流处理技术

采用并行数据处理引擎，以大数据处理的并行处理任务流作为输入，得到最终的处理结果，解决数据处理过程中的执行控制和数据传输控制，并在不同类型数据统一处理时，实现不同系统间的数据转换和结果合并。

5. 抽象数据访问技术

采用抽象的数据访问驱动，将对不同类型数据（包括数据库的 SQL 访问，Hadoop 系统的 MapReduce 请求访问，以及 Lucene 的文本检索请求）的访问统一起来，实现对不同类型数据的存取操作。同时可以支持对其他类型数据处理驱动的扩展，以满足新兴应用的数据处理需求。

6. 大数据关联分析技术

采用多结点分布的大表的关联查询处理，对大数据的关联分析进行优化，通过数据动态重划分解决分布在多个相互独立服务器上的大表的关联查询的问题。

7. 不同类型数据的转换技术

采用序列化和反序列化的技术，实现不同系统中数据的相互转换。在并行任务流的处理过程中，不同任务之间的数据转换是对用户透明的。此外，通过内部对数据转换工具的支持，解决数据库和 Hadoop 数据的相互转换。

8. 自定义数据处理任务流技术

用户可以自定义数据处理任务流，在每一个任务里面嵌入自定义的处理算法，或者采用开源的处理算法即可。只需要加载相应的动态库即可。通过对用户自定义任务流的支持，大数据处理软件可以支持多样化的数据处理类型。

17.3 曙光 XData 大数据平台组件

曙光 XData 大数据智能引擎采用了先进的分布式、模块化的体系架构,是面向海量异构数据自主研发的智能化大数据软件平台。XData 支持 EB 级数据存储管理、高速分析和丰富的多维可视化、机器学习和深度学习训练及推理自动化,具备高效、智能、敏捷的特点,已在政府、科研、工业等大数据领域广泛应用。

17.3.1 曙光 XData 大数据集成与数据治理组件

1. 数据集成系统

1)数据源连接

数据集成系统支持丰富的关系数据库、NoSQL 数据源连接。

2)数据转换

提供文件、数据之间的同步功能,支持增量、全量的数据抽取方式。

3)作业设计

提供图形化任务编辑功能,通过鼠标拖曳处理器、漏斗、标签组件在画布上进行方便易用 的数据集成任务的设计。

4)作业监控

系统通过作业监控可以对数据集成平台中用户创建的作业和作业组进行状态监控。

5)日志管理

数据集成平台会将所有用户与后台的交互操作进行日志记录并存储,在 Web 页面提供日志的查询展示功能。

2. 数据治理系统

1)元数据管理

元数据管理主要整合企业各环节的元数据资产,便于用户浏览及分析元数据,为上层元数据应用提供服务。

元数据管理主要包括元数据视图、标签管理、数据云图、采集日志、老化日志等功能。数据治理平台使用元数据管理模块对系统相关的元数据进行统一管理,可以简化外部数据导入、数据治理等流程。

2)数据标准

数据标准是企业建立的一套符合自身实际,涵盖定义、操作、应用多层次数据的标准化体系。标准管理与数据治理的其他核心领域具有一定的交叉,如元数据标准、数据交换和传输标准、数据质量标准等。本系统数据标准提供了对数据标准文档的统一管理。

3)质量管理

质量管理能够自定义质量规则,并通过自定义规则校验、标准化数据,为后续的数据治理工作提供质量规则、质量报告。

17.3.2 曙光 XData 大数据存储与数据计算组件

1. 海量数据分布式存储

1）分布式文件存储

系统应用分布式文件系统实现文件存储服务。分布式文件系统能提供高吞吐量的数据访问，为海量数据提供存储。并且具备高度容错性，适合部署在廉价的机器上，能提供高吞吐量的数据访问，适合大规模数据集上的应用。

2）非结构化数据存储

系统提供行式和列式两种存储方式的数据库，支持用户针对不同类型数据选择高效的存储组件。行式数据库适合联机事务处理，如传统数据库的增、删、改、查操作。列式数据库适合联机分析处理，如数据分析、海量存储和商业智能等。

行数据库以行式存储的方式来满足用户存储海量结构化数据的需求，提供类似于 SQL，封装了底层的离线计算过程，有 SQL 基础的用户，可以直接进行大数据操作。

列数据库以列式存储的方式来满足用户海量数据存储需求，列数据库提供了存储大表数据的能力，并且对大表数据的读、写访问可以达到实时响应。可以支撑 PB 级别数据的高效 随机读取，具有高吞吐、高伸缩能力，并且能够同时处理结构化和非结构化的数据。

2. 海量数据并行计算

1）离线计算

系统支持离线计算解决海量数据的并行计算问题。

2）内存计算系统

支持内存计算框架实现内存计算、SQL 查询、流数据、机器学习和图表数据处理业务应用。

3）流计算

系统支持流计算框架，实现对多种流式数据进行实时分析业务应用，支持持续计算、条件过滤、中间计算、推荐系统、分布式 RPC、批处理、热度统计、IOT 等业务应用。

3. 数据全文搜索

系统提供了一个分布式的全文搜索引擎和数据分析引擎，能够快速实现全文检索、结构化检索、数据分析、近实时处理业务需求。

17.3.3 曙光 XData 大数据分析与数据智能组件

1. 高速分析引擎模块

高速数据分析引擎模块提供针对海量文本数据进行高速数据分析处理的能力，同时还具备数据探索、多维分析等应用服务功能。

1）数据分析

高速数据分析引擎设计了自己的一套基于管道的数据分析语言（Data Processing Language，DPL）。DPL 提供了针对数据查询、统计分析、数据挖掘、深度学习等不同数据处理场景下的描述方式，可应对不同类型和不同业务场景的数据分析要求。

2）应用服务

应用服务是用户与系统的交互入口,包含数据探索、多维分析、机器学习语法支持以及服务 API 和 SDK 支持。

（1）数据探索。

主要针对新增的数据分析需求或无明确定义的数据分析场景,这类场景需要用 户通过设置不同的条件探索数据中的模式,进而确定需求的最优解决方法。

（2）多维分析支持。

提供多维分析操作支持,包括钻取、上卷、切片、切块、旋转、过滤等功能。

（3）机器学习语法支持。

提供 DPL 语法解析运行,支持特征工程、算法编排、模型训练、模型评估等全流程的机器学习模型构建。

（4）API 及 SDK 接口支持。

① 提供标准的 JDBC 接口。

② 采用 Restful 设计规范,提供报表、仪表板、DPL、模型等功能的相关接口;通过 Restful 接口,第三方系统可以跨平台、跨语言地与高速数据分析引擎进行集成。

2. 数据智能系统

数据智能系统内置大量机器学习算法,提供模型训练功能,可快速实现数据抽取、特征工程、算法编排、模型训练、模型评估等全流程的可视化服务功能。

1）系统内置机器学习算法

算法分类包含数据预处理、特征提取、特征选择、特征转换、分类（决策树分类、逻辑回归二分法、朴素贝叶斯等）、回归（线性回归、决策树回归等）、聚类、关联规则挖掘、自定义算法等。

2）模型训练

在系统中,用户可以通过拖曳数据建模控件来完成数据源配置、特征提取、特征转换、分类、回归、聚类等操作完成数据建模。

在建模过程中,每一个流程都是由多个算法组成,复制一个算法的同时也复制了其参数配置,极大地方便了用户快速构建大规模数据挖掘系统。每个算法接收若干输入,产生若干输出。每个算法的输出都可以作为其他算法的输入。用户只需把自身业务系统相关的算法拖曳到设计面板内,按需连接输入输出端,即可完成流程设计。

当流程设计完毕后,用户可以保存发布模型,这样就可以在同类型条件下使用该模型,提升工作效率。

17.3.4　曙光 XData 大数据可视化分析组件

1. 数据透视

可视化分析系统可以在多种浏览器下实现数据透视功能。通过鼠标拖曳可视化组件方式实现灵活的图表布局,快速极致的图表呈现。在平台上,无需编程能力,只需要鼠标拖曳即可在设计器上任意发挥创意,即可创造出专业的 BI 报表和可视化数据展现 Web 页面。

2. 全景透视

全景透视可实现设置多张图表之间的联动、多维报表分析、图表编排等功能。可利用已有的数据透视图表结合 Web 表单组件进行自由组合，完成报表联动配置以及 OLAP 分析操作。

3. 数据星盘

数据星盘通过配置面板，设置屏幕属性，编排报表及仪表板组件，多图表组件构成数字大屏。

17.3.5　曙光 XData 大数据安全管控与管理运维组件

1. 安全管控系统

1）用户管理

实现可视化的用户管理功能，支持管理员对用户和用户组进行管理的功能，能够支持用户以及用户组的增加、删除、修改功能；支持用户信息同步功能。用户可以划分为多种角色，支持角色的增加、删除、修改功能。

2）访问权限管理

访问权限管理支持不同粒度的权限控制，基于角色权限管理，可以将访问统一数据集的不同特权级别授予多个组。

3）权限审计

权限审计对各客户端应用访问平台的权限控制进行审计，并提供对权限审计内容的查看、搜索、导出和转储。

2. 管理运维系统

1）安装部署

对于大数据平台中的各种软件系统，在大规模硬件环境下，实现基于 Web 的一键安装部署功能，帮助管理员轻松完成软件的安装、升级、卸载、扩容等部署工作。

2）平台组件管理

对于大数据平台中数量众多的软件，大数据管理系统针对不同的软件或组件实现完善的管理功能，对所有功能提供基于 Web 的控制台操作页面，灵活添加组件，并对组件参数、告警阈值等进行便捷的管理。

3）组件运行状态监控

管理系统提供全面的监控功能，对系统中各个层次的软硬件状态、性能等进行全方位的监控，并以直观的方式加以展现。组件监控提供大数据各组件相关服务的状态、性能、运行情况的监控；同时管理系统提供集群层次的监控，对集群的整体性能、状态进行聚合的监控展现。

4）集群在线扩容和升级

平台提供了强大的在线滚动升级及扩容功能，无须停止当前服务即可添加新结点，升级组件服务，实现结点扩容和软件组件升级和数据重新分布。

17.4　曙光 XData 大数据平台操作实践

17.4.1　曙光 XData 大数据平台安装与配置概述

XData 管理系统是曙光公司推出的一款用于大数据平台的安装、配置和管理的产品。通过提供 Web 管理的方式,大大简化了用户进行大数据平台的安装、使用、管理维护等操作。较好的易用性和可用性,将为用户提供海量数据处理和管理平台的良好体验和服务。XData 管理系统以 B/S 架构、Web 页面形式向管理员提供友好的人机操作接口;XData 管理系统为管理员提供了丰富、可视、易用的管理功能,管理员可以通过界面轻松实现系统的安装、卸载、结点配置、角色配置、参数配置,以及系统监控等管理功能。

安装部署主要分为两大部分:一是 Web 管理系统底层安装,即 Web 管理界面(GUI)安装;二是 XData 系统部署配置。

1. 环境准备和 Web 管理界面安装

XData 管理系统由 Master 和 Slave 结点组成,最小集群安装需要至少三台服务器,并且全部满足需要的系统要求才能正常安装部署。

(1) 复制部署文件至主结点。

(2) 配置所有集群结点的 FQDN 与 DNS。

(3) 修改安装脚本中的变量文件。

(4) 执行安装脚本。

(5) Web 端登录 XData。在浏览器中输入地址:http://<服务主机 ip>:8080,即可访问 XData 管理系统的登录主页。

2. 集群安装流程

(1) 设置集群名称。

(2) 选择安装版本和安装包。

(3) 安装选项。

(4) 注册并检查主机。

(5) 选择要安装的服务。

(6) 分配 Master。

(7) 分配 Slaves 和 Clients,这一步需要为各个结点分配需要安装的 Slaves 和 Clients 组件。

(8) 自定义服务。自定义服务步骤提供了允许查看和修改集群设置一组选项卡。

(9) 检查。

(10) 安装、启动并测试,服务安装进度在页面上进行显示。XData 管理系统在每个服务组件执行安装,启动和运行简单的测试。

(11) 完成安装部署,即完成整个 XData 管理系统的安装工作。

17.4.2　曙光 XData 大数据平台基本操作

1. XData 大数据管理系统

　　XData 大数据管理系统首页中，从集群维度并以仪表板方式呈现 HDFS、Yarn 等服务的运行状态、集群整体 I/O、CPU 和内存等使用情况以及告警提示，如图 17.2 所示。

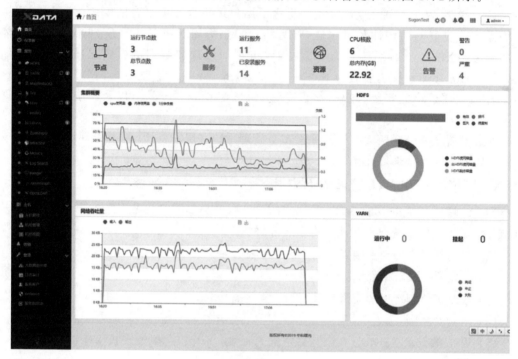

图 17.2　XData 大数据管理系统

2. XData 大数据平台——数据集成与数据治理

　　XData 大数据平台——数据集成与数据治理组件提供各类数据的抽取功能，支持增量、全量的数据抽取方式，可对数据质量进行全面治理，如图 17.3 所示。

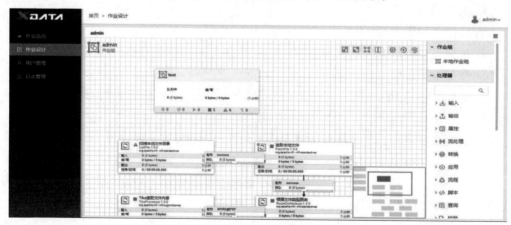

图 17.3　数据集成

3. XData 大数据平台——存储计算

XData 大数据平台——存储计算组件提供分布式文件系统、NoSQL 数据库实现海量数据存储以及大数据批量计算、实时计算、内存计算等功能,如图 17.4 所示。

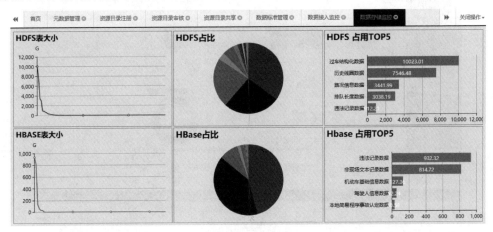

图 17.4　数据存储

4. XData 大数据平台——数据分析与数据智能

XData 大数据平台——数据分析与数据智能组件提供的模型训练可快速构建数据挖掘、机器学习算法模型,如图 17.5 所示。

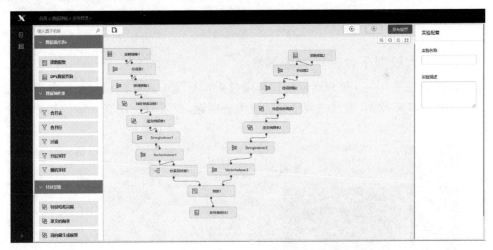

图 17.5　模型训练

5. XData 大数据平台——可视化分析

XData 大数据平台——可视化分析组件提供的全景透视可实现设置多张图表之间的联动、多维报表分析、图表编排等功能,如图 17.6 所示。

6. XData 大数据平台——安全管控

XData 大数据平台——安全管控组件可以管理统一授权管理系统的登录用户及其对应的权限,如图 17.7 所示。

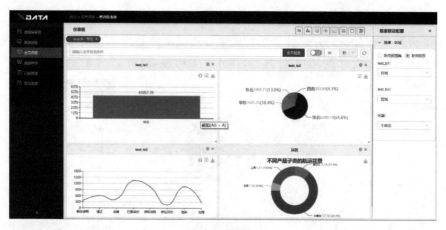

图 17.6　全景透视

图 17.7　安全管控

7. XData 大数据平台——管理运维

XData 大数据平台——管理运维组件利用数据可视化工具来展现监控的数据,辅助管理员确定是否有负载均衡、失控进程或硬件故障的问题,以及将会出现故障的趋势,及时发现和制止,对风险加以控制,如图 17.8 所示。

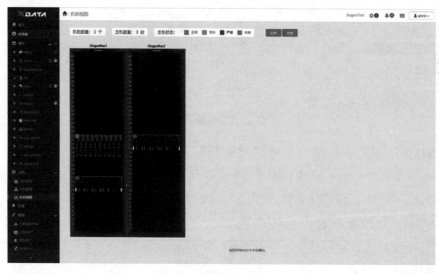

图 17.8　管理运维

17.5　基于曙光 XData 大数据平台的智能交通应用案例

17.5.1　曙光 XData 智能交通应用项目背景

1. 城市交通的特点

1）机动车、非机动车数量惊人

我国大部分城市机动车和非机动车数量已接近饱和。城市道路交叉路口,混行现象严重,尤其是早晚高峰时间。

2）车型种类复杂,混合交通严重

适应不同人群、不同消费需求的各种车辆混杂在道路交通中,既相互影响、发生冲突,又使得出行困难、效率低下。交通参与人对道路的使用权和通行术等观念不强,从而交通违纪现象比较普遍,时常造成人为的交通拥挤和阻塞。

3）步行困难,事故多发

在现代交通系统中,不少干道、市中心的人行道狭窄、缺少必要的过街设施,这样的步行环境,势必影响机动车、非机动车通行,造成事故频繁。这也是发达国家车内人员伤亡事故多,而我国是车外人员伤亡事故多的原因。

4）城市布局和交通不相适应

城市是经济活动的中心,是绝大部分交通运输的终端或枢纽。随着经济的发展,城市建设规模都在扩大,但是多数城市的交通规划不合理,使得城区越扩张,人们生活、工作的距离越远,造成上班出行距离普遍增长,局部地段或高峰时段的车辆严重堵塞,交通安全指数维持低位。

2. 城市交通面临的问题

1）交通拥堵

（1）一线城市、大部分二线城市早晚高峰通勤时间平均车速低于 20km/h,人均每天在路上消耗 2～3h。

（2）拥堵造成城市道路利用率仅为 20%。

（3）长时、长期拥堵造成民怨较大,影响社会和谐稳定。

2）环保问题严重

（1）机动车低速行驶,加大了 50% 能耗。

（2）低速运转,污染物排放严重超标,是空气质量严重恶化的主因。

3）交通安全

（1）假/套牌车猖獗,识别不及时,治理难度高。

（2）车辆盗抢、肇事逃逸违法案件频发,占用大量警力,社会安全指数降低。

（3）无证、无牌等非法运营造成社会安全隐患,取证难度大,难以治理。

4）管理效能较低

（1）交通智能化逐步应用,但整体智能化程度较低。

（2）多信息源整合程度低,无法全局分析。

（3）重事后取证处理,轻事前预测预防、事中及时诱导。

17.5.2　曙光 XData 智能交通应用方案设计

为解决城市交通面临的问题,采用曙光 XData 大数据平台设计的城市智能交通应用方案系统架构,如图 17.9 所示。

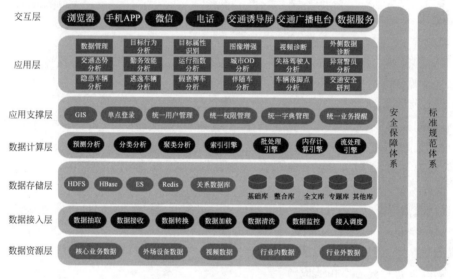

图 17.9　智慧交通大数据系统架构

基于上述智慧交通大数据系统架构,设计了曙光 XData 智能交通平台的系统功能模块,如表 17.1 所示。

表 17.1　智慧交通大数据系统平台功能表

服 务 级 别	功 能 模 块	主 要 功 能
基础服务	大数据主流组件	分布式存储、离线计算、内存计算、流式处理、NoSQL 数据库等主流大数据存储计算组件
	大数据集群运维管理	一键自动部署、多结点扩充、智能化服务管理、全方位状态监控、任务管理
	数据交换共享	数据标准、数据交换标准、数据抽取、数据接收、数据请求响应、数据发布订阅
	数据管理监控	元数据管理、数据接入备案、数据资源目录、数据访问备案、数据质量检测、数据融合处理、数据监控、作业调度、全文检索、自助分析
分析研判服务	交通态势分析	行政区域交通态势、道路交通态势、交叉口交通态势、城市交通预测、常发拥堵分析
	勤务效能分析	区域勤务指数、路段勤务指数、交叉口勤务指数
	运行指数分析	信号控制与运行指数、道路类型与运行指数、车辆构成与运行指数、交通事故与运行指数、违法行为与运行指数、交通诱导牌与运行指数
	城市 OD 分析	交通小区 OD 分析
	精准执法	失格驾驶人分析、异常警员分析、隐患车辆分析、逃逸车辆分析、假套牌分析、关联车分析、车辆轨迹分析、车辆落脚点分析
	交通安全研判	城市交通安全指数、驾驶员风险研判、重点车辆安全监管、道路交通安全研判

服 务 级 别	功 能 模 块	主 要 功 能
视频分析服务	目标轨迹检查	实时逐帧检测、跟踪、提取目标的运动特征
	目标行为分析	闯红灯违法检测抓拍、视频识别信号灯状态、违法逆行检测抓拍、压双黄线检测抓拍、不按所需行进方向驶入导向车道抓拍、不按规定车道行驶、车辆限时检测抓拍、非法停车检测抓拍、大货车禁行监测与记录、车辆未礼让行人监测与记录、路口滞留检测与记录、绿灯滞留检测与记录、安全带检测、驾驶员打电话检测、打架斗殴检测、追逐奔跑检测、人流量检测、人群密度综合监测
	目标属性识别	号牌识别、车身颜色识别、车辆品牌识别、车型识别、驾驶员面部特征提取、年检标、吊坠、摆饰、遮阳板、性别识别、年龄识别、身份识别、衣着颜色识别
	图像增强	去雾、增亮、去噪、锐化等
	视频诊断	信号丢失、清晰度、过亮、过暗、颜色、噪声、雪花、PTZ运动、画面冻结
	数据诊断	过车数据诊断、违法数据诊断

17.5.3　曙光 XData 智能交通功能实现及应用效果

基于曙光 XData 大数据平台完成智能交通应用系统功能实现,系统提供大数据生态圈中的主流组件、大数据集群运维管理以及数据交换管理服务,实现对海量交通管理数据的接入、存储、融合、共享、监控、管理等功能,为交通管理大数据应用提供数据资源组织、编目、定位、检索和维护支持,让交管部门可以更快、更准、更稳定地从各类繁杂无序的海量数据中挖掘价值。部分智能交通功能模块的实现如下。

1. 智能交通功能实现

1) 数据接入监控的应用实现

以数据接入监控为例,对接入数据进行追踪,实现监控、告警、报表等功能,如图 17.10 所示。

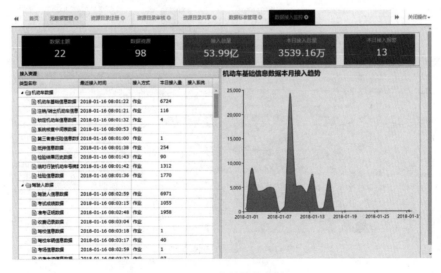

图 17.10　数据接入监控

2）精准执法服务应用实现

以精准执法为例，对驾驶员、警员、车辆等道路交通参与者进行分析，筛选出重点人员车辆、重点区域车辆、换牌车辆、套牌车辆等打击对象，实现精准布控执法，如图 17.11 所示。

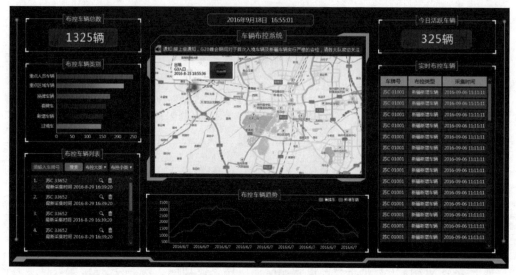

图 17.11　精准布控执法

3）车辆落脚点查询应用实现

基于结构化卡口过车记录数据，根据嫌疑车辆在卡口系统中出现的行车轨迹，通过多轨迹碰撞的车辆落脚点分析方法，对车辆轨迹和落脚点进行追踪和认定，如图 17.12 所示。

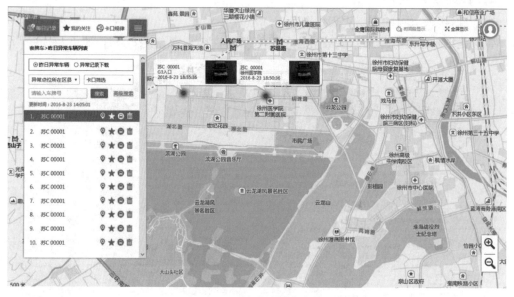

图 17.12　车辆落脚点查询

2. 应用效果

基于曙光 XData 的智慧交通大数据系统,实现对各类交通管理信息系统、外场交通设备及行业外有价值数据的汇聚、融合、存储、分析计算到服务的一系列过程,将数据资源转换为实战应用,建立综合性立体的交通信息体系,通过将不同范围、不同区域、不同领域的数据分析研判共享,构建交通信息集成利用模式,发挥整体性效能,为掌握全面情况和政策制定及行动部署提供依据,大大提升综合管理的集约化程度,构建技术先进、反应快速、运转协调、安全可靠、绿色环保的现代化交通指挥和服务体系,提升宏观管控、协调指挥的能力,为领导决策提供更有效的技术和数据支持,为公众出行提供及时准确的信息服务。

参 考 文 献

[1] 陈工孟,须成忠. 大数据导论[M]. 北京:清华大学出版社,2015.

[2] 王珊,萨师煊. 数据库系统概论[M]. 5 版. 北京:高等教育出版社,2014.

[3] 李天目. 大数据云服务技术架构与实践[M]. 北京:清华大学出版社,2016.

[4] 赵勇. 构架大数据[M]. 北京:电子工业出版社,2015.

[5] 王鹏,黄焱,安俊秀,等. 云计算与大数据技术[M]. 北京:人民邮电出版社,2015.

[6] 陈明. 大数据基础与应用[M]. 北京:北京师范大学出版社,2016.

[7] 黄宜华. 深入理解大数据——大数据处理与编程实践[M]. 北京:机械工业出版社,2014.

[8] 张良均,樊哲,位文超,等. Hadoop 与大数据挖掘[M]. 北京:机械工业出版社,2017.

[9] Han J W,Kamber M. 数据挖掘概念与技术[M]. 3 版. 范明,孟小峰,译. 北京:机械工业出版社,2012.

[10] 林子雨. 大数据技术原理与应用[M]. 2 版. 北京:人民邮电出版社,2017.

[11] 林子雨. 大数据基础编程、实验和案例教程[M]. 北京:人民邮电出版社,2017.

[12] 朱洁,罗华霖. 大数据构架详解从数据获取到深度学习[M]. 北京:电子工业出版社,2017.

[13] Rajaramar A,Ullman J D. 大数据——互联网大规模数据挖掘与分布式处理[M]. 王斌,译. 北京:人民邮电出版社,2012.

[14] 林大贵. Hadoop＋Spark 大数据巨量分析与机器学习整合开发实战[M]. 北京:清华大学出版社,2017.

[15] 杨俊. 实战大数据:Hadoop＋Spark＋Flink[M]. 北京:机械工业出版社,2021.

[16] Apache Hadoop. http://hadoop. apache. org/.

[17] HBase. http://hbase. apache. org/.

[18] Hive. http://hive. apache. org/.

[19] Spark. http://spark. apache. org/.

[20] Flink. https://flink. apache. org/.